5G 通信系统

周先军　著

科学出版社

北京

内 容 简 介

信息技术的快速发展，未来通信系统需要满足更高的要求，当前正处于 5G 技术研发的关键阶段。在此背景下，本书对 5G 通信系统的传输、网络技术以及应用场景等进行了详细的介绍和讨论，内容涵盖 5G 网络的发展与现状、终端到终端通信、大规模多输入多输出、全双工、毫米波、信道编码、波形设计、软件定义的空中接口、多址技术、接入与回传、自组织网络、异构网络融合、软件定义网络、网络功能虚拟化、网络安全、人工智能在 5G 中的应用、5G 的应用场景、系统方案等不同层面，较全面地为读者呈现 5G 通信系统。

本书适合相关工程技术人员及科研工作者参考使用，也可供通信与信息系统、网络工程等专业的高年级本科生、研究生学习使用。

图书在版编目(CIP)数据

5G 通信系统/周先军著. —北京：科学出版社，2018.12
ISBN 978-7-03-060135-3

Ⅰ. ①5… Ⅱ. ①周… Ⅲ. ①无线电通信-移动通信-通信技术 Ⅳ. ①TN929.5

中国版本图书馆 CIP 数据核字(2018)第 289512 号

责任编辑：余 江 张丽花 梁晶晶 / 责任校对：郭瑞芝
责任印制：张 伟 / 封面设计：迷底书装

科 学 出 版 社 出版
北京东黄城根北街 16 号
邮政编码：100717
http://www.sciencep.com

北京虎彩文化传播有限公司 印刷
科学出版社发行 各地新华书店经销
*

2018 年 12 月第 一 版 开本：787×1092 1/16
2019 年 11 月第二次印刷 印张：13 1/2
字数：320 000

定价：88.00 元
(如有印装质量问题，我社负责调换)

前　言

随着社会的飞速发展,信息通信将成为人类社会信息化的关键所在。同时人们对无线移动通信的需求急速增长,使信息通信系统所承担的角色变得十分重要。万物互联时代的脚步正在步步逼近,作为未来信息基础设施,第五代移动通信(5G)系统的研究成为通信领域的热点。

2012 年 9 月,欧盟在第七框架计划(FP7)下启动了面向第五代移动通信技术(5G)的研究课题,拉开了全球 5G 研究的序幕。2013 年 2 月,由科学技术部、工业和信息化部、国家发展和改革委员会三部委联合组织成立了中国 IMT-2020(5G)推进组,旨在推动中国 5G 技术的研发和打造开展国际交流与合作的主要平台。在 2015 年 6 月召开的国际电信联盟无线电通信组(ITU-R)WP5D 第 22 次会议上,5G 正式命名为 IMT-2020,同时确定了 5G 的场景和时间表等关键内容。

5G 的主要需求在于万物互联的应用和发展。ITU 确定的 5G 应用场景分为三个:一个是支持移动互联网演进和发展的增强移动宽带,另外两个是支持物联网发展的高可靠、低时延通信和大规模机器类通信。5G 将不再是一个单纯的通信系统,而是以用户为中心的、全新的融合体系。基于 5G 丰富的应用场景,5G 的技术和能力也是多个层次的,通过技术的演进与创新,实现单一标准体系的多模式灵活切换,从而更好地为多种场景应用服务。

全书共分 18 章,基本涵盖 5G 的传输、网络技术以及部署的应用场景。

第 1 章概述,主要描述通信系统的发展和 5G 特性、全球 5G 研发的现状。第 2 章终端到终端通信(D2D),对 D2D 通信的关键技术以及性能进行介绍,重点描述 D2D 通信在 5G 通信系统中的应用。第 3 章大规模多输入多输出(massive MIMO),对 massive MIMO 的概念、信道模型以及性能进行详细的描述。第 4 章全双工,介绍全双工的概念和发展过程,讨论全双工自干扰抵消技术以及全双工的性能。第 5 章毫米波,描述毫米波的概念和性能,以及毫米波通信的性能。第 6 章信道编码,描述信道编码的概念,同时对信道编码在 5G 中的应用进行详细说明。第 7 章波形设计,概述波形设计、子载波智能滤波以及 F-OFDM 等相关技术。第 8 章软件定义的空中接口,主要介绍软件定义空中接口的概念以及性能。第 9 章多址技术,描述典型多用户接入,并对非正交多址(NOMA)、图分多址接入(PDMA)、多用户共享接入(MUSA)、稀疏编码多址接入(SCMA)进行介绍。第 10 章接入与回传,对接入与回传的概念进行说明,然后分别讨论前传、中传、后传对网络传送性能的影响。第 11 章自组织网络,分别讲解自组织网络的概念、管理系统、内容以及算法。第 12 章异构网络融合,基于 5G 网络的复杂性,需要利用异构网络融合对 5G 移动网络进行优化和调度。第 13 章软件定义网络(SDN),对 SDN 的产生背景和相关关键技术进行详细的介绍,分别从 SDN 的接入网技术和负载均衡与 5G 的结合进行探讨。第 14 章网络功能虚拟化(NFV),在对 NFV 进行介绍后,重点介绍基于 NFV 的转发和网络切片技术。第 15 章网络安全,从物理层的链路安全和基于 SDN 的网络安全来对网络安全架构进行说明。第 16 章人工智能在 5G 中的应用，从机器学习和深度学习两方面来阐述 5G 中的人工智能。第 17 章 5G 的应用场景，描述 5G 通信的 eMBB、mMTC、uRLLC 三大应用场景，并分别对这三个场景举例和说明，同时对三大应用场景在 5G 中的应用进行介绍。第 18 章系统方案，分别从仿真平台、标准的进展和商业进程等方面对 5G 的部署进行展望。

参与本书资料收集和整理工作的人员有周浩、冯纬枢、刘慧娟、张逸媛、徐逸凡、王桢、翟畅、陈其艟、王宇、汪锦涛、李浩、朱宇辉、罗响、谢郁忻、杜朝晖、刘金威、周杰等，对他们所付出的艰辛工作表示感谢。同时，感谢湖北工业大学电气与电子工程学院通信工程系的大力支持。

限于作者的水平和能力，本书难免存在不足之处，恳请各位读者批评指正。作者邮箱 xianjun_zhou@sina.com。

周先军

2018 年 10 月于武汉

目　　录

第1章 概　　述

1.1　移动通信的发展

移动通信技术始于 20 世纪 70 年代,是人类历史进程中的重要一步。到 80 年代初期,第一代移动通信系统(1G)被正式提出,如 1981 年投入运营的 NMT 和 AMPS。第一代移动通信系统基于蜂窝组网,直接使用模拟语音调制,传输速率约 2.4Kbit/s,其特点是业务量小、质量差、安全性差、没有加密和速度低。

第二代移动通信系统(2G)起源于 20 世纪 90 年代初期,欧洲电信标准化协会在 1996 年提出了 GSM Phase 2+,目的在于扩展和改进已有 GSM 中原定业务与性能,包括客户化应用移动网增强逻辑,支持最佳路由、即时计费、900/1800 双频工作,全速率完全兼容的增强型话音编解码提升了话音质量,提高容量近一倍。通过引入 GPRS/EDGE 技术,GSM 与 Internet 有机结合,数据传送速率可达 115/384Kbit/s,初步具备了支持多媒体业务的能力。随着用户规模不断扩大,频率资源已接近枯竭,太低的数据通信速率无法满足移动多媒体业务的需求。

第三代移动通信系统(3G),也称 IMT 2000,其基本的特征是智能信号处理单元成为基本功能模块,支持话音和多媒体数据通信,提供如高速数据、慢速图像的各种宽带信息业务,WCDMA 所占带宽为 5MHz 情况下的最大传输速率为 2Mbit/s,高速移动时支持 144Kbit/s 的传输速率,但依然没有实现真正意义上的个人通信和全球通信,支持的速率还不够高。

第四代移动通信系统(4G)集 3G 与 WLAN 于一体,下行速率为 100Mbit/s,上行速率为 20Mbit/s,能够传输高清图像,能够满足几乎所有用户对于无线服务的要求,计费方式更加灵活,4G 以正交频分复用(OFDM)为技术核心,具有良好的抗噪性能和抗干扰能力,可以提供高速率、低时延的服务。

用户对移动通信带宽的需求永无止境,未来移动通信需求如下。

(1)终端多样性,激增的数据流量。终端的蓬勃发展给移动通信产业带来巨大的变化,用户数、连接设备数、数据量均持续呈指数式增长,终端业务由传统的语音业务向宽带数据业务发展,终端形态呈现多样化发展,未来还会出现手表、眼镜等多种形态的智能终端,拉动数据流量的激增。根据相关统计,智能终端用户 70%的时间花费在游戏、社交网络等活动上,随着终端的发展,将会产生更多的数据流量。

(2)应用的多样性,提升用户体验。新型移动业务层出不穷,云操作、虚拟现实、增强现实、智能设备、智能交通、远程医疗、远程控制等各种应用对移动通信的要求日益增加。智能终端的发展带动移动互联网业务的高速发展,移动互联网业务由最初简单的短/彩信业务发展到现在的微信、微博和视频等业务,越来越深刻地改变着信息通信产业的整体发展模式。随着移动互联网业务的发展,未来 5G 移动通信会渗透到各个领域,在远程医疗、环境监控、社会安全、物联网业务等各个领域方便人们的生活。这些新应用、新业务以客户为中心，随时随地为用户提供最佳体验，使用户更快速地进行业务，即使在移动状态下仍然享有高质量服务，而 4G 移动通信技术无法满足未来的业务和用户体验需求。

(3)频谱资源的有限性，亟须提高使用效率。移动通信系统的频率由 ITU-R 进行业务划分，LTE 网络部署初期主要集中在 2.6GHz、1.8GHz 和 700MHz，然而各个国家和地区使用情况存在差异，这给产业链和用户带来困难。例如，New iPad 只支持 700MHz 及 2100MHz 频率，这两个频段在很多国家不能使用。对中国来说，上述频段存在多种业务（如铁路调度系统、广播电视系统、集群系统、雷达系统以及固定卫星系统等），因此给 LTE 频率规划和网络部署带来巨大的挑战。因此，针对频谱资源稀缺问题，未来 5G 需要使用合适的频谱方式和新技术来提高频谱使用效率，如同频同时全双工(CCFD)。

(4)网络融合，亟须使用 IPv6。现有数字技术允许不同的系统，如有线、无线、数据通信系统融合在一起，这种融合迅速改变着人们和设备的通信方式。基于 IP 的通信系统在管理的灵活性和节省网络资源方面，都具有重要的优势，而 IP 化进程加快，各接入系统的互通需要引入在安全性、QoS、移动性等方面具有巨大优势的 IPv6。

面向未来，必须发展新的通信技术，面向下一代无线通信环境的 5G 应运而生。具有更多更先进功能的 5G，将实现无时不在、无所不在的信息传递。

1.2　5G 特性

随着移动互联网的高速发展和新的终端形态的演进，新型的业务形态不断出现，包括智能家庭、智慧城市、远程医疗、环保监测等，数据业务的需求呈现爆炸式的增长，现有的 4G 技术已经无法满足如此庞大的数据业务传输需求。未来 5G 网络需要实现以下目标：数据流量密度提升 1000 倍、设备连接数目增加 10～100 倍、用户体验速率改善 10～100 倍、 MTC 终端待机时长延长 10 倍、端到端时延缩短 5 倍。5G 发展愿景如下[1-3]。

(1)高速度性。网络速度提升，用户体验与感受才会有较大提高，网络才能面对 AR/VR 超高清业务时不受限制，对网络速度要求很高的业务才能被广泛推广和使用。因此，5G 第一个特点就定义了速度的提升，5G 的基站峰值速率要求不低于 20Gbit/s，这样的速度，意味着用户可以每秒钟下载一部超高清电影，也可支持 VR 视频，给未来高速业务提供了可能。

(2)泛在性。用户希望在任何时间、任何地点能够通过移动终端使用网络，如观看超高清视频。用户期望借助于智能手机和智能穿戴式移动通信设备，通过移动通信网络实时反馈给用户海量的虚拟信息，有效帮助用户感知和认识真实世界。未来 5G 网络的泛在化将满足各种类型互联网业务的个性化需求，提供无所不在的智能信息服务、无所不在的连接。

(3)低功耗性。所有物联网产品都需要通信与能源，通信过程若消耗大量的能量，就很难让物联网产品被用户广泛接受。如果能把功耗降下来，让大部分物联网产品一周充一次电，甚至一个月充一次电，就能大大改善用户体验，促进物联网产品的快速普及。

eMTC 基于 LTE 协议演进而来，为了更加适合物与物之间的通信，也为了更多地降低成本，人们对 LTE 协议进行了裁剪和优化，其用户设备通过支持 1.4MHz 的射频和基带带宽，直接接入现有的 LTE 网络，提供上下行 1Mbit/s 的峰值速率。而 NB-IoT 构建于蜂窝网络，只消耗大约 180kHz 的带宽，可直接部署于 GSM 网络、UMTS 网络或 LTE 网络，以降低部署成本，实现平滑升级。NB-IoT 可以基于 GSM 网络和 UMTS 网络进行部署，满足 5G 对于低功耗物联网应用场景的需要。

(4) 低时延性。5G 的一个新场景是无人驾驶、工业自动化的高可靠连接。人与人之间进行信息交流，140ms 的时延是可以接受的，但是如果这个时延用于无人驾驶、工业自动化就无法接受。5G 对于时延的最低要求是 1ms，甚至更低。5G 应用于无人驾驶汽车需要将中央控制中心和汽车进行互联，车与车之间也应进行互联，在高速度行动中，一个制动，需要瞬间把信息送到车上使车辆做出反应，100ms 左右的时间，车就会冲出几十米，这就需要在最短的时延中，把信息送到车上，使车辆进行制动与车控反应。工业自动化过程中，一个机械臂的操作，如果要做到极精细化，保证工作的高品质与精准性，也需要极小的时延，最及时地做出反应。需要在高速中保证及时传递信息和及时反应，这就对时延提出了极高的要求。要满足低时延的要求，需要在 5G 网络建构中找到各种方法，减少时延。

(5) 万物互联性。电信网、广播电视网、互联网三网融合，给人们的生活带来巨大便利的同时，也给网络带来新的挑战。三网融合要求扁平化和透明化的网络架构，同时对网络容量需求有大幅提高。三网融合业务逐步放开，将引发接入网、核心网的流量激增。5G 具有超高的传输能力、超高容量、超可靠性的特点，将会产生更多的新技术、新的传输方式，需要进一步实现网络融合。在保证用户体验的情况下，提升网络资源效率显得尤为重要。一是网络内各尽其责：2G、3G 优先疏通语音业务，在保证语音业务的前提下，可适度承载数据业务。4G 网络 TDD+FDD 主要承载数据业务，WLAN 作为无线蜂窝网络承载移动数据业务的重要补充。二是网络间协调发展：各网络间相互协同，优势互补，实现低成本、高效率的协调均衡发展。针对网络业务分布的不均衡性，根据网络负荷、业务类型动态地选择网络，提升网络流量价值。例如，WLAN 负荷高而蜂窝网负荷轻时，可以根据网络负荷情况动态地选择蜂窝网承担用户的数据业务。在保证用户体验不受影响的情况下，实现不同网络之间的动态负载均衡。未来接入网络中的终端，不仅是今天的手机，还会有更多产品。可以说，生活中每一个产品都有可能通过 5G 接入网络，例如，眼镜、手机、衣服、腰带、鞋子接入网络，成为智能产品。家中的门窗、门锁、空气净化器、新风机、加湿器、空调、冰箱、洗衣机都可能进入智能时代，通过 5G 接入网络，家庭成为智慧家庭。而社会生活中大量以前不可能联网的设备也会进行联网工作，更加智能。汽车、井盖、电线杆、垃圾桶这些公共设施，以前管理起来非常难，也很难做到智能化，而 5G 可以让这些设备都成为智能设备。

(6) 网络智能性。未来 5G 网络数据流量和信令流量将呈现爆炸式增长，面对挑战，通过网络智能化，实现网络资源、用户体验和收益的和谐发展。未来网络的智能化主要体现在：频谱智能化、网络架构智能化、网络管理智能化、流量管控智能化。目前，中国的频谱资源是通过固定方式分配给不同的无线电部门的，频谱资源的利用高度不均衡，因此未来可以通过新技术智能化使用频谱，如基于认知无线电技术(Cognitive Radio, CR)

对所处的电磁环境进行实时监测，寻找空闲频谱，通过动态频谱共享提高无线频谱的利用效率。而随着互联网业务的爆炸式增长、服务器虚拟化以及各种云计算业务不断出现，传统网络已不再适用。由于 SDN 具有控制和转发分离、设备资源虚拟化、通用硬件及软件可编程三大特征，未来可以利用 SDN 理念改造现有无线网，以更加智能、更加灵活的方式提供新业务；另外，网络越来越密集，如果采用传统的人工维护，不仅工作量大，而且成本很高。为了减少网络建设成本和运维成本，SDN 功能主要包括自配置、自优化、自愈，综合传统运维手段并将其智能化，提升网络管理效率，未来 5G 将会存在多制式并存场景，SDN 功能将扩展到多制式网络系统，在更多方面使管理更加智能化，大幅度降低网络运营成本。而且，网络中流量分布存在极不均衡的场景，如一些区域很多用户在个别时间同时使用 P2P 业务等，占用大量带宽，网络系统忙闲流量差异巨大，网络资源利用率很低。中国电信提出的"智能管道"战略，通过"开源"和"节流"来吸引业务量，保证用户体验。对于 LTE 网络部署，同样采用"智能管道"的措施。例如，LTE-A 中的 HetNet（异构网络），有效提高小区边缘速率和小区平均吞吐量，并适合业务量时空分布不均衡的情况，有效吸收热点地区业务。在进行 LTE 建设的同时考虑 PCC（策略和计费控制）的引入，使运营商具备有效和完备的移动智能管道控制能力，有效地调节和均衡数据流量。

（7）重构安全性。安全问题似乎并不是 3GPP 讨论的基本问题，但是它也应该成为 5G 的一个基本特点。传统的互联网解决的是信息速度、无障碍的传输，自由、开放、共享是互联网的基本精神，但是在 5G 基础上建立的是智能互联网。智能互联网不仅要实现信息传输，还要建立起一个社会和生活的新机制与新体系。智能互联网的基本精神是安全、管理、高效、方便。假设 5G 建设起来却无法重新构建安全体系，那么就会产生巨大的破坏力。在 5G 的网络构建中，需要在底层解决安全问题，从网络建设之初，就应该加入安全机制，信息应该加密，对于特殊的服务需要建立起专门的安全机制。智能网络体系保证网络安全运行，即使在网络出现安全攻击时，也能保证其网络服务品质。

1.3 研发现状

1.3.1 全球主要的 5G 活动

1. 欧盟

欧盟在 2012 年 9 月启动了"5G NOW"的研究课题，项目归属于欧盟第七框架计划（FP7），课题主要面向 5G 物理层技术。2012 年 11 月正式启动，名为"构建 2020 年信息社会的无线通信关键技术"（METIS）的 5G 科研项目，持续时间为 2 年半，总投资达 2700 万欧元。2014 年 1 月欧盟启动了"5G 公私合作"（5G-PPP），项目投资达 14 亿欧元，并将 METIS 项目的主要成果作为重要的研究基础，以更好地衔接不同阶段的研究成果。5G-PPP 项目计划时间为 2014~2020 年，包含三个阶段：第一阶段（2014~2016 年），基础研究以及愿景建立阶段，开展 5G 基础研究工作，提出 5G 需求愿景；第二阶段（2016~2018 年），系统化和标准化阶段，进行系统研发与优化，开展标准化前期研究；第三阶段(2018~2020 年),规模试验和初期标准化阶段,开展大规模试验验证,启动 5G 标准化工作。

欧盟数字经济和社会委员古泽·奥廷格表示,5G 愿景不仅涉及光纤、无线以及卫星通信网络的相互整合,还将利用 SDN、NFV、移动边缘计算(MEC)和雾计算等技术,欧盟的 5G 网络将在 2020~2025 年投入运营。

2. 美国

作为全球创新的超级大国,美国尚未提出国家层面的 5G 研发计划或政策,但是美国在 5G 上的研究依然处于世界前列。美国高通公司,作为 3G、4G 核心技术的拥有者,在 5G 研究方面的布局也很早,特别是在非授权频谱访问、D2D、WiFi 和 3GPP 融合上拥有强大的技术储备。

3. 日本

日本无线工业及商贸联合会在 2013 年 10 月设立了 5G 研究小组 "2020 and Beyond AD Hoc",由 NTT DoCoMo 牵头,其目标是研究 2020 年及未来移动通信系统概念、基本功能、5G 潜在关键技术、基本架构、业务应用和推动国际合作。2014 年 5 月 8 日,NTT DoCoMo 正式宣布将与 Ericsson(爱立信)、Nokia(诺基亚)、Samsung(三星)等六家厂商共同合作,传输速度可望提升至 10Gbit/s,并期望于 2020 年开始运作。

4. 韩国

2013 年 5 月 13 日,韩国三星宣布,已成功开发第五代移动通信(5G)的核心技术,这一技术预计将于 2020 年开始推向商业化。该技术可在 28GHz 超高频段以 1Gbit/s 以上的速度传送数据,相比之下,当前的第四代长期演进(4G LTE)服务的传输速率仅为 75Mbit/s,5G 技术要快数百倍。

2013 年 6 月,韩国成立 "5G Forum" 开展 5G 研究及国际合作,成员包括十多家韩国主要设备制造商、运营商、高校和研究机构。"5G Forum" 研究 5G 概念及需求,培育新型工业基础,推动国内外移动服务生态系统建设。并在 2020 年提供正式的 5G 商用服务。2014 年 5 月,韩国三星演示了 5G 系统,其在 28GHz 的带宽中实现 1Gbit/s 的速率,并达到 2km 的覆盖距离。而韩国 SK 电讯已经成功在 2018 年韩国平昌冬奥会上推出第五代移动通信系统,并争取在 2020 年成为全球第一家商用 5G 运营商。对于韩国而言,5G 已经成为其实现世界通信强国梦的核心战略。

5. 中国

2013 年 2 月,中国成立 IMT-2020(5G)推进组,开展 5G 策略、需求、技术、频谱、标准、知识产权研究及国际合作,并取得了阶段性研究进展。先后发布《5G 愿景与需求白皮书》、《5G 概念》、《5G 无线技术架构》和《5G 网络技术架构白皮书》,其中主要观点已在全球取得高度共识。

1.3.2 标准化进程

ITU 是联合国的一个重要专门机构,其下又分电信标准化部门(ITU-T)、无线电通信部门(ITU-R)和电信发展部门(ITU-D)3 个部门,每个部门下设多个研究组,每个研究组下设多个工作组,作为通信领域权威的国际化组织,ITU 通过开展 5G 需求愿景、技术趋势和频谱方案的研究,主导了全球 5G 研究和标准化的工作节奏,并将以 5G 愿景等阶段性研究成果为基础,研讨相应的 5G 候选方案技术要求,开展 5G 候选技术方案评估工作,以指导 3GPP 等国际主流标准组织的 5G 关键技术研究。

当前 ITU 启动的新一轮 IMT Vision(IMT 愿景)研究工作,旨在研究面向 2020 年及未来的 IMT 市场、用户、业务和应用趋势,并将结合技术和频谱情况趋势,提出未来 IMT 系统的总体框架、目标、能力以及后续研究方向和工作建议。历经两年的研究,ITU 的 5G 愿景主体研究工作已基本完成,全面研讨了下一代 IMT 系统的业务趋势、关键能力和系统特征,推动了业界逐渐对 5G 系统的框架和核心能力达成共识。在典型业务和应用方面,5G 将大幅度提升"以人为中心"的移动互联网业务,实现人与人、人与物和物与物之间的智能互联,并在系统设计的初始阶段充分考虑。在关键指标方面,除 4G 已包含的时延、峰值速率、移动性和频谱效率等指标外,ITU 还提出了用户体验速率、连接数密度、流量密度和能效等 5G 新增关键能力,以更好地满足新场景和新业务的需求,并在后续阶段开展新增指标的评估方法研究。在能力特征方面,除展示 5G 系统各项关键能力的提升外,还将重点体现 5G 对不同业务和场景差异化需求的支持,为用户提供更好的体验并实现资源的最优化配置。随着 5G 标准前期的研究工作逐渐进入尾声,ITU 近期确定并对外发布了 IMT-2020 工作计划,2016 年初启动 5G 技术性能需求和评估方法的研究工作,2017 年底正式启动 5G 候选技术方案征集工作,2020 年底完成标准制定工作。

5G 的相关标准化工作是在 ITU-R WP5D 工作组下进行的,下设 3 个常设工作组(总体工作组、频谱工作组、技术工作组)和 1 个特设组(工作计划特设组)。第一个阶段截止到 2015 年底,重点是完成 5G 宏观描述,包括 5G 的愿景、5G 的技术趋势和 ITU 的相关决议,并在 2015 年世界无线电大会上获得必要的频率资源。第二个阶段是 2016~2017 年底,为技术准备阶段。ITU 主要完成技术要求,技术评估方法和提交候选技术所需要的模板等内容,向全世界发出征集 5G 候选技术的通函。第三个阶段是收集候选技术的阶段。从 2017 年底开始,各个国家和国际组织就可以向 ITU 提交候选技术。ITU 将组织对收到的候选技术进行技术评估,组织技术讨论,并力争在世界范围内达成一致。2020 年底,ITU 将发布正式的 5G 标准。因此,5G 也应该被称为 IMT-2020。不同国家、地区、公司在 ITU-R WP5D#19 会议上提出了 5G 的需求,经过多方讨论,目前 5G 愿景已经大体成形。

而 3GPP 在 2015 年 3 月关于无线侧的 RAN 会议上讨论并确定了面向 5G 的初步工作计划,3GPP 邀请各个成员公司的相关组织探讨对后续 5G 发展的观点和想法。同时,3GPP 初步确定从 2016 年的 R14 版本开始,标准化工作持续 R14、R15 和 R16 三个版本,计划 2019 年一季度向 ITU-R 提交正式的 5G 核心标准。同时,3GPP 在需求方面已启动了面向未来新业务的新应用场景的研究项目,以指导后续 5G 系统的研究。后来,3GPP 决定提前完成 5G NR 标准,以推动部分运营商在 2019 年尽早实现 5G NR 的大规模试验和部署。

2017 年 12 月 21 日，3GPP 在葡萄牙首都里斯本正式签署通过了 5G NSA（非独立组网）标准，3GPP 5G NSA 标准第一个版本正式冻结。根据 3GPP 的规划，5G 标准分为 NSA 和 SA（独立组网）两种。其中，5G NSA 组网方式需要使用 4G 基站和 4G 核心网，以 4G 作为控制面的锚点，满足激进运营商利用现有 LTE 网络资源，实现 5G NR 快速部署的需求。NSA 作为过渡方案，主要以提升热点区域带宽为主要目标，没有独立信令面，依托 4G 基站和核心网工作[4,5]。

2018 年 6 月 14 日，3GPP 全会（TSG#80）批准了第五代移动通信技术标准（5G NR）独立组网功能冻结。加之 2017 年 12 月完成的非独立组网 NR 标准，5G 已经完成第一阶段全功能标准化工作，进入了产业全面冲刺新阶段。此次 SA 功能冻结，不仅使 5G NR 具备了独立部署的能力，也带来全新的端到端新架构，赋能企业级客户和垂直行业的智慧化发展，为运营商和产业合作伙伴带来新的商业模式，开启全连接的新时代。此次标准的冻结将开启 5G 新时代大门。5G NR SA 系统不仅显著增大了网络速率和容量，更为其他新行业打开了通过 5G 系统进行行业生态系统变革的大门。

2013 年 3 月，IEEE 启动了下一代 WLAN 标准预研究项目"HEW"，旨在进一步改善 WLAN 频谱效率，提升 WLAN 区域吞吐量和密集组网环境下的实际性能。下一代 WLAN 立项之后迅速成为全球业界竞争的焦点，并被看作 5G 潜在的技术演进路线之一。2014 年 3 月，IEEE 正式批准了下一代 WLAN 标准（IEEE 802.11ax）立项，预计该标准将于 2019 年初完成标准制定。

IEEE 的 SDN 研究组于 2016 年 7 月 15 日发布了第二份白皮书《软件定义的 5G 生态系统：技术挑战、商业模式可持续性、通信政策问题》，系统地阐述了其对于电信网络软件化的研究成果。多个技术驱动力正在为将来电信网络设计、电信业务运营的范式变革创造条件、奠定基础。这些驱动力包括信息技术的进步、超宽带（固定及无线网络）接入的"泛在"化、硬件设备价格的降低、虚拟化技术的成熟、开源软件得到了越来越广泛的实际应用、用户终端的能力越来越强大等。实现电信网络软件化的四大关键技术是：SDN、NFV、Cloud（云）以及边缘雾计算，而且电信网络软件化将在将来的 5G 系统中发挥重要作用。

在企业界，爱立信、诺基亚、三星、华为、大唐电信、阿尔卡特朗讯、中国移动、DoCoMo 等先后发布了 5G 白皮书和研究报告。

1.4 本书的内容介绍

本书主要从传输部分和网络部分两个方面对 5G 系统的概念进行阐述与分析，另外，对正在引起广泛关注的人工智能也进行了初步探讨。

1.4.1 5G 传输技术

D2D 能够实现较高的数据速率、较低的时延和较低的功耗；通过广泛分布的终端，能够改善覆盖，实现频谱资源的高效利用；支持更灵活的网络架构和连接方法，提升链路灵活性和网络可靠性。大规模阵列 MIMO 提供了更强的定向能力和赋形能力，多维度的海量 MIMO 技术，将显著提高频谱效率，降低发射功率，实现绿色节能，提升覆盖能力。全双工方式在发送设备的发送方和接收设备的接收方之间采取点到点的连接，这意味着在全双工的传送方式下，可以得到更高的数据传输速率。毫米波技术有着信道干净、抗干扰强、频谱复用度高、天线和设备小型化、较高的天线增益等优点；信道编码技术能增强数据在信道中传输时抵御各种干扰的能力，提高系统的可靠性；新型波形设计进一步提高了通信业务的适应能力，而新型多址技术通过发送信号的叠加传输来提升系统的接入能力，可有效支撑 5G 网络千亿设备连接需求；全频谱接入技术通过有效利用各类频谱资源，有效缓解 5G 网络频谱资源的巨大需求。

$$C_{\text{sum}} = \sum_{\text{Cells}} \sum_{\text{Channels}} B_i \log_2 \left(1 + \frac{P_i}{I_i + N_i} \right) \tag{1-1}$$

如式 (1-1) 所示，根据香农公式可知，要扩大信道容量，对于单个信道其关键在于增加带宽和信噪比，然后通过增加信道和蜂窝网数量，可以达到扩大信道容量的目的。

提高蜂窝网络总容量，一方面是通过减小单小区覆盖区域，提高频谱复用度(宏蜂窝、小蜂窝、微窝、中继站、飞蜂窝异构网络分层重叠部署)，以充分利用空间资源；另一方面通过增加物理传输信道规模(如大规模 MIMO 技术、空间调制技术、协同 MIMO 技术、分布式天线系统、干扰管理机制等)，利用各种途径寻求可用频谱资源(如认知无线电、毫米波通信、可见光通信等)，以进一步提高频谱效率(如高阶调制、自适应调制编码)。

1.4.2　5G 网络系统

大量新技术的涌现为 5G 通信指标的完成提供了便利。为了更好地实现 5G 性能目标要求，需要与新技术相配套的新型网络架构。新型网络构架，采用 SDN、NFV 和云计算等技术实现更灵活、智能、高效和开放的 5G 新型网络。5G 网络架构需要满足不同部署场景的要求、具有增强的分布式移动管理能力、保证稳定的用户体验速率和毫秒级的网络传输时延能力、支持动态灵活的连接和路由机制，以及具备更高的服务质量和可靠性。

移动自组织网络能够利用移动终端的路由转发功能，在无基础设施的情况下进行通信，从而弥补了无网络通信基础设施可使用的缺陷。软件定义无线网络保留了 SDN 的核心思想，即将控制平面从分布式网络设备中解耦，实现逻辑上的网络集中控制，数据转发规则由集中控制器统一下发，控制平面能够很好地优化和调整资源分配、转发策略、流表管理等，简化了网络管理，加快了业务创新的步伐。SDN 技术实现控制功能和转发功能的分离，通过软件的方式使网络的控制功能很容易地抽离和聚合，有利于通过网络控制平台从全视角来感知和调度网络资源，实现网络连接可编程。因为做到了软硬件解耦，所以 SDN 可通过通用硬件来替代专有的网络硬件板卡，结合云计算技术实现硬件资源按需分配和动态伸缩，从而达到最优的资源利用率；NFV 通过组件化的网络功能模块实现控制功能的重构，可以灵活地派生丰富的网络功能，以 NFV 为基础的网络切片利用虚拟化将网络物理基础设施资源虚拟化为多个相互平行的虚拟化切片网络，在每个网络切片内，运营商可以进一步对虚拟网络切片进行灵活的分割，按需创建网络。

传统布置基站的方式会带来巨额开销(2G/3G 时代)，在 5G 网络中，引入了 SDN 的理念，将数据平面与控制平面分离，并把控制中心化，使网络管理更加高效。进一步借助虚拟化技术实现 IaaS 的理念，并利用云计算、大数据处理技术提供更灵活的网络管理。

密集组网(UDN)、异构结构(HetNets)、中心式云(Cloud)后台是 5G 网络整体架构的共识。密集使无线通信回归到"最后一公里"，拉近用户与天线的距离，提高速率，增强服务覆盖面积；异构使大量不同级小区重叠(Macro、Micro、Pico、Femto)，不同制式的网络重叠(Cellular、WiFi、D2D、CR、M2M)，而云处理使 RRH 与基带处理单元分离、SDN 实现协议接口、基带信号资源的集中化管理与调度；使用云架构的 C-RAN、RRU 替代物理基站，降低建设成本，而光纤互联、中心式处理、高性能多点协作接入达到低维护成本下实时信息处理的目的。

1.4.3　5G 与人工智能

为用户提供更多更好的服务，需要设备在大数据基础上执行机器学习、数据挖掘，使网络更加智能，用户的 QoE 更好[6]。

未来人工智能极有可能成为下一次产业革命"工业 5.0"的关键使能技术。借助人工智能，让网络能自己思考、学习和进化。5G 旨在将人与人的通信连接拓展到万物互联，其超强的网络能力，包括超高速率和超大连接能力将为人工智能充分发挥其魅力，创造出史无前例的大数据基础。将人工智能和 5G 结合，可以让 5G 端到端的能力从中受益。未来，二者的联合技术创新不仅将应用于基站无线资源调度、核心网数据分析、业务编排和服务等方面，也将应用于网络传输、网络和数据安全、智能移动终端等层级。人工智能和 5G 通信网络结合的潜力巨大，将促进通信网络真正实现网络全智能和自动化运营。

第 2 章　终端到终端通信

2.1　D2D 通信概念

随着网络信息量的爆炸式增长、宽带多媒体业务对传统网络承载容量和速率的需求不断提高，稀缺的频谱资源也越来越紧张，需要新型无线通信技术解决无线频谱资源和业务需求矛盾的难题，于是，D2D 技术应运而生。

D2D 通信是指两个移动终端通过建立直接链路进行通信，其数据传输不再经过基站转发。D2D 概念最早是在 2007 年被提出的，接着 2008 年 8 月在深圳召开的 3GPP 会议上，Motorola 公司提出了 D2D 通信，并对它的关键技术进行了简要讨论。2009 年，业界方面，欧洲的 WINNER+项目开始研究 D2D 通信的相关技术，2015 年 2 月中国信息通信研究院正式发布《5G 概念白皮书》，并在 3GPP 发布的最新版 LTE R12 技术规范中，将 D2D 技术作为能提高 LTE-A 移动通信无线接入网络覆盖面积的相关技术，D2D 通信技术已受到了越来越多的关注，图 2-1 为引入 D2D 技术的蜂窝小区[7,8]。

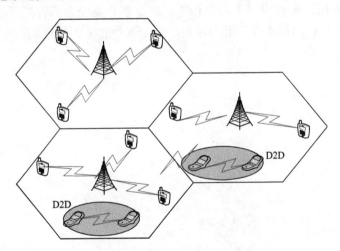

图 2-1　蜂窝小区中的 D2D 系统

除了用于一般近距离点到点连接外，D2D 通信应用场景还有两种：第一种如图 2-1 所示，用于人口密集的地区，如电影院、体育场、演唱会等场所，将距离较近的一些用户归为一个 D2D 簇，簇中的用户可以使用 D2D 技术来进行数据传输。第二种情况如图 2-2 所示，此时可以将一部分空闲用户当作蜂窝用户的移动中继，对于那些信道质量比较差的用户，可以和附近信道空闲用户建立连接，让数据经过空闲用户转发给基站，通过这种方式增加小区的信号覆盖面积，使边缘用户也能够建立起通信连接。

D2D 通信技术与日常生活中使用的蓝牙、WiFi 等技术不同，D2D 通信的优势如下。

(1)D2D 通信是 LTE 通信技术的补充，它工作在授权频段，能使用传统蜂窝网络中的频谱资源，因此，即便终端移动设备之间距离增大，也能确保用户之间的通信质量。

（2）D2D 通信距离比较短，通信质量高，因此可实现高传输速率、低功耗、低时延的近距离无线通信，增加设备续航时间。

（3）D2D 通信方式更加灵活，可在演进型基站（eNB）控制下进行连接及资源调配，也可在无网络基础设施的时候通过网络覆盖用户设备的中继进行信息交换；最后，D2D 通信在节省资源、增强覆盖、提高系统容量和安全性保证等多方面有着巨大优势。

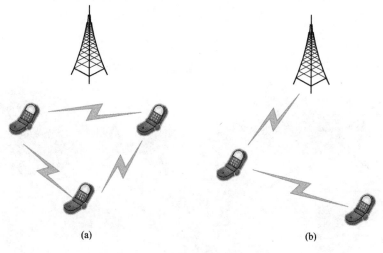

图 2-2　D2D 通信应用场景

2.2　D2D 邻近设备发现

一般情况下，设备发现是 D2D 用户连接建立的第一步，目的是找到待连接的 D2D 相邻用户。当两个移动终端之间进行数据交换时，首先会触发其发现过程。而在一些特定情况下设备发现也可以单独实现，不需要建立起连接的过程。

目前对邻近服务的 D2D 设备发现技术的研究工作，基本分为有基站辅助和无基站辅助两种类型。其中有基站辅助主要是指基站参与到 D2D 用户之间发现与建立连接的过程之中，此时需要基站在整个蜂窝系统不断地对节点进行搜索，这就浪费了一定的资源。因此，无基站参与节点搜索的"绿色"发现技术就更有前景。无基站辅助是指 D2D 用户能够在一定范围对节点进行搜索，这时搜索过程在移动端进行，复杂性也被转移到移动端，因而这种方法更加灵活。另外，假如在没有蜂窝网络覆盖的情况下，这类没有基站辅助的搜索方案就成了唯一的选择。但如果没有基站的辅助，D2D 用户在邻近发现过程中只能对搜索信号不停地解码。

文献[9]根据设备发现的问题阐述了两种解决方案。第一种是信标方案，它综合了概率性和确定性方案，在设备的发现与效率之间进行了折中处理。第二种是群组搜索方案，将附近终端集中起来建立一个组，组中的成员轮流广播其他成员的消息。

文献[10]提出了根据社交关系的发现策略。待连接的 D2D 用户对的发现可以从三个方面来进行。该策略能够高效地发现邻近用户，同时提升 D2D 链路连接的安全性。

文献[11]中根据每个用户都几乎处在移动的社交网络中，提出了具有社会意识的 D2D 设备发现方案。主要是按照用户的社交信息构建具有社交意识的 D2D 通信网络，然后根据社交网络的群体性和核心性特征对用户进行分组，最后给不同的组分配最佳的能量，用于信标探测来进行设备发现。

对于对等点和服务发现技术，通常第一步是辅助建立 D2D 链路，网络或用户发现它们的同伴并将它们作为 D2D 候选对，如图 2-3 所示。

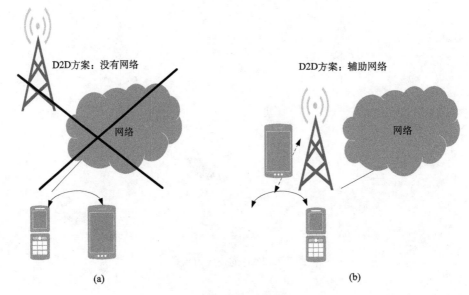

图 2-3　网络中识别 D2D 候选的两种方式

在图 2-3(a)中，除了将信标资源分配给设备之外，网络不参与发现过程。而图 2-3(b)中，终端首先注册到网络，再发送一个发现请求到网络，这样的登记要求，消息可能包含自己的好友列表或所需提供的服务。在网络获取的相关信息的情况下，网络协调 D2D 对的相互发现。

2.3　D2D 通信模式选择

蜂窝小区中引入 D2D 通信技术后，D2D 用户使用的无线资源有两种类型：一种是共享资源，另一种是专用资源。倘若 D2D 用户与主用户(CUE)共享信道资源，那么该小区的全部用户通信时的模式总共有三种，分别是 D2D 用户与 CUE 正交通信模式、D2D 用户与 CUE 非正交通信模式和蜂窝模式。

D2D 用户与 CUE 共享信道资源时，若 D2D 用户占用的是专用正交频谱资源，则原有小区中 CUE 会话时不会遭受新的干扰；若 D2D 用户占用的是非正交频谱资源，则必定会给原小区中的 CUE 会话带来一定干扰。因此当基站负载不大时，D2D 用户占用正交频谱资源能够提升小区的总体性能。但严峻的一个事实是小区中能够占用的频谱资源有限，因而采用共享方式占用资源更为合理，可以显著提高资源利用率。D2D 用户间建立连接链路复用 CUE 资源时，可以选择复用 CUE 上行或者下行链路资源，但是复用资源时给小区带来的干扰情况完全不同。D2D 用户复用 CUE 上行资源时，其干扰源为 CUE 和 D2D 发射端，受干扰的是 D2D 接收端和基站。而当 D2D 用户复用 CUE 下行资源时，其干扰源为基站和 D2D 发射端，受干扰的是 D2D 接收端和 CUE，如图 2-4 所示。

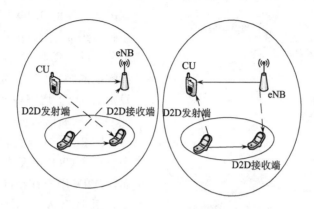

图 2-4　复用链路干扰情况

由于不同类型的通信模式代表不同的干扰情况下功率、效率等问题，因此在传统蜂窝小区中引入 D2D 技术后，对通信模式进行合理调控变得尤为重要。蜂窝小区中的 D2D 用户在工作时，既能够在 D2D 链路上进行传输，也能够在蜂窝链路上传输。当处于 D2D 传输模式时，用户传输节点不需要基站中继而进行直接通信，这时 D2D 链路传输可以不分上行链路还是下行链路。当用户处在蜂窝模式时，用户之间的节点进行传输时需要基站中继，而 D2D 用户和 CUE 实现资源共用时的模式可以分为专用与复用模式。

(1) 专用模式。把正交频谱资源调配给全部用户，它们使用专用模式时不会产生干扰。但是这种模式下对应数目的 D2D 用户需要相应的蜂窝子信道，会造成信道资源利用率低。因此，在专用模式下，如果不考虑蜂窝小区之间的干扰，则 D2D 用户和 CUE 在数据传输时都可以使用最大功率。

(2) 复用模式。D2D 用户和 CUE 共享资源时，通信链路之间会产生不可避免的干扰从而降低链路的服务质量，通常情况下通信节点不使用最大发送功率。eNB 会按照规则对两种用户的功率进行适当调控，控制哪些 D2D 用户和 CUE 能够使用同一资源。

综上所述，蜂窝与 D2D 用户所在小区中，D2D 通信有两种模式：专用模式和复用模式。eNB 会执行特定规则为小区中的每一个用户选取最合理的传输模式。

在 CUE 与 D2D 混合小区中，D2D 用户链路通信，选择较好的信道能获得最优通话质量。D2D 通信在不同情况时选择哪一种模式，就变得极为重要。LTE 网络小区引入模式选择技术需满足以下几点要求。

(1) 专用和复用模式可以和蜂窝模式进行灵活切换，这个过程不能严重干扰到小区中 CUE 的通话质量；

(2) 在专用和复用模式中，基站不进行数据中继转发，但是要有命令控制与发送功能来管理相应的 D2D 终端；

(3) 专用和复用模式下，D2D 发射端的发射功率应满足 CUE 的最低 SINR，即需满足 eNB 设置的 SINR 门限值，这样能确保 CUE 良好的通信环境；

（4）到达上述要求之后，还需要保证引入 D2D 用户后对原有蜂窝小区带来的影响尽量低，最好不改变原有通信的复杂程度。

假设基站位置在小区中央，小区中有 CUE 和 D2D 用户，其中 D2D 用户是两两成对组成的。每对 D2D 用户都由发射端和接收端组成，所有用户在小区中都是随机分布的。每对 D2D 用户的发射端和接收端的距离也有一定限制，必须满足设定的 D2D 通信最大距离，以此来保证 D2D 的通信质量。

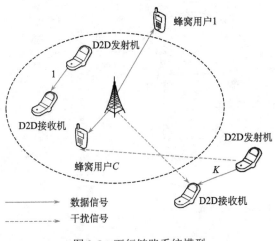

图 2-5 下行链路系统模型

图 2-5 是下行传输的场景，此小区中有 C 个 CUE 和 K 个 D2D 用户随机分布，D2D 用户在小区中的位置不断改变，并且有 N 个正交的子信道（$N > C$），子信道带宽为 B_{sub}，CUE n 使用信道 n 且所用子信道固定不变，二进制变量 $\{x_{k,n}\}$ 代表 D2D 对使用子信道的情形，当 $x_{k,n} = 1$ 时，D2D 对 k 使用子信道 n；当 $x_{k,n} = 0$ 时，D2D 对 k 不能使用子信道 n。

2.4 D2D 通信干扰分析

D2D 通信技术的引入，虽然能够大幅提高频谱效率和通信容量，然而，由于 D2D 对和蜂窝 CUE 之间的共存，D2D 发射机会对蜂窝网络产生有害干扰，因此宏蜂窝网络的性能降低。

考虑由单个 BS，单个蜂窝用户 CUE 和一个 D2D 对组成的单小区环境。一个 D2D 对包括一个 D2D 发射机（DT）和一个 D2D 接收机（DR），如图 2-6 所示。假定所有节点都配备有单个天线。其中基站允许 D2D 对与单个蜂窝用户设备共享许可频谱的 D2D 通信，DT 和 DR 彼此非常接近并且想要彼此通信。在这种情况下，两个节点都可以在 D2D 模式下工作。也就是说，D2D 发射机（DT）和 D2D 接收机（DR）通过复用诸如蜂窝资源的许可频谱，不经由 BS 发送数据而通过直接链路彼此通信，但是通信过程仍然由蜂窝 BS 控制，因此能够节省 D2D 对和 BS 的无线资源和发射功率，从而提高整个系统的频谱效率。虽然 D2D 对与蜂窝 CUE 共享相同的无线电资源，但其对蜂窝 CUE 会产生有害干扰，从而恶化蜂窝网络的性能。

由 D2D 通信引起干扰的情况可以描述如下。

在上行阶段中，当 D2D 发射机（DT）与其接收机（DR）直接通信时，蜂窝用户还向 BS 传输数据，如图 2-6 所示。因此，在上行链路（UL）期间将发生两种类型的干扰：一种是从 D2D 发射机（DT）到蜂窝 BS 的干扰（由情况①表示）。另一种是 D2D 接收机（DR）可能受到蜂窝 CUE 产生的干扰（由情况②表示）。因此，这两种情况下的干扰分别降低了宏蜂窝网络和 D2D 系统的整体性能。然而，由于 BS 的最大发射功率大于 D2D 发射机(DT)的最大发射功率，所以从 D2D 发射机(DT)到蜂窝 BS 的干扰导致了微不足道的性能损失。相反，在 UL 周期期间，由于从蜂窝 CUE 到 D2D 接收机(DR)的干扰，整个系统性能更严重下降。注意，由于 BS 具有比蜂窝 CUE 更多的功能，因此能够消除 D2D 发射机(DT)的干扰。例如，如果蜂窝 BS 配备有多个接收天线，则可以消除来自 D2D 接收机(DT)的干扰。

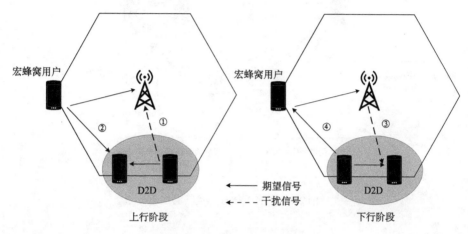

图 2-6   D2D 干扰特性示意图

而在下行阶段，类似于 UL 周期，D2D 对和蜂窝 CUE 的共存导致两个干扰模型。也就是说，在 UL 周期期间的 D2D 通信不仅产生蜂窝 BS 对 D2D 的干扰(由情况③表示)，而且也产生 D2D 对 CUE (由情况④表示)的蜂窝干扰。在这种情况下，整个系统的性能也分别由于 D2D 发射机(DT)到蜂窝 CUE 的干扰和从蜂窝 BS 到 D2D 接收机(DR)的干扰而下降。

注意，如情况②和④中所提到的性能恶化是由 D2D 对常规宏蜂窝网络的干扰引起的。由于 CUE 具有比 D2D 对更高的优先级，因此在 D2D 通信中保证宏蜂窝的 QoS 总是重要的。因此，需要抑制来自 D2D 发射机(DT)的干扰。为此，BS 通常控制 D2D 发射机(DT)的最大发射功率。因此，从 D2D 通信只能获得有限的性能增益。另外，蜂窝网络到 D2D 接收机(DR)(即情况③)的干扰降低了 D2D 通信的可靠性。为了解决这个问题，可以降低蜂窝网络的发射功率。然而，它导致宏蜂窝网络的性能降低。因此，需要有效的干扰管理来保证蜂窝 CUE 的 QoS 或提升 D2D 通信的性能。

对于目前的干扰状况，提出的已有的 D2D 通信干扰管理的方式主要目的之一是保护蜂窝网络免受由 D2D 通信引起的干扰，如图 2-7 所示。为此，D2D 发射机(DT)采用各种功率控制方案，以增加 BS 的控制信号为代价来满足蜂窝 CUE 所需的 QoS。此外，当 D2D 对和蜂窝 CUE 的通信链路由不同的频谱分开时，两种通信链路互不影响。

D2D 通信中的干扰管理策略的另一个目标是在不影响现有 CN 的情况下实现更高频谱效率的通信网络。在这种情况下，以提升系统总容量为目标的干扰管理被划分为资源分配和干扰消除两种。第一，用于提升容量的资源分配可以通过调整发射功率或无线电资源来提高整个系统的频谱效率，这种行为类似于用资源分配来抑制对 CN 的干扰。第二，可以从以 BS 为中心和以 D2D 为中心的干扰消除来获得附加的性能增益。

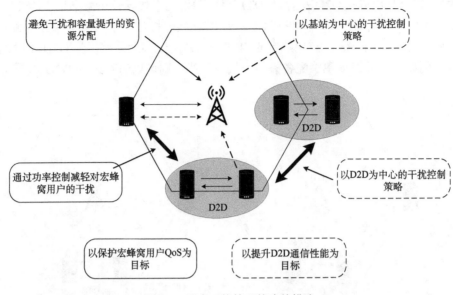

图 2-7　现有干扰管理策略的描述

2.5　D2D 资源调配

在蜂窝中引入 D2D 技术，有两类资源调配问题需要考虑，如图 2-8 所示。为了让频谱资源得到高效利用，需要对小区中的可用频段进行合理划分，对 D2D 用户 CUE 通信的资源进行合理调配。对 D2D 用户和 CUE 资源的调配可以从三个角度来考虑。

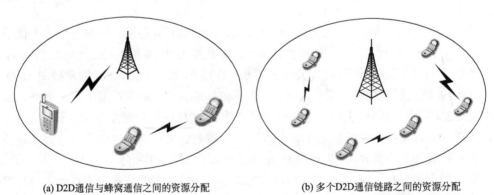

(a) D2D通信与蜂窝通信之间的资源分配　　　　(b) 多个D2D通信链路之间的资源分配

图 2-8　D2D 资源分配

第一种是时间域资源调配，D2D 通信时占用一个指定子带的带宽。因此 D2D 用户和 CUE 之间没有干扰，也不需要因为 D2D 通信的引入进行额外的干扰控制。但是如果在时域上进行，基站就会失去调度自由。第二种是空间角度资源调配，D2D 链路与蜂窝通信链路在时域上保持正交，在空间域上复用非正交资源。利用它们的空间距离来减少干扰，但是要达到空间复用增益的目的，还需要极为复杂的资源调配和干扰消除技术。

第三种是频率域资源的调配。在一个频带内每个蜂窝用户可在多个物理资源块(PRB)上发送或者接收信号，频域复用可以保证间隔宽度和自由度。系统设计时需要考虑折中复杂度、信令开销以及通信性能。目前关于 D2D 通信资源分配的研究大都集中在频率域的资源分配上。

由于 D2D 通信共享蜂窝网络的许可频谱，所以可能发生 D2D 对和蜂窝网络之间的相互干扰。此时，可以执行许可机制以减少来自 D2D 通信的干扰。另外，还存在保护蜂窝 CUE 免受 D2D 干扰的另一种方式，即当 BS 向 D2D 通信分配专用频谱时，可以避免 D2D 对和蜂窝网络之间的相互干扰。然而，专用频谱可能导致无线电资源的利用率较低。因此，干扰资源分配策略的目标是优化 D2D 对和蜂窝网络之间的资源使用。

基于系统设计要求，确保蜂窝网络目标 SINR 的资源分配方案属于两种类型之一：集中式资源分配和分散式资源分配。对于固定资源分配，考虑三种资源共享模式：①非正交共享模式：蜂窝 CUE 和 D2D 对共享许可频谱。在该模式中，BS 管理两个节点的发射功率，因此，可能发生蜂窝 CUE 和 D2D 对之间的相互干扰。②正交共享模式：BS 将许可频谱划分为蜂窝 CUE 和 D2D 对的两部分。换句话说，将专用频谱分配给 D2D 通信。因此，在蜂窝 CUE 和 D2D 对之间没有干扰。在这种情况下，BS 应优化分配给 D2D 和蜂窝网络的无线电资源。③蜂窝模式：D2D 发射机 DT 经由充当中继器的 BS 将数据发送到 D2D 接收器 DR。在这种情况下，分配给 D2D 和蜂窝网络的资源部分将在 BS 处被优化。

蜂窝 CUE 可以从如图 2-9 所示的三种模式中选择一种，即蜂窝模式和 D2D 模式。例如，在蜂窝模式中，蜂窝 CUE 和 D2D 对使无线电资源减半，因此不会导致相互干扰。在蜂窝模式中，分配的频谱在 D2D 对中被均分为两个节点，集中资源分配的主要目的是选择三种资源共享模式中的一种以提升资源利用效率。为此，BS 应当优化分配给在单独资源共享模式和蜂窝模式的 D2D 和蜂窝网络的无线电资源的一部分。请注意，根据情况，选择正确的模式有助于限制来自 D2D 对的干扰。然而，一旦优化问题被解决，它在 D2D 通信期间是固定的。因此，该策略不能随着信道的变化而快速地调整其发射功率。

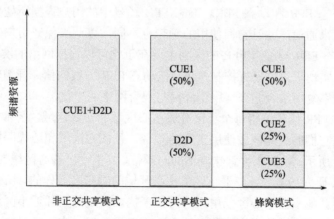

图 2-9　固定资源配置的系统模型

在频谱共享网络中，小区边缘中的蜂窝 CUE 通常以高功率发射，从而强干扰位于蜂窝 CUE 附近的 D2D 接收机。当多个 D2D 对之间进行空间复用以确保蜂窝和 D2D 通信的 QoS 时，来自复用的 D2D 对的相互干扰，可能导致整个系统性能的严重恶化。为了减轻 D2D 对中的远近干扰，可以考虑分散式的资源分配。这时 BS 将利用来自 D2D 对的大量信息动态应用和集中式资源分配。为了降低系统复杂性，采用两步骤执行资源分配。虽然 BS 会决定分配给 D2D 对的无线电资源，但是每个 D2D 对在 D2D 通信期间可以执行链路自适应。

另外，合理的功率控制是一种有效地抑制 CUE 与 D2D 用户彼此干扰的方法，保证 D2D 用户对 CUE 的干扰能够满足 CUE 速率和会话的质量。在适当的功率控制下，可以使得蜂窝与 D2D 混合小区的干扰得到缓解，并能够提高系统的总体吞吐量。这样，对于功率控制有以下方法。

(1)静态功率控制方法。该方法是指在用户会话连接还未接通之前，基站就能获知 CUE 和 D2D 用户的状态情况，主要是干扰因素。再经过强大的分析能力，利用基站的控制算法给小区设定一个发射功率阈值，此阈值一定要保障小区边缘 CUE 的 SINR 在一定忍受范围内。如果 CUE 或 D2D 用户距离基站较近，基站则要调控用户的发射功率，让对方的会话连接不受此影响。反之，倘若 CUE 或 D2D 用户与基站位置很远，基站也会调整用户以大功率进行连接。

(2)动态功率控制方法。上述方法是在连接建立之前完成的，但是实际情形中有很多突发情况会在建立起来之后发生，基站可以使用动态功率控制，通过不断地更新信道信息来实时进行功率调整，而目前大多数研究都是基于动态功率控制进行的。

2.6　基于 FFR 的资源管理

无线通信中的可用频带极为有限，目前运营商跟设备商研究的重点是如何最大化利用有限的频谱资源。以前的移动通信网络中大都采用全频率复用，即小区中的用户都使用同一段频带，这就带来不可避免的同频干扰，很大程度上降低了用户的 QoS 和小区性能。随着移动技术的蓬勃发展，出现了比全频率复用更为先进的 FFR。

FFR 包括静态 FFR 和动态 FFR。静态 FFR 场景中的用户根据所处位置的不同使用不同的复用因子来通信，并且它们使用的频带也不同，以此来保证用户受到的干扰在可忍受范围内。动态 FFR 与静态 FFR 的区别主要在于它可以根据网络的实时情况，动态地调整上述参数来实现更好的干扰控制效果。但动态 FFR 方案的信令开销较大，所以可以将静态和动态频率复用结合起来运用于蜂窝与混合网络的干扰控制中。

目前大多数 FFR 场景是将每个小区分成核心区域和边缘区域，相邻小区的核心区域共享同一频带，它们的边缘区域使用正交的频带，且核心区域和边缘区域的频带是不相同的。如图 2-10 所示，不同灰度意味着不同的频带，其中小区核心区域的频带是一样的。

传统的 FFR 研究场景中，由于小区中核心区域的频带是一样的，所以处在核心区域中的用户会受到其他小区核心区域用户的同频干扰。但是因为邻近小区边缘区域的频带不同，所以处于相邻区域的用户彼此间不会造成干扰。但是实际情况中，蜂窝系统是由多层小区构成的，在越来越复杂的环境中，中心小区、边缘区域的用户同样会受到其他小区的干扰，实际的 FFR 研究场景如图 2-11 所示。

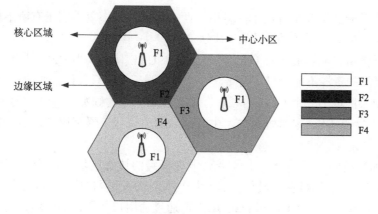

图 2-10　FFR 通信研究场景

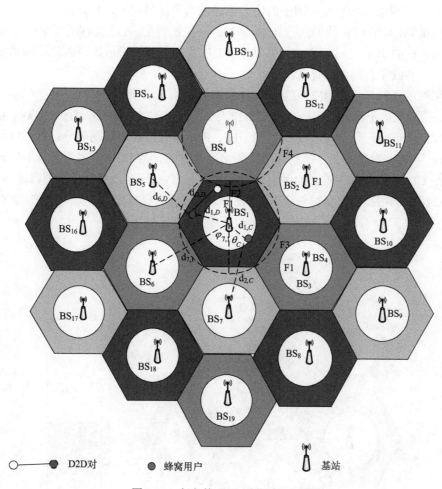

图 2-11　复杂的 D2D 通信研究场景

图 2-11 所示场景是一个三层蜂窝小区系统，由 19 个蜂窝小区组成。在此系统模型中，把每个蜂窝小区分成两个区域：中心区域和边缘区域。图中相同阴影图案的蜂窝小区间能够共享彼此的资源，一个蜂窝小区中心区域的频率能被所有的蜂窝小区复用，边

缘区域的频率只能被每 3 个蜂窝小区复用。两个区域的频率复用因子有所不同，中心区域是 1，边缘区域是 3。在第 $i(i=1,2,\cdots,19)$ 个小区中，BS 处于小区的正中间。在每个小区中，一个子信道只能够被一对 D2D 用户和一个 CUE 使用。当 D2D 对和 CUE 距离很近时，它们之间的资源不能共享。因此，为了避免强干扰，只有位于边缘区域的 D2D 对才能够共享中心区域的一个 CUE 的频率。把系统正中心的蜂窝（$i=1$）作为参考 BS，即第一个 BS 为参考 BS。参考蜂窝中，中心区域的黑点代表蜂窝用户，边缘区域有一对 D2D 用户。

根据实际情况中第三层蜂窝小区会对中心蜂窝的边缘区域用户产生同频干扰的问题，引入一个复杂的场景进行分析。该场景模型由 3 层小区构成，每个小区分成核心区域和边缘区域，引入多个 CUE 和 D2D 用户，通过让用户在所在的区域使用不同的频带资源来达到减轻干扰的目的。最后分别从核心区域和边缘区域来分析，根据参考 CUE 和 D2D 用户的位置以及频率复用因子的值，推导出两个区域的平均频谱效率。

前面讲到，基于 FFR 的 D2D 通信能够提升系统的性能。在蜂窝移动网络中引入 D2D 通信技术，D2D 用户经过此方式能够共享 CUE 正在使用的子信道资源，让频谱资源利用更充分，吞吐量得到明显提升。

如果网络资源早已复用完，那么 D2D 用户数量增多时，这种策略无法保障小区吞吐量提升，用户间的干扰可能更严重。图 2-12 是采用 FFR 技术的蜂窝小区，把整个系统的频段分成四个部分，分别表示成 F1、F2、F3、F4。每个蜂窝分成两部分：核心区域和边缘区域。当 D2D 对复用上行链路时，受影响的是 eNB。当 D2D 对复用下行链路时，受影响的是 CUE。由于 eNB 的影响远小于蜂窝用户的影响，因此选择对上行资源进行分析。处于核心区域的用户能够获得频段 F1，而边缘区域的用户被分配 F2、F3、F4 这些特殊的信道资源。

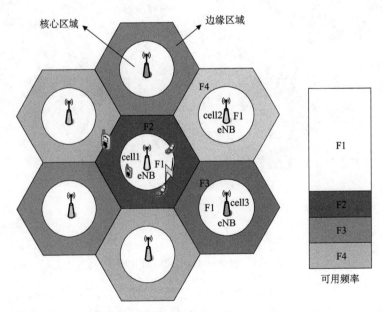

图 2-12　蜂窝网络中 FFR 模型示意图

假设在以下场景中进行分析：设定一个参考蜂窝小区 cell1，中心是 eNB，用来控制小区中的通信。eNB 可以随时获知小区中蜂窝用户和 D2D 用户的位置、距离，信道增益等信息，根据用户设备距离 eNB 的位置，预判出该用户隶属于小区边缘用户还是小区核心用户。若用户距离 eNB 的位置 d 小于该小区半径 R_{BS} 的 α_1 倍时，即 $d < \alpha_1 R_{BS}$，则判断该用户为小区核心用户，否则为边缘区域。

考虑 D2D 对位于同一个区域，D2D 对的两端分别位于两个区域或者两个小区的情况不予考虑。D2D 对处于核心区域时，D2D 对通信有以下三种情况[12]。

（1）本小区核心区域空闲资源。当 D2D 对发送端 T_x 向 eNB 发出通信请求时，如果本小区核心区域的 F1 中存在空闲的频谱资源 F1，eNB 获取此信息后就会把空闲的频谱资源 F1 优先分配给 D2D 对进行通信。

（2）邻近小区边缘区域空闲资源。当 eNB 获知 cell1 中的频谱资源全部被占用时，它就会马上获取邻近小区边缘区域的 F3、F4 频谱资源信息，如果此区域有空闲的资源，eNB 就会对此资源进行授权，然后分配给 cell1 中核心区域的 D2D 用户。

（3）复用资源。如果 cell1 核心区域和 cell2 边缘区域中的资源块全部被占用，这时 D2D 对就会对 cell2、cell3 中边缘区域的 F3、F4 资源进行复用来完成通信。

D2D 对处于边缘区域时，D2D 对通信也有三种情况。

（1）本小区边缘区域空闲资源。当 D2D 发送端 T_x 向 eNB 发出通信请求时，eNB 收到请求后获取资源块占用信息。如果本小区边缘区域存在空闲资源块，调配器就把这些空闲资源直接优先分配给 D2D 用户。

（2）本小区核心区域空闲资源。如果本小区边缘区域所有资源块都处于使用状态，eNB 就会马上获取核心区域空闲块的使用情况，如果有空闲的资源块，eNB 就把这些空闲的资源分配给 D2D 用户。

（3）邻近小区边缘区域资源。当 eNB 得知 cell1 中的频谱资源全部被使用时，它就会马上获取邻近小区边缘区域的 F3、F4 频谱资源信息，如果有资源块是空闲的，就会使用空闲的资源块，如果 cell1 核心区域和 cell2 边缘区域中的资源块全部被使用，这时 D2D 对就会对 cell2、cell3 中边缘区域的 F3、F4 资源进行复用来完成通信。

D2D 用户使用资源流程图如图 2-13 所示。

当复用上行链路时，隶属于核心位置的 D2D 用户和边缘位置的 D2D 用户能够复用的频带有些重叠的。例如，cell1 中核心区域 D2D 用户复用资源的集合是 (F3, F4)，边缘区域 D2D 用户复用资源的集合是 (F1, F3, F4)，这就导致小区中核心位置和边缘位置的 D2D 用户彼此会带来相互影响的同频干扰。同理，边缘位置的 D2D 用户与邻近小区边缘区域的 D2D 用户复用时的频带也有一些重叠，如 cell1、cell2、cell3 边缘复用集合分别为 (F1, F3, F4)、(F1, F2, F4) 和 (F1, F2, F3)，这就导致不同小区的 D2D 用户间也存在干扰。随着 D2D 用户数目增多，小区中 D2D 用户之间干扰更为严重。

位于边缘区域的 D2D 用户对邻近小区边缘使用相同频率的 CUE 会构成干扰，为了避免对原有边 CUE 的干扰，将位于边缘位置的 D2D 用户再划分为外边缘用户和内边缘用户。假设用户和 eNB 距离 d 大于该小区半径的 α_2 倍时，即 $d < \alpha_2 R_{BS}$，它为小区外边缘用户，外边缘可复用 F1 频带，否则为小区内边缘用户。

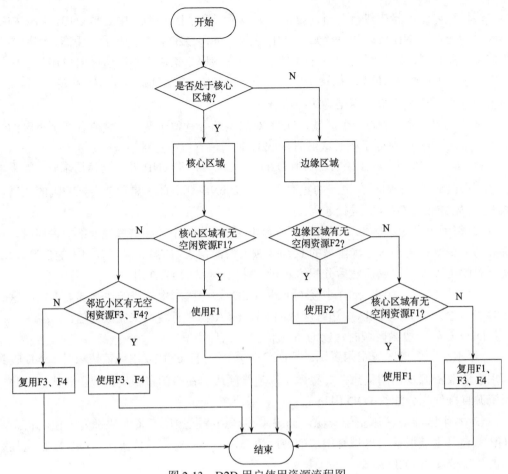

图 2-13　D2D 用户使用资源流程图

如图 2-14 所示，为减轻邻近小区外边缘 D2D 之间的干扰，可以把 F1 频带分割成不重合的三个子频带，表示为 F11、F12 和 F13。

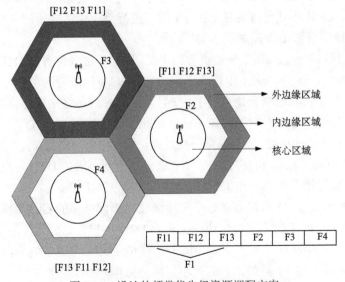

图 2-14　设计的频带优先级资源调配方案

在真实情形中，根据 D2D 用户随机分布和信道资源占用状况的不同，上述两个边缘区域的具体范围能够进行动态调整，例如，当内边缘区域 D2D 用户数目过多或者内边缘资源紧张时，可以通过增大外边缘的区域来缓解内边缘区域资源紧张的问题。

2.7　多跳 D2D 通信

进行 D2D 通信的用户与邻近用户进行数据通信时其发射功率比较低，减少通信时延的同时减少能耗，从而使得频谱有所增益。多跳 D2D 通信为了增大 D2D 通信覆盖范围可以通过中继协助功能得到一定辅助，这样使得网络覆盖盲区的用户通过多跳 D2D 通信与网络覆盖区域内的用户进行通信。

针对多跳 D2D 通信建立系统模型，如图 2-15 所示。在单个蜂窝小区内，eNB 管理蜂窝小区内的频谱资源，CUE 通过蜂窝链路接入 eNB。DU1 和 DU2 是需要信息交换的两个终端用户。为减小蜂窝网负载，提高频谱利用率，DU1 通过 D2D 链路与 DU2 进行通信。由于 DU1 和 DU2 相距位置较远，直连 D2D 链路质量较差，通过中继用户建立多跳 D2D 链路，完成 DU1 和 DU2 的信息交换。中继组(RG)由协助 DU1 和 DU2 通信的多个空闲用户组成，负责转发 DU1 和 DU2 发送的数据包。DU1 和 RG 之间、DU2 和 RG 之间的数据交换均通过 D2D 链路完成。

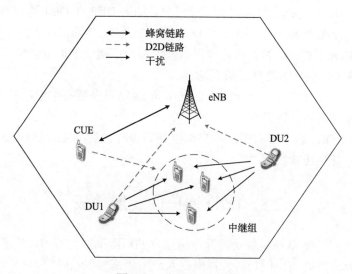

图 2-15　多跳 D2D 通信

当 D2D 用户复用蜂窝下行资源进行通信时，D2D 通信会对蜂窝用户产生干扰，会严重影响蜂窝用户的通信体验。同时，D2D 通信接收端会收到来自基站信号的干扰，因为基站的发射功率远远大于 D2D 用户发射信号的功率，整个通信系统会受到严重的干扰。当 D2D 用户复用蜂窝上行资源进行通信时，蜂窝用户向基站发送信号的同时，D2D 发送端向 D2D 接收端发送数据。此时，D2D 发送端发送的信号会对基站产生干扰，而蜂窝用户不会受到干扰，蜂窝用户发送的信号会对 D2D 接收端产生干扰。因为基站能够控制蜂窝通信和 D2D 通信，基站通过限制蜂窝用户的最大发送功率使其对 D2D 用户造成的干扰处于可接受范围内。因此，当 D2D 用户复用上行资源进行通信时，系统受到的干扰处于可控范围内。综合以上分析，如果 D2D 通信用户均为复用蜂窝用户 CUE 的上行链路资源。DU1 和 DU2 通过以下几个步骤完成数据通信。DU1 在第一个时隙向 RG 广播自己的数据包，DU2 在第二个时隙向 RG 广播自己的数据包。RG 在收到 DU1 和 DU2 的数据包后，根据随机线性网络编码(RLNC)思想对收到的数据包进行编码形成新的编码包，RG 中的每一个中继在不同的时隙中向 DU1 和 DU2 广播编码包。DU1 和 DU2 根据相应的解码方法从编码包中获得自己想要的数据包，完成 DU1 和 DU2 之间的信息交换。

D2D 通信会话通过下面几个步骤建立多跳 D2D 会话。

(1)DU1 通过物理随机接入信道向 eNB 发送随机接入前导码，eNB 收到该消息后，通过物理下行共享信道(PDSCH)向 DU1 发送随机接入响应信令，为 DU1 提供一个小区无线网络临时标识(C-RNTI)。

(2)通过物理上行共享信道(PUSCH)，DU1 以自己的 D2D-ID 向 eNB 发送无线资源控制连接(RRC)请求。eNB 收到连接请求后，根据当前小区通信状态决定是否建立连接。

(3)DU1 完成无线接入过程后，向 eNB 请求频谱资源与 DU2 进行 D2D 通信。eNB 收到通信请求后，向 DU1 和 DU2 发送信道测量信令，以此判断 DU1 和 DU2 能否建立直连通信。

(4)DU1 和 DU2 向 eNB 发送测量反馈信息，如果 DU2 在 DU1 通信覆盖范围内，则为 DU1 和 DU2 分配频谱资源，DU1 和 DU2 建立直连 D2D 通信。否则，进行步骤(5)。

(5)eNB 向 DU1 和 DU2 通信范围内的空闲用户广播中继请求信息，选择合适的用户作中继，辅助 DU1 和 DU2 完成数据通信。

(6)当确定中继用户后，基站 eNB 向 DU1 和 DU2 以及所有中继用户分配频谱资源，并向所有用户发送同步时钟信令。

(7)当 DU1、DU2 以及所有中继用户都收到同步时钟后，DU1 和 DU2 通过中继用户建立通信连接，开始传输数据。

2.8　D2D 通信的发展挑战

D2D 作为一种降低基站负载及提升传输速率的短距离通信技术，学术界和企业界对它的研究已经有一段时间，但是离大规模投入使用还需要很长时间。

对于中继协助的双向 D2D 通信，如果采用传统存储转发方式，需要 4 个时隙完成通信。而如果中继用户应用网络编码在收到 D2D 发送用户和接收用户的信息后进行编码转发，则只需要 3 个传输时隙，相对于存储转发，编码转发能提升多跳 D2D 通信的系统容量。

如何选择最优蜂窝资源，才能既保证 CUE 的 QoS 又提升系统的性能？

(1)分布式算法。目前关于 D2D 技术大部分的资源调配，都属于基站集中式的资源调配方法，其中所有计算调度都由基站来完成，如 D2D 用户发现、对于 D2D 用户位置的分类、D2D 用户分组的计算等，运算工作全部在基站端进行，因此带来了巨大压力。D2D 终端的分布式算法能很好地分担基站的压力，如在设备查找等方面，可以研究如何将两种算法结合并进行对比、互补。

(2)考虑 CUE 和 D2D 用户的不定向移动。许多研究都是假设用户在静止的理想状态下，但是实际情况中不可能只存在这种假定的情形，任何在小区中的移动终端时刻都保持移动的状态，因此在后续研究中可以将用户的移动性考虑进去，特别是终端在高速移动而不停变化时的情况。

(3)大多数研究中 D2D 用户所处位置都假设成理想的情况，即他们处于同小区的不同区域或同小区同区域，但是在实际情况中，D2D 对的发射端与接收端有可能处于同小区不同区域以及不同小区的边缘区域。

第 3 章　大规模多输入多输出

3.1　大规模 MIMO 的概念

MIMO 技术即多输入多输出技术[13-18]，最早是由 Marconi 于 1908 年提出的，是一种在发射端和接收端采用多根天线，使信号在空间获得阵列增益、分集增益、复用增益和干扰抵消等提高系统容量的多天线技术。MIMO 系统配有 M 根发送天线和 N 根接收天线，在发送端经空时编码形成 M 个子信息流，送到天线进行发射，并行传送，在接收端根据不同天线信号在无线信道中的不相关性，通过各种空时检测技术把并行数据流合流为串行数据流，如图 3-1 所示。

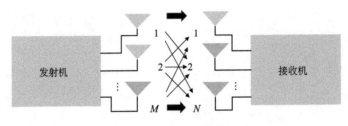

图 3-1　MIMO 技术原理图

MIMO 技术的空间复用就是在接收端和发射端使用多根天线，充分利用空间传播中的多径分量，在同一频带上使用多个数据通道发射信号，从而使容量随着天线数量的增加而线性增加。这种信道的增加不占用额外的带宽，也不消耗额外的发射功率，因此是增加信道和系统容量的一种非常有效的手段。MIMO 技术大致可以分为四类：发射/接收分集、波束成形、预编码和空间复用。MIMO 系统设置各个天线之间的距离足够大，以防止信号间过高的相关性，使任意无线信道相互独立或具有很小的相关性。该系统的信噪比为 ρ，系统容量 C 随最小天线数目 $\min(M, N)$ 线性增长，如式(3-1)所示。

$$C=\min(M, N)\log_2(1+\rho) \tag{3-1}$$

MIMO 技术实质上是为无线通信系统提供一定的分集增益和复用增益。对于理想的随机信道，如果天线的空间和成本不受限制，MIMO 系统就能提供无限大的容量。

高速无线数据接入业务与用户数量的迅速增长，需要更高速率、更大系统容量的无线链路的支持，而决定无线链路传输效能的最根本因素在于信道容量。然而单纯以增加带宽、功率的方式来扩展信道容量是不切实际的。MIMO 信息理论的出现突破了传统技术传输能力的瓶颈，展现了 MIMO 技术在未来高速无线接入系统中的广阔应用前景。由于多天线技术在提升峰值速率、系统频带利用效率与传输可靠性等方面的巨大优势，该技术目前已广泛地应用于几乎所有主流的无线接入系统中。对于构建在 OFDM+MIMO 构架之上的 LTE 系统而言，MIMO 作为其标志性技术之一，在 LTE 的几乎所有发展阶段都是其最核心的支撑力量之一。MIMO 技术对于提高数据传输的峰值速率与可靠性、扩展覆盖、抑制干扰、增加系统容量、提升系统吞吐量等都发挥着重要作用。MIMO 技术的性能增益来自于多天线信道的空间自由度，因此 MIMO 维度的扩展一直是该技术标准化和产业化发展的一个重要方向。随着数据传输业务与用户数量的激增，未来移动通信系统将面临更大的技术压力。

2010 年，贝尔实验室提出了大规模 MIMO 的概念。大规模 MIMO 技术是指在基站端配置远多于现有系统中天线数若干数量级的大规模天线阵列来同时服务于多个用户（通常认为天线数为上百甚至几百根，而同时服务用户数为天线数的 1/10 左右，这些天线可分散在小区内，或以大规模天线阵列方式集中放置。大规模 MIMO 是下一代移动蜂窝网通信——5G 中提高系统容量和频谱利用率的关键技术。该技术有一些传统 MIMO 系统所无法比拟的物理特性和性能优势，大规模 MIMO 系统的优点主要体现在以下几个方面。

（1）大大提升了系统总容量。随着天线数的急剧增长，不同用户之间的信道将呈现出渐近正交特性，用户间干扰可以得到有效的甚至完全的消除。由于天线数目远大于 UE 数目，系统具有很高的空间自由度，信道矩阵形成一个很大的零空间，很多干扰均可置于零空间内，使系统具有很强的抗干扰能力。当基站天线数目趋于无穷时，加性高斯白噪声和瑞利衰落等负面影响全都可以忽略不计。

（2）改善了信道的干扰。基站天线数的增加，使得信道快衰落和热噪声将被有效地平均，即信道硬化作用，从而以极大概率避免了用户陷于深衰落，大大缩短了空中接口的等待延迟，简化了调度策略。更多的基站天线数目提供了更多的选择性和灵活性，系统具有更高的应对突发性问题的能力。

（3）提升了空间分辨率。大量天线的使用，使得波束能量可以聚焦对准到很小的空间区域，能深度挖掘空间维度资源，使得基站覆盖范围内的多个用户在同一时频资源上利用大规模 MIMO 提供的空间自由度与基站同时进行通信，提升频谱资源在多个用户之间的复用能力，从而在不需要增加基站密度和带宽的条件下大幅度提高频谱效率（SE）。

（4）有效地降低发射端的功率消耗。巨量天线的使用，使得阵列增益大大增加，系统总能效能够提升多个数量级。大规模 MIMO 系统可形成更窄的波束，集中辐射于更小的空间区域内，从而使基站与 UE 之间的射频传输链路上的能量效率更高，减少基站发射功率损耗。在多小区多用户大规模 MIMO 系统中，保证一定的服务质量（QoS）情况下，具有理想信道状态信息（CSI）时，UE 的发射功率与基站天线数目成反比，而当 CSI 不理想时，UE 的发射功率与基站天线数目的平方根成反比。因此，大规模 MIMO 系统能大幅提高能量效率（EE）。

3.2 大规模 MIMO 信道模型

虽然基于大规模 MIMO 的无线传输技术有可能使频谱效率和功率效率在 4G 的基础上再提升一个量级，但是该项技术在走向实用化的过程中，需要解决的研究课题包括检测算法、信道估计、同步、预编码算法、导频污染、互易校准等，基础是建立有效的信道模型。

图 3-2(a)所示为复合圆柱形大规模 MIMO 系统，装有 128 根天线，这个阵列由 16 组对偶极化的天线组成，天线阵列的阵元间隔为 λ/2，天线阵列高约 28.3cm，直径约 294cm，图 3-2(b)是由 128 根天线组成的直线形天线阵列。

(a)   (b)

图 3-2　兰德大学制作的大规模天线系统

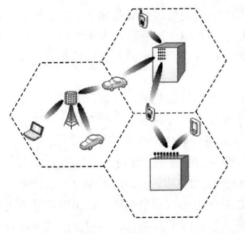

图 3-3　集中式大规模 MIMO 系统不同的基站天线布局

在基站天线的配置方式上，可以把所有天线集中配置在一个基站上，形成集中式大规模 MIMO 系统，如图 3-3 所示。

也可以把天线分布式地配置在多个节点上，通过光纤将这些节点连接起来再进行集中的数据处理，形成分布式大规模 MIMO 系统，如图 3-4 所示。

集中式大规模 MIMO 系统的优点是基站的天线都集中放置于一处，并不需要像分布式大规模 MIMO 系统一样占用更多的地理资源，并且集中式

大规模 MIMO 可以有效避免光纤数据汇总时的同步问题。分布式大规模 MIMO 系统的优点在于它能有效形成多个独立的传输信道，避免像集中式大规模 MIMO 系统的天线一样配置过于紧密而导致信道相关性过强的现象；另外，分布式大规模 MIMO 系统可以获得更大的覆盖范围。具体在基站天线的布局上，还分为线阵天线布局、面阵天线布局和圆柱形天线布局等。尽管圆柱形天线布局最节省空间，但也需要结合基站架设的地理位置特点进行综合考虑，例如，在高楼的一侧边沿可以使用线阵天线布局，而在高楼的一面墙上可以使用面阵天线布局等。

准确的信道建模对于大规模 MIMO 系统的理论分析和性能评估来说是十分重要的。测量表明，与传统 MIMO 系统不同，大规模 MIMO 信道不能认为在大阵列上是广义静

态的。图 3-5 所示为大规模 MIMO 系统的上行链路，其中 k 个单天线用户向配备有 n 个均匀间隔的天线元件的线性阵列的 BS 发送信号。

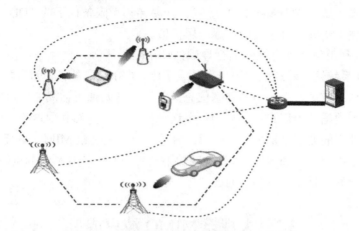

图 3-4　单小区分布式大规模 MIMO 系统

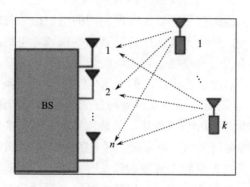

图 3-5　大规模 MIMO 系统上行链路

从第 k 个用户到 BS 的第 n 个天线的信道系数用 $h_{n,k}$ 表示，其值为小尺度衰落因子乘以考虑衰减和阴影衰落的振幅因子，如式 (3-2) 所示。

$$h_{n,k} = g_{n,k}\sqrt{\beta_k} \tag{3-2}$$

其中，$g_{n,k}$ 和 β_k 分别表示小尺度衰落和阴影衰落系数。假定小尺度衰落系数对于不同的 BS 天线是不同的，而阴影衰落系数沿着阵列是相同的。从所有用户到 BS 的信道矩阵可以表示为

$$H = \begin{bmatrix} h_{11} & h_{12} & \cdots & h_{1m} \\ h_{21} & h_{22} & \cdots & h_{2m} \\ \vdots & \vdots & & \vdots \\ h_{n1} & h_{n2} & \cdots & h_{nm} \end{bmatrix} \tag{3-3}$$

信道估计是信号检测和自适应传输的基础，对于大规模 MIMO 无线传输性能有重要影响。在贝尔实验室提出的 TDD 大规模 MIMO 传输方案中，小区中的各用户（通常假设配置单个天线）向基站发送相互正交的导频信号，基站利用接收到的导频信号，获得上行链路信道参数的估计值，再利用 TDD 系统上下行信道的互易性，获得下行链路信道参数

的估计值，由此实施上行检测和下行预编码传输。随着用户数目的增加，用于信道参数估计的导频开销随之线性增加，特别地，在中高速移动通信场景中，导频开销将会消耗掉大部分的时频资源，成为系统的"瓶颈"。开展导频受限条件下的 TDD 大规模 MIMO 信道信息获取技术研究具有重要的实际应用价值。

TDD 可以利用信道互易性和上行导频估计出信道矩阵，避免了大量的反馈信息需求。对于 TDD 系统这种消耗则与用户数量成正比。CSI 获取的具体过程如下。

首先，预估系统中所有的信道状态信息；其次，基站使用估测的信道状态检测上行数据并生成下行数据传给用户；最后用户发送导频序列，基站利用这些导频序列估计小区中用户传输使用的波束赋形矢量。然而，由于多用户大规模 MIMO 系统中，基站侧天线数目及系统中用户数目都很多，相邻小区的不同用户对应的导频序列可能不完全正交，从而引入了用户间干扰及导频污染问题。

3.3 大规模 MIMO 波束成形

移动通信系统中，天线的作用主要是实现空间的电磁信号与电路传输中的电压或电流信号的相互转换。然而，每个天线端口检测到的电压或者电流的值往往受到其他相邻的天线端口的影响，而不仅仅与直接入射的电磁信号相关。通常，每个天线端口接收到的电磁信号既在本天线端口处感应出相应的电压/电流信号，又激发出一个感应电磁场影响相邻天线端口的电压/电流值，这种互耦效应在天线端口的间距足够大的传统 MIMO 系统中并不明显。在大规模 MIMO 系统中，基站侧需要在固定的物理空间内装备大量的天线，往往不能保证天线端口间的隔离距离。经典的 MIMO 研究理论表明，当天线端口之间的间距小于或者等于 1/2 传输电磁波的波长时，可以明显观察到信号受到天线互耦效应的影响。当天线端口之间的间距进一步减小时，互耦效应对于信号的影响则更加明显。大规模 MIMO 系统中基站配置有大量的天线，天线密度过高、离得太近容易使传输信道呈现相关性，降低信道容量。以线性天线阵列为例，当天线间距小于半波长时，由于天线间相关性比较强，大规模天线阵列系统提升频谱效率的能力急剧下降。

为保证信道不相关，天线之间的距离至少需要保持在 1/4 波长以上，频段越高，波长越小，相同的空间可布局的天线数目越多。MIMO 具有与不同天线同时通信的能力，大规模 MIMO 是数百到上千个天线可以同时通信的热点问题，可以保证 5G 通信所需的很高的数据速率。由于毫米波的波长很低，所以在 30～300GHz 的频率范围内，毫米波对提高系统的工作效率起着重要的作用。大量的 MIMO 为用户提供了巨大的信道容量，保证了高的数据速率。

传统通信方式是基站与手机间单天线到单天线的电磁波传播，而在大规模 MIMO 中，基站端拥有多根天线，可以自动调节各个天线发射信号的相位，使其在手机接收点形成电磁波的叠加，从而达到提高接收信号强度的目的。从基站方面看，这种利用数字信号处理产生的叠加效果就如同完成了基站端虚拟天线方向图的构造，这种波束成形使发射能量可以汇集到用户所在位置，而不向其他方向扩散，并且基站可以通过监测用户的信号，对其进行实时跟踪，使最佳发射方向跟随用户的移动，保证在任何时候手机接收点的电磁波信号都处于叠加状态。打个比方，传统通信就像灯泡，照亮整个房间，而波速成形就像手电筒，光亮可以智能地汇集到目标位置上，如图3-6所示。

波束成形的主要原理是利用空间信道的强相关性以及波的干涉技术，通过调整天线阵元的输出，从而产生强方向性的辐射方向图，使辐射方向图的主瓣指向移动终端所在的地方，从而提高接收信噪比，减小用户之间的干扰，增加系统的吞吐量和提高整个系统的覆盖范围，主要的应用场景是信道状况较差的地方，如小区的边缘。

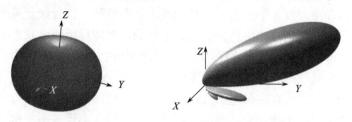

(a) 普通全向天线覆盖所有区域　　　(b) 波速成形后的天线将能量集中到一个方向

图3-6　波束成形效果示意图

在实际应用中，多天线的基站也可以同时瞄准多个用户，构造朝向多个目标用户的不同波束，并有效减小各个波束之间的干扰。这种多用户的波束成形在空间上有效地分离了不同用户间的电磁波，是大规模天线的基础所在。

如图3-7所示，基于多用户波束成形的原理，大规模天线阵列在基站端布置几百根天线，对几十个目标接收机调制各自的波束，通过空间信号隔离，在同一频率资源上同时传输几十条信号。这种对空间资源的充分挖掘，可以有效利用宝贵而稀缺的频带资源，并且成几十倍地提升网络容量。

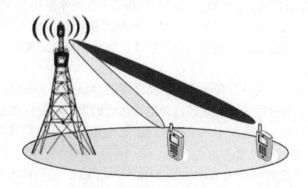

图3-7　大规模天线系统模型

在单天线对单天线的传输系统中，由于环境的复杂性，电磁波在空气中经过多条路径传播后在接收点可能相位相反，互相削弱，此时信道很有可能陷于很强的衰落，影响用户接收到的信号质量。而当基站天线数量增多时，相对于用户的几百根天线就拥有了几百个信道，它们相互独立，同时陷入衰落的概率便大大减小，这对于通信系统而言变得简单而易于处理。在大规模天线下，得益于大数定理而产生的衰落消失，信道变得良好，对抗深度衰弱的过程可以大大简化，因此时延也可以大幅降低。与大规模天线形成完美匹配的是5G的另一项关键技术——毫米波。毫米波拥有丰富的带宽，可是衰减强烈，而大规模天线的波束成形正好补足了其短板。

3.4　导频污染

在 TDD 大规模 MIMO 系统中，应当给每个用户分配一个正交的上行导频序列。系统的最大正交导频数受限于信道的相干时间与信道时延扩展之比。在实际中的多小区系统之中，可能出现用户数多于最大正交导频数，从而导致上行导频资源在不同用户间的复用。这使得复用导频资源的用户信道估计不准确，对依赖于信道状态信息的预编码或多用户检测产生影响，这就是多小区 MIMO 系统中的"导频污染"。当基站将接收到的信号与某个特定终端使用的导频进行相关时，所得的信道估计实际上是目标用户的信道与使用相同导频的其他用户的信道的线性组合。使用受污染的信道进行波束赋形，指向使用相同导频的用户的干扰波束。同样，将所有信号用在上行多用户检测中，也会产生类似的干扰。随着基站天线数目的增加，这种干扰的强度也增加，且其增加速率与信号强度增加的速率一致，因而在极限情形下，导频污染导致的干扰同有用信号是可比的。即便采用部分正交的导频序列，也不能完全消除导频污染。

导频污染现象对大规模 MIMO 的影响比 MIMO 影响要大得多。当基站天线趋近于无穷时，导频污染是大规模 MIMO 系统性能的根本限制，特别是使用较大的导频复用因子的情况。导频复用因子越大，相互"污染"的小区就相隔越远。理想情况下，TDD 系统中上下行各个导频符号之间都是相互正交的，这样对于接收端接收到的相邻小区的干扰信号都可以利用正交性在解码时消除，然而在实际大规模 MIMO 系统中，相互正交的导频序列数目取决于信道延迟扩展及信道相干时间，并不能完全满足天线及用户数量增加带来的导频序列数目需求。用户数量的增加使相邻小区间不同用户采用非正交的(相同的)导频训练序列，从而导致基站端对信道估计的结果并非本地用户和基站间的信道，而是被其他小区用户发送的训练序列所污染的估计，进而使得基站接收到的上行导频信息被严重污染。

当存在导频污染时，用户与各个小区基站之间的导频信号非正交，多个导频信号相互叠加，使得基站的信道估计产生误差。而信道估计的误差将会导致基站侧对传输信号的信号处理过程出现偏差，进而引入了小区间干扰并导致速率饱和效应，导频污染成为限制大规模 MIMO 的关键问题。

大规模 MIMO 系统目前最大的性能瓶颈在于导频污染。当基站天线数目不多时，干扰、噪声、导频污染等都是影响系统性能的不利因素。而当基站天线数目急剧增长甚至远大于当前服务的 UE 数目时，干扰、噪声等不利因素均可忽略不计，导频污染问题就凸显出来，成为系统性能的瓶颈。由于导频的时间长度必须小于信道相干时间，而导频的频域宽度受限于 UE 上行带宽，若要为当前服务小区及所有相邻小区内的所有 UE 分配正交的导频，困难重重，尤其考虑到移动的 UE 时。因此，大规模 MIMO 系统优先考虑完全频率复用(复用因子为 1)，所有小区都使用全部频率资源，以优先保证小区内所有 UE 导频正交。这样，不同小区的 UE 导频则无法保证正交，小区边缘 UE 向当前小区和相邻小区同时发送导频信号，产生导频污染。基站接收到污染的导频信号后，无法对该 UE 的上行信道进行准确估计，导致系统整体性能出现瓶颈。在已有文献中，有关容量和传输方案性能分析大都假设信道满足 IID 条件，最近的工作已表明，如果这一理想信道假设条件成立，通过在多个基站之间联合实施统计预编码，理论上可以完全消除导频污染问题。对于带空间相关性的大规模 MIMO 信道，利用各用户的统计信道信息，通过多个基站之间联合实施导频调度，也可以有效减轻导频污染。对于典型实际应用场景下无线信道特性对大规模 MIMO 传输性能影响的研究工作则有待进一步开展。

为降低导频污染对系统性能造成的不利影响，目前可行的解决方案包括：①使用多小区协作进行基于最小均方误差准则的波束成形，可同时降低小区内干扰和小区间干扰。②使用优化的导频分配或导频调度方案。例如，预先将多个小区分组，某些分组的 UE 向基站发送导频时，其余分组的 UE 接收数据，避免所有小区的 UE 同时向基站发送导频，这种方法在无须多小区合作的情况下能有效减少导频污染所造成的小区间干扰。例如，利用信道的二阶统计信息进行多小区协作贝叶斯信道估计，可自适应地为 UE 分配导频序列并充分协调导频的用量，减轻导频污染。③使用高效的信道估计方法。由于导频污染的根源在于使用导频辅助信道估计，因此，一种可行的方案是使用盲信道估计，不再使用导频从而避免导频污染。另外，考虑到无线信道自然的稀疏性，可利用压缩感知技术，进行稀疏信道估计和导频设计，降低导频开销，减轻导频污染。

考虑大规模 MIMO 系统模型由 L 个六边形小区组成的移动蜂窝通信网络，小区基站天线数为 M，服务小区内的 K 个单天线用户，用户数满足假设用户与基站收发同频并共用时频资源，小区内所有用户导频相互正交，小区间用户完全复用此正交导频序列，载波调制采用 OFDM 技术，用户与基站采用 TDD 模式，基站通过上行导频传输进行信道估计，并利用 TDD 模式信道互易性获知下行链路信道状态信息进行下行预编码和数据检测。对于小区间复用导频，在理想情况下，所有小区所有用户使用完全正交导频才能保证基站在进行信道估计过程时不会受到其他用户干扰，但为此至少需要花费 $K \times L$ 个相互正交的导频符号。而实际通信环境中小区数目较多，过长的导频序列会影响频谱的有效利用，同时信道相干时间的存在限制了导频长度。

如图 3-8 所示，图中 g_{ikj} 为一个 $M \times 1$ 维的信道矢量，表示小区 i 中用户到小区 j 中基站信道，它由一个大尺度衰落因子和小尺度衰落因子组成：

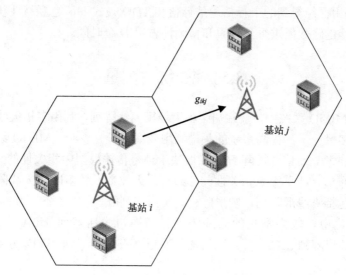

图 3-8　大规模 MIMO 信道矢量模型

$$g_{ikj} = \sqrt{\beta_{ikj}}\, h_{ikj}, \quad i,k = 1,2,\cdots,L, \quad k = 1,2,\cdots,K \tag{3-4}$$

其中，h_{ikj} 表示小尺度衰落因子，其元素服从零均值单位方差的复高斯分布，在一个相干时间 T 内保持不变；β_{ikj} 表示大尺度衰落因子，包括阴影衰落和几何衰落，是一个变换缓慢的长时信道信息，假设为基站端的先验信息。假设收发同步，利用 TDD 模式信道的互易性，可通过上行导频传输信道估计获取下行链路 CSI。

β_{ikj} 为基站已知长时信道信息，h_{ikj} 在一个相干时间内保持不变，用户与基站通信以一个相干时间为单位。在 TDD 通信方式下，传输过程分为上行导频传输、上行数据传输、下行数据传输。如图 3-9 所示的传统导频设计传输过程，T 表示相干时间，K 表示用户数，U 表示上行链路数据，D 表示下行链路数据，τ 表示导频长度，满足：$T = \tau + U + D$。

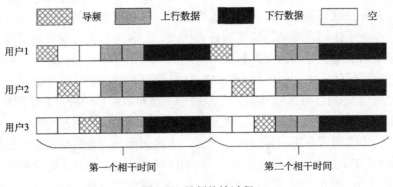

图 3-9　导频传输过程

传输过程分为以下三个阶段。

(1) 用户向本小区基站发送长度为 τ 的正交导频序列用于基站信道估计，其中 $\tau \geqslant k$，即保证每个用户至少分配一个导频。

(2) 用户利用 U 个时隙向本小区基站发送上行链路数据，基站利用上行训练阶段的信道估计对上行数据进行检测处理。

(3) 基站利用已经得到的上行信道估计值和 TDD 模式下信道互易性获得下行链路状态信息，对下行链路数据进行预编码和检测，占用 D 个时隙。

3.5　系　统　容　量

在大规模 MIMO 系统中，基站端装备大规模天线阵列，利用多根天线形成的空间自由度及有效的多径分量，提高系统的频谱利用效率。研究表明，MIMO 系统的容量取决于信道矩阵 H 的秩，而信道矩阵 H 的秩取决于信号传输模型中相关性的大小。而大规模天线阵列的分布形式严重影响相关性的分布，当天线数目较多时，天线阵列分布可以采用多种形式，包括直线形阵列、圆形阵列、平面阵列等。

在分析研究中，较为常见的天线阵列包括均匀线性阵列（ULA）、均匀平面阵列（UPA）、均匀圆形阵列（UCA）等。对信道传输矩阵 H 的奇异值（SVD）分解，有

$$H = \begin{bmatrix} U_1 & U_2 \\ U_3 & U_4 \end{bmatrix} \begin{bmatrix} S_1 & 0 \\ 0 & S_2 \end{bmatrix} \begin{bmatrix} V_1 & V_2 \\ V_3 & V_4 \end{bmatrix} \tag{3-5}$$

式(3-5)等号右边分别为左酉阵 U、对角阵 S、右酉阵 V，发送端获得信道信息后，使用右酉阵 V，可以对发送信号进行"预处理"，将传输过程转化成具有"平行子信道"的对角阵形式。有了信道矩阵秩的信息(奇异值的个数)，可以灵活地调整空间流数(自由度)，从而提高通信系统效率；知道了奇异值的个数和大小后，可以使用"注水算法"分配发送功率，提升系统容量。

利用注水算法对各个子信道分配功率，以提高系统容量，如图 3-10 所示。对角阵 S 中的元素 s_1、s_2 就是 H 矩阵的奇异值。奇异值的个数，直接反映了信道所支持的"自由度"数目。奇异值的个数就是该信道矩阵的秩(Rank)。

$$条件数 = \frac{最大奇异值}{最小奇异值} \tag{3-6}$$

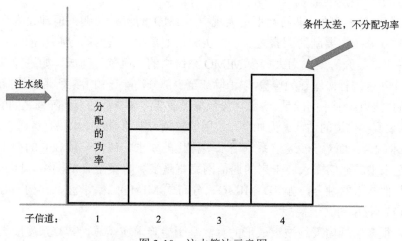

图 3-10　注水算法示意图

条件数越接近 1，说明信道中各个平行子信道(自由度)的传输条件都很好，很平均；比值越大，说明各个子信道的传输条件好的好，差的差。

另外，提升系统容量，通常还会使用预编码技术，主要是在发射端对于传输信号进行处理的过程，其主要目的是优化传输信号，简化接收端的复杂程度，提升系统容量及抗干扰能力。线性预编码包括匹配滤波器(MF)、迫零(ZF)预编码。非线性预编码包括脏纸编码(Dirty Paper Coding，DPC)、矢量预编码(VP)。

线性预编码复杂度低，实现较简单。非线性预编码如脏纸编码计算复杂度较高，但往往会获得更佳的效果。然而，在大规模 MIMO 系统中，随着基站侧天线数目的增长，一些线性预编码算法，如匹配滤波器(MF)、迫零(ZF)预编码等将会获得渐近最优的性能。因此，在实际应用中，采用低复杂度的线性预编码算法更为现实。

3.6 大规模 MIMO 的发展挑战

面对未来移动通信业务需求的多样化，尤其是 5G 的需求，大规模 MIMO 在走向标准化与产业化的进程中仍面临以下挑战。

（1）信道建模：进一步发挥所有天线的潜力，基站端需要精确的信道信息，即需事先知道不同目标客户的位置。传统通信系统通过手机监测基站发送的导频，估计其信道并反馈给基站的做法在大规模天线中并不可行，因为基站天线数量众多，手机在向基站反馈时所需消耗的上行链路资源过于庞大。目前，最可行的方案是基于时分双工(TDD)的上行和下行链路的信道对称性，即通过手机向基站发送导频，在基站端监测上行链路，基于信道对称性，推断基站到手机端的下行链路信息。信道建模的研究是大规模 MIMO 面临的重要挑战，关于大规模 MIMO 信道的理论建模和实测建模的工作较少，还没有得到广泛认可的信道模型出现。

（2）导频污染：导频污染问题不是大规模 MIMO 的特有问题，但却尤为突出，成为大规模 MIMO 系统主要制约因素之一。在实际信道模型、适度的导频开销及实现复杂性等约束条件下，导频污染成为大规模 MIMO 系统中的"瓶颈"问题。如果导频污染预编码，通过多个小区进行协作导频传输，以消除或至少部分消除导频污染所带来的指向性干扰。与多小区协作波束赋形不同的是，导频污染预编仅需要终端与基站天线阵列之间的慢衰落系数，而不需要真实信道的估计。而如今，实用的导频污染预编码技术仍有待研究。

（3）技术融合：面对 5G 通信系统需求多样化的要求，任何一项独立的技术都无法满足 5G 乃至未来的通信需求。未来的通信网络将是多种方案融合的网络。因此，大规模 MIMO 与其他技术的融合，如 3D MIMO、分布式 MIMO、毫米波、异构网等，将是大规模 MIMO 产业化的又一挑战。

另外，很多大规模天线波束成形的算法基于矩阵求逆运算，其复杂度随天线数量和其同时服务的用户数量上升而快速增加，硬件不能实时完成波束成形算法。快速矩阵求逆算法是攻克这一难题的一条途径。

综上所述，大规模 MIMO 无线通信能够深度挖掘空间维度无线资源，大幅提升无线通信频谱效率和能量效率，是支撑未来新一代宽带绿色移动通信最具潜力的研究方向之一，目前已成为 5G 无线通信领域最具潜力的研究方向之一。尽管大规模 MIMO 无线通信技术已引起国际上的广泛关注，但相关研究工作尚处在起步阶段，其理论上的性能增益往往建立在无线信道的理想化假设上，目前尚不能通过实际测量和建模充分证明其假设的正确性，仍需进一步充实相关研究。

第4章 全 双 工

4.1 全双工概述

现有无线系统的 FDD/TDD 双工方式通过在频域/时域隔离上下行来避免上下行之间的干扰，而半双工模式不能在同一频率上实现无线信号的同时收发，导致无线频谱资源的极大浪费。尽管一些半双工增强技术(如连续解码、缓存辅助中继等)被相继提出，半双工模式本身所导致的信道容量减半因素始终不能彻底消除。而同频同时全双工技术(CCFD)能够将设备的发射机和接收机采用干扰消除的方法，用相同的频率资源同时进行工作，使得通信双方在上、下行可以在相同时间使用相同的频率，无线资源的使用效率提升近一倍，显著提高系统吞吐量和容量，因此成为 5G 潜在的关键技术之一[19-22]。

全双工(FD)通信允许数据在两个方向上同时传输，它在传输效果上相当于两个单工通信方式的结合，同时(瞬时)进行信号的双向传输(A→B 且 B→A)，见图 4-1(a)和(b)，而同时同频全双工是指近端设备与远端设备的无线业务相互传输发生在同样的时间、相同的频率带宽上，全双工通信理论上可以将频率效率提升 1 倍，将给通信系统带来巨大的改变，见图 4-1(c)。

图 4-1 全双工示意图

全双工通信技术从根本上避免了半双工通信中由于信号发送/接收之间的正交性所造成的频谱资源浪费，从而实现通信系统信道容量的倍增。相对于半双工通信而言，全双工通信具有显著的性能优势，包括：①数据吞吐量增益；②无线接入冲突避免能力；③有效解决隐藏终端问题；④降低拥塞；⑤降低端到端延迟；⑥提高认知无线电环境下的主用户检测性能等。

国内外研究结果表明，实现全双工通信必须有效地解决以下几个核心问题：①高性能自干扰消除；②全双工设备最优运行环境建立与信道容量优化；③全双工 MAC 层/高层协议设计。这里侧重全双工的物理层实现。

4.2　全双工的发展过程

同频同时全双工技术的发现可以追溯到 2002 年,北京大学客座教授李建业博士提出了一种双工模式——码分双工(CDD),并给出了物理层的设计方案。

2006 年,北京大学焦秉立教授讲述了同频同时全双工概念,此外,北京大学还在同频同时全双工组网技术上进行深入研究,提出了蜂窝小区采用同频同时全双工的演进方案,即基站发射天线采用中心式布局,而基站接收天线采用分布式布局,这样在干扰消除能力受限情况下仍可实现系统容量的大幅提升。目前,国内外针对组网问题进行的研究包括:纽约大学将全双工技术应用于微小区场景,提出了半双工和全双工混合调度机制,相对于传统半双工,该混合调度机制使系统容量提升 80%;坦佩雷大学与哥伦比亚大学研究了半双工和全双工混合调度机制下的混合信道估计及最大数据传输速率范围,俄亥俄州立大学建立了全双工网络仿真模型。

全双工通信技术目前还处在研究阶段,当前的研究成果已经证明了 FD 通信在实际系统中的可行性,一些工程师已经提出了一些基本的 FD 设备,它们能够在整个带宽中始终发送和接收,因此,一对 HD 节点可以通过该 FD 设备交换它们自己的数据。

由于全双工通信在提高频谱资源利用率以及用户数据吞吐量方面具有巨大潜力,国际上多个研究机构(包括美国莱斯大学、美国斯坦福大学、韩国信息技术研究中心、美国赛灵思公司等)已经开始了相关研究与探索。此外,中国的多家研究机构如北京大学、电子科技大学、北京科技大学、北京邮电大学、中国移动、华为、中兴、工业和信息化部电信研究院等也对该领域的基础理论与关键技术进行了研究。利用自干扰抵消技术,斯坦福大学和莱斯大学设计了一种带内全双工通信的系统。

4.3　全双工通信的自干扰抵消

全双工技术可以实现在同一频率、同一时间进行信号发射和接收,这大大提升了频谱效率。不过,一直以来全双工技术的发展都面临着一个严峻的挑战——自干扰。由于无线系统中发射信号会对接收信号产生强大的自干扰,如果采用全双工模式,系统根本无法正常工作。在全双工模式下,如果发射信号和接收信号不正交,发射端产生的干扰信号比接收到的有用信号要强数十亿倍(大于 100dB),因此全双工最核心的技术就是消除这 100dB 的自干扰。自干扰体现在如下方面。发射信号会对接收信号产生强大的自干扰。由于双工器泄漏、天线反射、多径反射等因素,发射信号掺杂进接收信号,由此产生了强大的自干扰,具体如图 4-2 所示。

自干扰实现原理主要是参考发射信号,通过一些电路算法逐级消除自干扰,实现原理图如图 4-3 所示。自干扰消除的具体实现过程如下:第一步,对前端天线和双工器进行优化设计,使泄漏信号最小和降低反射信号。第二步,对干扰进行模拟消除。抽取接收信号,并从中滤除发射信号(模拟)。为了避免饱和,需要考虑模/数转换分辨率。第三步,对干扰进行数字消除。抽取接收信号,并从中滤除发射信号(数字)。此时,需要考虑线性失真和非线性失真。

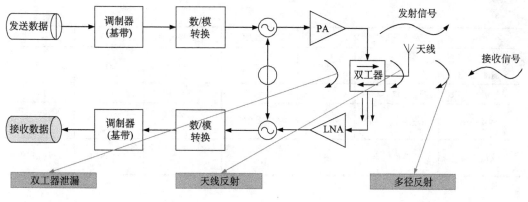

图 4-2 自干扰的产生原理

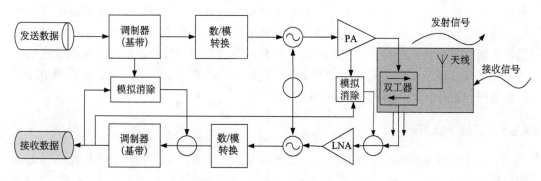

图 4-3 自干扰消除的实现原理

尽管全双工通信的发送信号是已知的,然而发送信号到自身接收机之间的信道是未知的,当采用对消信号进行自干扰消除时,对消信号在传输过程中也会失真,从而导致较大的自干扰消除误差,因此必须设计有效的自干扰消除算法,从而将全双工的自干扰信号降到一个可接受范围,近年来,斯坦福大学、莱斯大学、加利福尼亚大学等国际知名院校均进行了同时同频全双工的理论探索以及工程实现,并制作出了相关的实验平台,实验数据见表 4-1。

表 4-1 全双工实验数据

项目	加利福尼亚大学	莱斯大学	斯坦福大学	斯坦福大学	电子科技大学	电子科技大学
天线配置	1T1R	1T1R	1T1R	1T1R	1T1R	2T2R
频率/GHz	2.4	2.4	2.4	2.4	1.6~4.0	2.5~2.7
信号带宽/MHz	30	10	10	80	20	20
发射天线功率/dBm	10	10	10	20	10	23
空域自干扰抵消能力/dB	无	20	20	15	20	45
射频域自干扰抵消能力/dB	47	35	45	63	55	35

项目	加利福尼亚大学	莱斯大学	斯坦福大学	斯坦福大学	电子科技大学	电子科技大学
数字域自干扰抵消能力/dB	无	26	30	35	31	27
总抵消能力/dB	47	55	90~95	105~110	91	107
实验环境	微波暗室无多径	实验室多径环境	实验室多径环境	实验室多径环境	实验室多径环境	实验室多径环境
实验设备	安捷伦仪器	Warplab	仪器与自制硬件混合	仪器与自制硬件混合	自制 uSDR	自制 uSDR

在点对点场景 CCFD 的自干扰消除研究中,根据干扰消除方式和位置的不同,有三种自干扰消除技术:天线干扰消除、射频干扰消除、数字干扰消除。其中天线干扰消除在天线端将发送信号分流,从两个发射天线发射出去,而接收天线只有一根。此时的关键在于两个发射天线到接收天线的距离差为发射半波长的奇数倍;射频干扰消除利用噪声消除芯片,进一步消除天线干扰消除后的残留干扰;数字干扰消除通过对不期望的发射机数据包进行解码,解调得到期望的发射信息。

4.3.1 天线干扰消除

天线干扰消除有两种实现原理:一是通过天线布放实现,二是通过对收/发信号进行相位反转实现。

通过控制收发天线的空间布放位置,使不同发射天线距离接收天线相差半波长的奇数倍,从而使不同发射天线的发射信号在接收天线处相位相差 π,可以实现两路自干扰信号的对消。这种方案需要各发射天线与接收天线之间具有较强的直视径,当两路干扰信号的输出功率相匹配的时候干扰消除的效果最佳。干扰消除的效果主要受以下因素影响:天线布放位置的精确度,两路自干扰信号到达接收天线处的强度是否匹配,信号带宽。天线布放位置由信号中心频率决定,要使两根发射天线距离接收天线相差半波长的奇数倍。两路自干扰信号的强度匹配是指要使两路干扰信号到达接收天线处的功率相等。这一点可以通过对距离接收天线较近的发射天线加入衰减实现,该方案的一个难点是确保接收端各路干扰信号的功率都匹配,另外,天线布放误差对干扰抑制效果的影响与频段有关,具有频率选择性,对后续的射频干扰消除和数字干扰消除都有影响。干扰信号强度失配对干扰抑制效果的影响与频段无关,即频域平坦不会影响后续的射频干扰消除或数字干扰消除,如图 4-4 和图 4-5 所示。

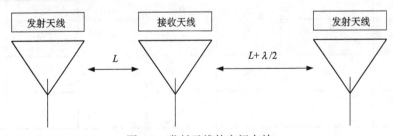

图 4-4　发射天线的空间布放

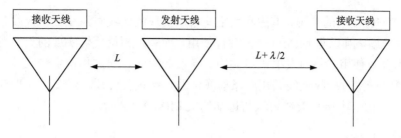

图 4-5   接收天线的空间布放

对称布放收发天线的基础上，在成对的发射/接收天线中，信号发射之前或接收之后在天线端口处引入相位差 π，可以实现自干扰信号的对消。由于天线布放的对称性，这种方案有两个显著优点：一是干扰消除效果不受信号中心频率和带宽的影响；二是若忽略移相器的插入损耗，无须考虑自干扰信号的功率匹配问题。基本实现方案有两种，如图 4-6 和图 4-7 所示。对于图 4-6，一根接收天线接收信号后进行 180°相位反转，自干扰信号就可以在两条接收天线合并后消除，对于图 4-7，一根发射天线将信号进行 180°相位反转后再发射，自干扰信号就可以在接收天线处消除，这种方案中每对接收或发射天线共用一条射频链路。

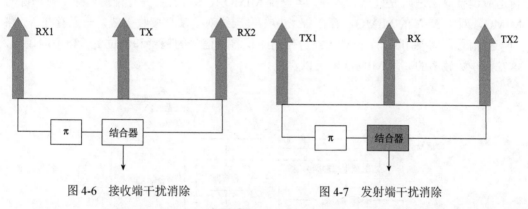

图 4-6   接收端干扰消除   图 4-7   发射端干扰消除

进一步，可以将接收端消除和发射端消除相结合，实现双重的干扰消除效果，对应图 4-8 中的情况只需要一发一收，共两条射频链路。

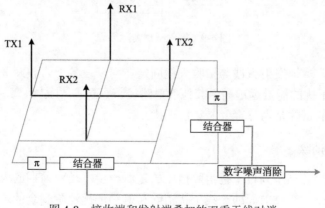

图 4-8   接收端和发射端叠加的双重天线对消

考虑 MIMO 技术的应用，上述利用空间布放实现的天线对消在更多天线布放时存在实现困难的问题，难以与 MIMO 技术并行使用，而利用相位反转实现的天线对消可以与 MIMO 技术并行使用。每对发射天线共用一条射频链路，通过相位反转在各接收天线处达到干扰消除；每对接收天线共用一条射频链路，通过相位反转进一步实现双重干扰消除；同时，多组发射/接收天线可以与远端构成 MIMO 系统。

4.3.2　射频干扰消除

自干扰信号经过天线干扰消除后，干扰信号强度大幅度减小，但是为了消除残留干扰，还可以进行后续干扰消除操作，射频干扰消除就是消除手段之一。射频消除是在信号进入模/数转换（ADC）器件前的射频前端实施的消除，主要步骤是通过从发射端引入发射信号作为干扰参考信号，通过反馈电路调节干扰参考信号的振幅和相位，再从接收信号中将调节后的干扰参考信号减去，实现自干扰信号的消除，射频干扰消除原理见图 4-9。射频自干扰抑制可以分为直接射频耦合干扰抑制和数字辅助射频干扰抑制，目前已经得到了初步工程验证。经实验验证，对于 10MHz 带宽的 WiFi 信号，可以抑制 45dB 自干扰。射频干扰消除的关键在于调整干扰参考信号的幅度和相位，实现精确的干扰消除，自适应调整算法是研究重点。另外，考虑到 MIMO 技术，若要并行使用射频干扰消除与 MIMO，对于 $N \times N$ 的 MIMO，存在 N^2 个收/发天线对，N 个接收天线，一共存在 N^2 路自干扰信号，需要用 N^2 个反馈支路分别对干扰参考信号的幅度和相位进行自适应调整，这在天线数较多的高阶 MIMO 下难以实现。

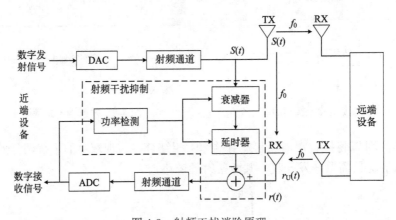

图 4-9　射频干扰消除原理

一般情况下，本地发射天线与接收天线固定在同一设备上，收发天线间存在直射路径。直射路径自干扰的能量远远高于其他散射路径，是造成 ADC 阻塞的主要原因，因此射频自干扰抑制的目的是消除直射路径自干扰。

4.3.3　数字干扰消除

数字干扰消除是一系列自干扰消除措施的最后一步，是对前期的天线干扰消除和射频干扰消除的补充。经过前面的天线干扰消除和射频干扰消除剩余的还有一部分自干扰信号，数字干扰消除就是解决剩余的这部分自干扰信号，在全双工系统进行数字对消自干扰时，自干扰的信息为已知，相比传统的数字对消，省去求解出不期望的发射机信息这一步，数字干扰消除原理见图4-10。在自干扰消除中采用相干检测而非解码来检测干扰信号，相干检测器将输入的射频接收信号与从发射机获取的干扰参考信号进行相关。由于检测器能够获取完整的干扰信号，用其对接收信号进行相干检测，根据得到的相关序列峰值，就能够准确得到接收信号中自干扰分量相对于干扰参考信号的时延和相位差。这种相干检测能够检测出强度比有用信号还微弱的自干扰信号。在这种情况下虽然不需要自干扰消除也能正确解码，但采用数字干扰消除能够进一步提升有用信号的SINR值。

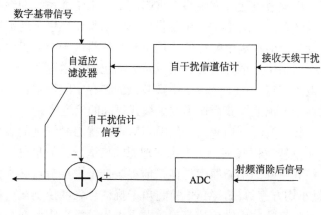

图4-10 数字干扰消除原理

数字干扰消除有一个必要前提，就是在ADC前端未阻塞的情况下，为使ADC能够正确解码有用信号，信号电平强度至少需要达到ADC的量化间隔。因此要实现数字干扰消除，有用信号和自干扰信号电平相差不能超过ADC的动态范围，否则即使以ADC的最大动态范围适配自干扰信号进行干扰消除，由于有用信号的电平没有达到ADC的量化间隔也无法解码。以目前常见的8～12bit ADC为例，对应能够识别的输入信号功率动态范围为 0～48dB/0～72dB，即要求有用信号与自干扰信号的功率之差不能超过 0～48dB/0～72dB。数字干扰消除的基本思想是：将无线信道与前端干扰消除电路合并等效为一个自干扰信道，在数字域估计其响应，生成对应的FIR滤波器。输入发送端已知数字基带信号，输出还原自干扰信号，与接收信号相抵消。

信道估计重构法主要分为三个步骤：①信道估计；②干扰重构；③数字抵消。首先，在 OFDM 数据符号之前发送训练符号，采用复杂度较小的最小二乘(Least Squares，LS)算法估计信道，训练符号定义在频域，而每个 OFDM 子载波足够窄，可视为平衰落。因此每个子载波的信道估计结果是一个复常数值；对该结果作 IFFT 即得到信道时域响应；发送数字基带信号与该时域的响应卷积，得到还原的接收信号；从接收采样信号 $r[n]$ 中减去还原自干扰信号 $i[n]$。

4.4 全双工的性能

全双工模式性能增益的获得不仅取决于自干扰信号强度，而且受其他多种现实因素的影响。尽管全双工模式在理论上可以实现比半双工模式高出一倍的信道容量，然而这一性能增益的获得取决于理想的自干扰消除。当自干扰功率较大时， 半双工模式的性能往往超过全双工模式。更重要的是，半双工模式具有比全双工模式更低的硬件复杂度。

在放大转发下，全双工模式在任何信噪比环境下都可以取得较之半双工模式的性能增益，前提条件是抑制后的自干扰信号功率必须低于背景加性高斯白噪声功率。然而，在源节点到中继节点间的信道信噪比非常小的情况下，中继节点的信号干扰比主要受限于自干扰功率的大小，在此情况下，半双工模式的信道容量将高于全双工模式。

在解码转发下，中继节点缓存容限将严重影响全双工中继系统的性能。考虑到中继节点使用有限容量的缓存，全双工 DF 中继模式在低信噪比环境下能够取得相对于半双工模式更大的性能优势，但在高信噪比的环境下其性能将低于半双工模式。此外，由于自干扰信号制约着全双工中继节点缓存长度以及数据包的发送速率，因此全双工节点的丢包率明显高于半双工节点。如果全双工中继节点的缓存空间设置得足够大，全双工模式即便在高信噪比环境下也能够获得比半双工模式更高的信道容量。

全双工模式下，频谱资源利用率与网络节点对自干扰信号强度的容忍度之间形成了一对矛盾。在 AF 中继转发模式下，当考虑非理想的信道反馈信息时，全双工模式仍然能够获得比半双工模式更好的中断概率性能，前提条件是中继节点必须借助于传统的自干扰消除算法(如最小均方差算法，MMSE)将自干扰信号强度控制在可容忍界限内。由于全双工中继节点对噪声的放大效应比半双工节点更为严重，因此在高信噪比环境下，半双工中继始终能够获得比全双工中继更好的中断概率性能。在 DF 中继转发模式下，当多个全双工 DF 中继节点串联起来构成一个多跳链路时，最优的中继节点跳数可以通过对多跳链路的中断概率性能进行优化来实现。在 Nakagami-m 信道下，全双工 DF 中继在低信噪比的环境下可以获得相对于半双工 DF 中继的性能增益，并且其中断概率将随着中继节点跳数的增加而降低。

全双工模式在低信噪比的环境下能够获得比半双工模式更低的 BER，但在高信噪比的环境下其性能优势将逐渐消失。在 DF 中继转发模式下，考虑到二进制相移键控(Binary Phase-Shift Keying，BPSK)调制，对全双工与半双工中继 BER 性能进行了对比。研究结果表明，和 AF 中继转发模式不同，在 DF 模式下，即使将大部分自干扰信号成功消除，全双工模式的 BER 性能始终劣于半双工模式。

4.5 全双工的发展挑战

目前全双工技术均处于实验阶段，尽管有了一些技术突破，但要真正实现和应用，还面临着如下挑战。

1. 电路板件设计

自干扰消除电路需满足宽频(大于 100MHz)和 MIMO(多于 32 根天线)的条件，且要求尺寸小、功耗低以及成本不能太高。

2. 全双工 MAC 层协议设计

全双工 MAC 层协议能够有效地解决传统无线通信网络中的较高端到端延迟、网络拥塞以及隐藏终端等问题。然而，由于全双工设备必须支持同时的数据收发，因此，全双工 MAC 层协议的设计与优化面临巨大挑战。为了最大限度地减少基于全双工技术的全双工传输之间的冲突，需要设计有效的全双工 MAC 层协议。通过联合优化全双工功率分配方案和全双工 MAC 层协议，可以最大化全双工无线网络的频谱效率和吞吐量。全双工 MAC 层协议不仅需要支持双向全双工传输，还需要支持基于全双工的 5G 移动无线网络中的单向全双工传输。此外，需要解决基于全双工的 5G 移动无线网络中的传统隐藏终端问题。目前，比较典型的全双工 MAC 层协议是 FD-MAC 协议 2，该协议适用于 WiFi 等无线网络。在分布式无线接入网络中，全双工 MAC 层协议设计的主要挑战来自于网络节点公平性以及网络吞吐量优化等方面的要求。为了满足上述要求，FD-MAC协议设计遵从以下三个机制：①共享随机避让(SRB)；②窥探；③虚拟竞争解决。

3. 全双工中继选择

在多中继协作通信系统中，半双工中继选择算法得到了广泛研究。由于中继选择技术具有高性能增益、低复杂度等特点，因而该技术在全双工系统中也得到了充分的关注。许多中继协议，例如，放大转发(AF)、DF 和压缩转发(CF)，可用于有效中继，作为防止严重信号衰落的手段。理论上，协作通信系统配备的中继越多，中继信道提供的转发增益越高，因此有希望在信道容量和(或)链路可靠性方面量化的改进性能。在多中继辅助协作通信系统中，激活更多中继趋于获得更好的转发增益，因为系统变得能够组合与多个中继相关联的更多数量的独立衰落信号。①AF 模式中继选择：在多中继协作通信系统中，当源节点到目的节点间的信道遭受深度衰落时，可以考虑采用中继转发模式获得数据传输的可靠性。在实际系统中，最优的中继(如该中继与源节点间的信道最好)将被选择作为信号的转发设备。当该中继工作于全双工模式时，必须进行自干扰消除以提高信号转发质量。研究结果表明，最优中继选择算法能够有效地优化系统信道容量。同时，次优中继选择算法具有复杂度低、易于操作等特点，将在非理想信道状态下获得较好的性能增益。此外，最优中继选择操作还可以支持全双工-半双工模式切换，根据当前信道状态以及自干扰情况来决定采用哪种双工模式；②DF 模式中继选择：在 DF 模式下，最优中继可以采用机会选择机制加以选择，即选择当前最大信噪比的中继作为最优中继。当最优中继节点确定之后，该中继节点的功率分配可以采取最优功率分配模式，并考虑单一节点功率受限或总功率受限两种情况。仿真结果表明，采用中继选择的全双工协作通信系统信道容量高于半双工模式，并且在高信噪比的情况下，全双工模式可以容忍更高的自干扰信号强度；在低信噪比的环境下，全双工模式数据吞吐量比半双工模式提高 33.1%～87.6%。

4. 全双工中继网络编码

先进的网络编码技术已经被广泛应用于协作通信系统中。例如，联合网络编码机制结合了信道编码与网络编码的特点，并在协作通信系统中得到了较好的应用。然而，目前网络编码多应用于半双工模式，针对全双工系统设计的新的网络编码将有助于充分挖掘全双工系统的性能增益。①应用于全双工异步协作通信系统的分布式线性卷积空时码：首先考虑理想的自干扰消除，然后考虑能够容忍一定程度的剩余自干扰信号的编码。②异或(XOR)网络编码：当中继节点采用 XOR 编码时，可以有效地提高协作通信系统的分集增益。③分块马尔可夫低密度奇偶校验码：该编码方式能够有效地提高全双工二进制可擦除中继信道的传输性能。

目前，将全双工通信应用到实际组网中仍有许多问题亟待解决：一是在实际中除了消除自身的自干扰还要消除其他同时同频节点的干扰，而这需要将相互干扰的节点相连，限制了应用的场景；二是如何将天线消除、射频消除、数字消除这三种消除方法相结合，从而达到最大限度的自干扰消除的目的等；三是针对复杂时变的无线频谱环境以及动态变化的无线网络结构，研究全双工 MAC 层以及高层协议，实现全双工协议与现有半双工协议间的兼容；四是全双工协作通信与中继选择技术，通过选择最优的中继节点进行多跳传输，有效地提升信号的抗衰落能力，扩大信号的覆盖范围。这些问题都是实现全双工通信所要解决的问题。

全双工技术的实现必然是无线产业的一次颠覆性创新，在频率资源弥足珍贵的今天，全双工技术将大大提升频谱效率，助力 5G 发展。

第5章 毫 米 波

5.1 毫米波概述

目前几乎所有的移动通信系统都使用 300MHz～3GHz 的频谱，然而随着移动数据传输需求的增长，3GHz 以下的频谱变得越来越拥挤，另外，3～300GHz 范围内的大量频谱仍未得到充分利用。波长从 10～1mm、频率从 30～300GHz 的电磁波称为毫米波，实际应用中 3～300GHz 的频谱统称为毫米波频段，波长为 100～1mm。在毫米波可用频段中，系统宽带比当前蜂窝网络带宽要宽得多，可用频谱资源丰富，能够有效缓解频谱资源紧张的现状，实现极高速短距离通信，支持 5G 容量和传输速率等方面的需求，见图 5-1。

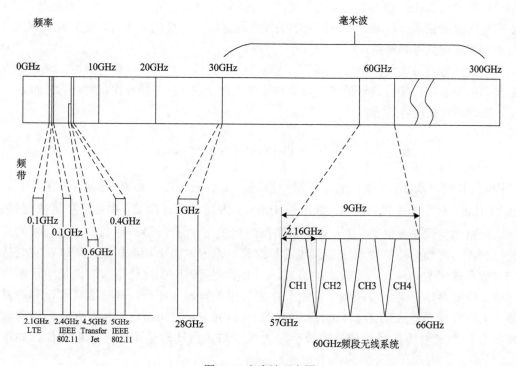

图 5-1 毫米波示意图

毫米波相邻微波和光波，与传统的无线电短波、超短波和微波通信相比，具有不少独特之处。通信设备的天线小巧，便于通信的隐蔽和保密。毫米波在传播过程中受杂波影响小，对尘埃等微粒穿透能力强，通信比较稳定。

通常认为，无线信号频率越高，传播损耗越大，覆盖距离越近。毫米波在大气传播中主要受氧气、湿度、雾和雨的影响，通过有效的传输技术也能逐渐克服这些困难。随着半导体技术和工艺的发展与成熟，器件成本和功耗大幅降低，充分利用毫米波频段的主要障碍仅剩下传播特性问题，通过探寻有效的传输技术也能逐渐解决这个问题。这样，毫米波成为 5G 的关键技术[23-27]。

5.2 毫米波传播特性

下面介绍毫米波传播的几大主要特性。

1. 路径传播损失

自由空间传播，有 Friis 公式：

$$P_r = \frac{P_t G_t G_r \lambda^2}{(4\pi d)^2} \tag{5-1}$$

式中，P_r、P_t、G_r、G_t、λ、d 分别为接收功率、发射功率、发射天线增益、接收天线增益、工作波长、天线间距离。传输距离不变，频率升高 10 倍（如从 3GHz 升高至 30GHz），路径损失增大 20dB。在高密度异构组网时，可降低对隔离度的要求。在波长较短情况下，更多天线封装到同一区域。对于相同的天线孔径区域，大量的天线可以使发射机和接收机的波束成形具有高增益。

无线信号通过大气传播时，由于无线信号吸收和散射，会产生信号衰减，理论与大量实测结果表明，接收信号的平均功率与传播距离 d 的 n 次方成反比。对任意传播距离 d，平均路径损耗可表示为

$$PL(d) = PL(d_0) + 10n\lg\left(\frac{d}{d_0}\right) \tag{5-2}$$

式中，PL 代表以 dB 为单位的平均路径损耗；d_0 为近地参考距离（通常对于宏小区，d_0 取 1km；对于微小区，d_0 取 100m 或 1m）；n 为路径损耗指数，由传播环境决定（例如，在自由空间中 n 取 2；在有障碍物阻挡的情况下，n 变大）。这似乎在高频率的损耗很严重。然而，能够使用智能天线进行改善。毫米波由于频率较高，所以在空气传播时容易被吸收，从而产生较大的衰减，一个重大问题是如何使毫米波满足中远距离通信。研究显示，毫米波随频率的增长在空气中的衰减也不同，具有大气窗口和衰减峰。大气窗口是指 35GHz、45GHz、94GHz、140GHz、220GHz 频段，在这些特殊频段附近，毫米波传播受到的衰减较小，大气窗口频段比较适用于点对点通信，如图 5-2 所示。

图 5-3 描述了毫米波各频段可利用情况，在 3～300GHz 频谱范围内，高达 252GHz 潜在可利用频段可能适用于移动宽带。在特定频段，毫米波被大气中的氧气和水蒸气吸收。关于氧气的影响也不是一概而论的，不同毫米波波段受氧气的影响是不一样的。例如，60GHz 必须承受约 20dB/km 的氧气吸收损耗，而 28GHz、38GHz 与 73GHz 情况较好，这也是目前一些运营商将 28GHz 定为主要测试对象的原因。

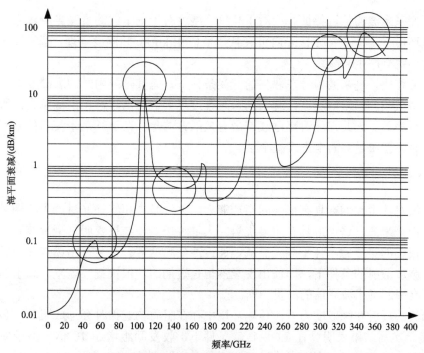

图 5-2　毫米波各个频率在大气中的衰减

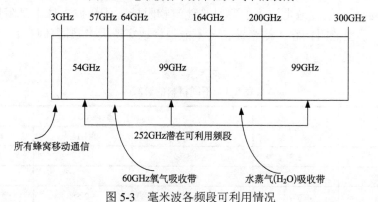

图 5-3　毫米波各频段可利用情况

2. 雨衰特性

图 5-4 列出了各个频率的毫米波的雨衰特性曲线。

由图 5-4 可见，对于 25mm/h 的非常大的降雨量，28GHz 的雨衰衰减仅为 7dB/km。如果小区覆盖区域的半径缩小为 200m，则雨衰衰减将降至 1.4dB。由此可见，当前所用的小区制蜂窝通信系统足以克服毫米波在空气中的衰减，所以毫米波是可行的。而想要将毫米波技术运用到 5G 技术中，就要充分

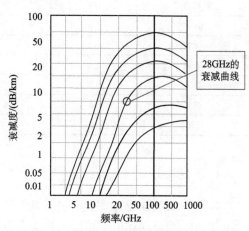

图 5-4　雨衰特性曲线

了解和研究毫米波的信道特征。相对于氧气，湿度对于毫米波的衰减影响较大。在高温和高湿度环境下，其信号在 1km 内可衰减一半(3dB/km)。和湿度同理，毫米波在通过雾和云层时，也会产生衰减。

与微波相比，毫米波信号在恶劣的气候条件下，尤其是降雨时的衰减要大许多，严重影响传播效果。通常情况下，降雨的瞬时强度越大、距离越远、雨滴越大，所引起的衰减也就越严重。因此，应对降雨衰减最有效的办法是，在进行毫米波通信系统或通信线路设计时，留出足够的电平衰减余量。

3. 穿透性阻挡

毫米波对沙尘和烟雾具有很强的穿透能力，大气激光和红外光对沙尘和烟雾的穿透力很差，而毫米波在这点上具有明显优势。大量现场试验结果表明，毫米波对于沙尘和烟雾具有很强的穿透力，几乎能无衰减地通过沙尘和烟雾。甚至在由爆炸和金属箔条产生的较高强度散射的条件下，即使出现衰落也是短期的，很快就会恢复。离子的扩散和降落，不会引起毫米波通信的严重中断。

毫米波的反射和绕射能力差，传输环境中存在阻碍物遮挡时会形成阻塞，必须基于 LOS 传输。实测结果表明：在 LOS 传输条件下，收发间距增加 10 倍，路径损失增加 20dB，而在 NLOS 传输条件下，收发间距增加 10 倍，路径损失高达 40dB，且还有 15～40dB 的附加阻塞损失。毫米波不但容易被建筑物阻挡，还会被人体本身阻挡，甚至在手握手机时，手也能阻挡它。毫米波信号不能很好地穿透大多数固体材料，材料的衰减值见表 5-1。

表 5-1　不同材料的衰减

材料	厚度/cm	衰减/dB		
		< 3GHz[6, 8]	40GHz[7]	60GHz[6]
墙	2.5	5.4	—	6.0
办公室白板	1.9	0.5	—	9.6
透明玻璃	0.3/0.4	6.4	2.5	3.6
网格玻璃	0.3	7.7	—	10.2
Chip 木材	1.6	—	0.6	—
木材	0.7	5.4	3.5	—
石膏	1.5	—	2.9	—
砂浆	10	—	160	—
砖墙	10	—	178	—
混凝土	10	17.7	175	—

4. 其他损失

对于 3～300GHz 频率，不包括氧气和水吸收，大气气体损耗和降水衰减通常小于每公里几 dB，而反射和衍射造成的损失在很大程度上取决于材料和表面。一方面反射和衍射减少了毫米波的传播范围；另一方面，也有利于非视距(NLOS)通信。

此外，毫米波链路能使波束更窄。例如，一个 70GHz 链路比一个 18GHz 链路窄 4 倍，在蜂窝中，方向性传输窄波束能减少干扰和增加空间复用容量，这样，毫米波链路的性能具有通信价值。对于窄波束发射机和接收机，毫米波的多径分量受到限制。研究表明，城市环境中毫米波信道的功率延迟分布(PDP)的均方根(root mean square，RMS)为 1~10ns，信道的相干带宽为 10~100MHz。通信终端的高速移动导致多普勒效应，在 MMB 的情况下，发射机和接收机处的窄波束将显著降低入射波的角度扩展，从而降低多普勒扩展。另外，入射波方位角导致的多普勒频移，主要由被接收器中的自动频率控制(AFC)环路补偿。

综上，毫米波通信是一种典型的视距传输方式。毫米波属于高频段，它以直射波的方式在空间进行传播，波束很窄，具有良好的方向性。一方面，由于毫米波受大气吸收和降雨衰落影响严重，所以单跳通信距离较短；另一方面，由于频段高，干扰源很少，所以传播稳定可靠。因此，毫米波通信是一种典型的具有高质量、恒定参数的无线传输信道的通信技术。

5.3 28GHz 室内外穿透损耗和反射特性的测量

5G 通信系统使用的无线信道是一个随参信道，信号的衰落、时延都随时间的变化而变化，而且存在多径效应，所以研究无线信道并建立起准确的信道模型就显得十分重要。电磁波在空间中的传播方式大致可分为 5 种：直射、折射、反射、散射和衍射。为了研究方便，通常将电磁波在空间中的传播方式分为直射和散射。而无线信道对传播信号的影响主要分为大尺度衰落和小尺度衰落，在文献[26]中，主要研究了大尺度衰落，即路径损耗和阴影衰落。

1. 28GHz 毫米波对城市中常见材料穿透损耗的测试

这次测试在室内和室外都进行了测试，测试的材料包括彩色玻璃、砖、透明玻璃和干燥的墙。如表 5-2 所示，在室外有色玻璃和砖柱分别具有 40.1dB 和 28.3dB 的高穿透损耗。这说明如果建立毫米波无线蜂窝网络，由于室外和室内网络之间的信号损耗相差很大，因此难以在室内与室外之间发送传输信号。另外，常见的室内材料如透明无色玻璃和干墙只有 3.6dB 和 6.8dB 的损耗，这些损耗相对较低。这说明了在室内建立小型毫米波蜂窝网络的可能性。

2. 28GHz 毫米波在办公室环境中的穿透损耗

除了针对单个材料的穿透损耗的测量之外，穿透损耗的测量还需要模拟真实环境即测量通过多种障碍物后的信号衰减，以确定在特定环境中的平均穿透损耗。在测量中，使用射线跟踪模型，即认为电磁波以射线方式向各个方向传播，这样可以准确地获得信道的一些参数。实验中使用了较低的发射功率，最大可测得的路径损耗限制在 169dB 左右。

表 5-2　不同环境的穿透损耗

环境	位置	材料	厚度/cm	接收强度——自由空间/dBm	接收强度——材料/dBm	渗透损失/dB
室外	ORH	有色玻璃	3.8	−34.9	−75.0	40.1
	WWH	砖	185.4	−34.7	−63.1	28.3
室内	MTC	透明玻璃	<1.3	−35.0	−38.9	3.9
	WWH	有色玻璃	<1.3	−34.7	−59.2	24.5
		透明玻璃	<1.3	−34.7	−38.3	3.6
		墙	38.1	−34.0	−40.9	6.8

　　表 5-3 总结了 TX 和 RX 之间的障碍物的数量和类型，以及 8 个位置 28GHz 毫米波穿透损耗的结果。数据分为三部分：可以获取信号、检测到微弱信号以及检测不到信号。如表 5-3 所示，穿透损耗与 TX-RX 之间的距离几乎无关，主要取决于障碍物的数量和类型，例如，25.6m 和 11.4m 距离的 RX 有着相同的穿透损耗。

表 5-3　不同数量和类型障碍物毫米波穿透损耗表

RX ID	TX-RX 距离/m	分区				发送强度/dBm	接收强度——自由空间/dBm	接收强度——测试材料/dBm	渗透损失/dB
		墙	门	隔间	电梯				
1	4.7	2	0	0	0	−8.6	−34.4	−58.8	24.4
2	7.8	3	0	0	0	−8.6	−38.7	−79.8	41.1
3	11.4	3	1	0	0	11.6	−21.9	−67.0	45.1
4	25.6	4	0	2	0	21.4	−19.0	−64.1	45.1
5	30.1	3	2	0	0	21.4	−30.4		
6	30.7	4	0	2	0	21.4	−30.5	检测到微弱信号	
7	32.2	5	2	2	0	21.4	−30.9		
8	35.8	5	0	2	1	21.4	−31.9	检测不到信号	

3. 28GHz 反射特性

　　表 5-4 总结和比较了室内和室外的一些常见建筑材料的反射系数。从表中可以看出，在户外的有色玻璃的反射系数较大为 0.896，入射角为 10° 的情况下混凝土的反射系数为 0.815，但在 45° 时混凝土的反射系数只有 0.623。而室内的透明玻璃和石膏板则具有较低的反射系数，分别为 0.740 和 0.704。结果表明，对有色玻璃而言，大部分信号被反射，无法透过玻璃。相比之下，透明玻璃反射系数只有 0.740，所以穿透损耗仅为 3.9dB，与有色玻璃的 40.1dB 的损耗相比，已经十分小了。室外建筑材料的高穿透损失和室内材料的低穿透损失表明，毫米波可以在建筑物内部较好地传输，但这也使信号在室内外传输更加困难。室外材料的高反射率可以用来建设未来的 5G 通信系统。

表 5-4　室内和室外的一些常见建筑材料的反射系数

环境	地点	材料	角度/(°)	反射系数 $\lvert \Gamma_{\parallel} \rvert$
室外	ORH	有色玻璃	10	0.896
		混凝土	10	0.815
			45	0.623
室内	MTC	透明玻璃	10	0.740
		石膏板	10	0.704
			45	0.628

4. 28GHz 毫米波在室外的传播特性

在曼哈顿的纽约大学校园中选择了 3 个 TX 和 75 个 RX 位置，即每个 TX 对应 25 个 RX，TX 和 RX 的距离是 19～425m，以模拟未来的蜂窝基站。通过部署每个 TX 和 RX 的天线角度，TX 天线的角度是从视轴到–5°、0°和+5°，RX 的角度是–20°、0°和+20°，这样可在 TX 和 RX 之间创建九种可能的天线指向组合，并记录每一个 RX 的数据。

通过信号中断的研究来确定信号无法检测到的位置和距离，地图被划分成对应于 TX 位置的扇区。能接收到信号的 RX 的位置都在 TX 的 200m 范围之内。同时在距离 TX200 的范围内的一些 RX 的位置虽然能检测到信号，但在某些情况下，信噪比不够高。测量发现 57% 的地点由于信号在传播中衰减过大而中断，而大多数中断发生在 TX200m 以外。这也为未来的毫米波蜂窝网络基站的覆盖范围提供了参考。

中断概率受传输功率、天线增益以及传播环境的影响很大。为了计算最大覆盖距离，从最大可接受的路径损耗 178dB（使用两个 24.5dBi 天线获得）中减去 49dBi 组合天线增益，从而得到没有天线增益时的基站覆盖范围。由于系统需要大约 10dB 的信噪比才能获得可靠的检测电平，因此实际最大可接受的路径损耗为 119dB，这为设计通信系统的增益提供了参考，见图 5-5。显然，随着 PLE 系数的增加和天线增益的增加，最大覆盖

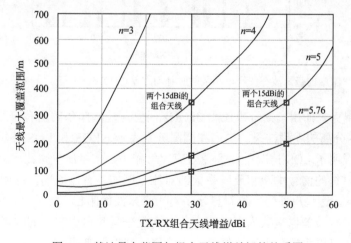

图 5-5　基站最大范围与组合天线增益间的关系图

范围也随之增加。例如，当 TX-RX 天线增益为 49dBi 时，PLE 系数 n=5.76 时，无线电波最远可传播 200m，这与测量值非常吻合。这也表明可以通过增加天线增益来扩大基站的覆盖范围，并且在 LOS 条件下可以使用较小的天线增益。

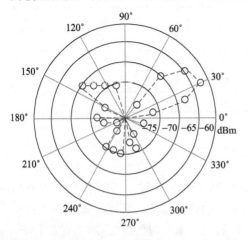

图 5-6 曼哈顿市中心的格林和百老汇街角的
RX 处接收功率极坐标图

图 5-6 展示了位于曼哈顿市中心的格林和百老汇街角的 RX 处接收功率的极坐标图，该位置被归类为 NLOS 环境。TX 和 RX 之间的距离是 78m。在图中，每个点的角度参数为接收机天线角度，接收到的信号的功率单位是 dBm，还有补充在后面的时延均方根。从图中可以看出，TX-RX 链路已成功建立在 36 个 RX 方位角的 22 个点上。显然在各接收角度上存在丰富的多径分量，这为以后 5G 通信系统的波束聚合和链路的改善提供了参考。

图 5-7 显示了 28GHz 的毫米波在纽约市测量的时延均方差与 TX-RX 距离之间的关系，RMS 的最大值大致在 170m，然后在大于 170m 的距离时减小。而在 170m 以内，随着 TX-RX 间距的增大，RMS 也在增大，RMS 的增大是由多路径引起的，这说明了纽约市密集的城市环境具有较大的反射性。然而，当 TX 和 RX 之间的距离太大时，路径损耗非常大以至于 RX 接收不到信号，所以 RMS 开始下降。而在乡村环境中，RMS 没有明显减小，这是因为乡村环境对信号的反射能力不强，这也为通信系统的设计提供了指导。

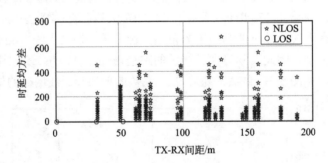

图 5-7 28GHz 的毫米波在纽约市测量的时延均方差与 TX-RX 距离之间的关系示意图

图 5-8 为得克萨斯州奥斯汀市使用 38GHz 所有可能指向角的所有链路的 RMS 延迟扩展与 TX-RX 分离的观测结果。星形和圆圈分别表示 NLOS 和 LOS 环境中的 RMS 延迟扩展。这也说明了 LOS 情况下，多径效应大大减小，信号质量也比较高。

对于建筑材料的信号中断和反射系数的对比，例如，有色玻璃、透明玻璃、干墙、门、机柜、电梯，这些户外建筑材料显示了对于毫米波的阻挡。此外，室内设施如干墙、木板、杂乱的网状玻璃也被认为是影响衰落、多径分量和自由空间的因素。室外信道脉冲响应确认人体可以阻挡毫米波的传输。人的移动产生了遮蔽效应，它减缓了天线的波

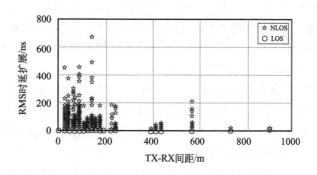

图 5-8　RMS 延迟扩展与 TX-RX 分离的函数关系示意图

束宽度和角度的多样性。从这个传输的结论可知，室外毫米波信号被室外环境所限制。很小的信号通过玻璃门，开着的门和窗户进入室内。需要使用不同节点来服务不同的覆盖区域。这种隔离有助于限制一定区域的能量，也减缓了有关于无线电资源分配和发射功率消耗的成本。小蜂窝已经在密集的城市区域开始布置。例如，在日本基站距离只有200m。在小蜂窝的环境下，毫米波通信是很有潜力的 LOS 传输的应用，图 5-9 显示了LOS 通信的情况。

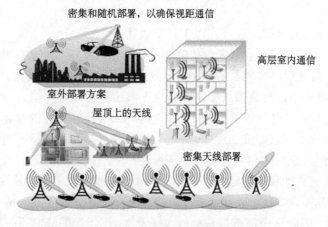

图 5-9　密集和定点的 LOS 通信示意图

5.4　毫米波通信的优点

毫米波通信有以下优点。

（1）极宽的带宽。毫米波频率范围超过从直流到微波全部带宽的 10 倍。即使考虑大气吸收，在大气中传播时只能使用四个主要窗口，但这四个窗口的总带宽也可达到135GHz，为微波以下各波段带宽之和的 5 倍。

（2）波束窄。在相同天线尺寸下，毫米波的波束要比微波的波束窄得多。例如，一根12cm 的天线，在 9.4GHz 时波束宽度为 18°，而 94GHz 时波速宽度仅 1.8°。因此能分辨相距更近的小目标或更为清晰地观察目标的细节。

（3）探测能力强。可以利用宽带的广谱能力来抑制多径效应和杂乱回波，有大量频率可供使用，以有效地消除干扰。在目标径向速度下可以获得较大的多普勒频移，从而提高对低速运动物体或振动物体的探测和识别能力。

（4）安全保密好。毫米波通信的这个优点来自两个方面：①毫米波在大气中传播因为氧、水汽和降雨的吸收，衰减很大，点对点的直通距离很短，超过这个距离，信号就会变得十分微弱，这就增加了敌方进行窃听和干扰的难度。②毫米波的波束很窄，且副瓣低，这又进一步降低了其被截获的概率。

（5）传输质量高。由于频段高毫米波通信基本上没有什么干扰源，电磁频谱极为干净，因此，毫米波信道非常稳定可靠，其误码率可长时间保持在 10～12 量级，可与光缆的传输质量相媲美。

（6）全天候通信。毫米波对降雨、沙尘、烟雾和等离子的穿透能力远高于大气激光和红外光，这就使得毫米波具有较好的全天候通信能力，保证持续可靠工作。

（7）元件尺寸小。和微波相比，毫米波元器件的尺寸要小得多。因此毫米波系统更容易小型化。

5.5　毫米波通信的发展挑战

目前来看，毫米波通信至少存在以下几个挑战。

（1）多用户协调。现在用于毫米波传输的设备通常只支持点对点链路，并且物理层协议和 LAN、PAN 系统对用户数量的限制，导致了无法多用户同时传输。然而，为了高空间复用率和高光谱效率，蜂窝系统要求在多重干涉链路中同时传输。

（2）阴影。毫米波易受阴影的影响。举个例子，像砖这样材质的物体可以使信号衰减超过 40dB。人的身体可以造成 20～35dB 的衰减。另外，潮湿和雨季对毫米波不会造成很大的的影响。但人的身体和室外物质使毫米波产生严重的反射。

（3）快速的信道波动和间歇连接。信道相干时间在载波频率中是线性的，这意味着相干时间在毫米波范围内非常小。举个例子，多普勒效应在速度 60km/h，频率 60GHz 时频偏超过了 3kHz，因此这个信道将每微秒改变一次，比当今的蜂窝系统要快得多。另外，阴影的存在将导致路径出现巨大的抖动。毫米波系统由许多小的蜂窝构成，这意味着相关的路径损耗和蜂窝分配也在快速地改变。从一个系统的观点来讲，毫米波的连接如果要高度顺畅，通信设备需要做出适应性的改变。

毫米波系统拥有巨大的潜力，它拥有数量级更大的频谱，还可以从高维天线阵列中获得更大的增益。与现有的 4G 系统相比，可能需要对毫米波蜂窝系统进行重大的重新设计，以获得毫米波频带的全部潜力。特别是，毫米波对定向传输和波束成形的严重依赖，将需要重新设计许多基本技术，如蜂窝搜索、同步、随机访问和间歇通信。而多跳接入与信道化也与前端设备联系越来越紧密，特别是在模拟波束形成和 A/D 转换方面。

第6章 信道编码

6.1 信道编码概述

信道是传输信号的通道，它是影响通信系统性能的重要因素。数字信号在传输中由于各种原因，传送的数据流产生误码，信道编码可对比特流进行相应的处理，使系统具有一定的纠错能力和抗干扰能力，能够提高数据传输效率，降低误码率，增加通信可靠性。

1948 年，香农(Shannon)发表的 *A mathematical theory of communication* 论文指出，任何一个通信信道都有确定的信道容量 C，如果通信系统所要求的传输速率 R 小于 C，则存在一种编码方式，当码长 n 充分大并应用最大似然译码(MLD)时，信息的错误概率可以达到任意小，这就是著名的 Shannon 有噪信道编码定理。由 Shannon 定理可知，随着码长的增加，系统可以取得更好的性能，而最优的译码算法是最大似然译码，但是最大似然译码算法的复杂度随码长 n 或卷积码的约束长度 v 的增加而呈指数增加。因此，如何构造一种纠错性能可以达到或者逼近信道容量，并且具有低复杂度编码、译码算法的编码方案一直都是信道编码领域追求的目标，也是未来移动通信网络应用需求不断提高的关键[28-30]。

20 世纪 40 年代，汉明(Hamming)提出了第一个差错控制码(7,4)，后来被命名为汉明码；汉明码的效率较低，Golay 研究了汉明码的缺点，提出了二元 Golay 码和三元 Golay 码；Muller 于 1954 年提出了一类新的分组码 Reed-Muller 码，即 RM 码。RM 码在汉明码和 Golay 码的基础上前进了一大步，在码长和纠错能力方面有更强的适应性；RM 码之后，人们提出了循环码的概念；重要的子集是 1960 年提出的 BCH 码和 RS 码。但是直到 1967 年，Berlekamp 给出了一个非常有效的译码算法之后，RS 码才得到了广泛的应用。这些分组码以孤立码块为单位编译码，信息流割裂为孤立块后丧失了分组间的相关信息，分组码长 n 越大越好，但译码运算量随 n 指数上升。

1955 年由 Elias 等提出卷积码，信息块长度和码字长度都比分组码小，相应的译码复杂性也要小一些。由 Viterbi 在 1967 年提出的 Viterbi 算法，是一种最优的译码算法。卷积码的基本概念和描述方法：将信息序列分隔成长度为 k 的一个个分组；某一时刻的编码输出不仅取决于本时刻的分组，而且取决于本时刻以前的 L 个分组。称 $L+1$ 为约束长度，最重要的三个参数为 (n, k, L)。虽然软判决、级联码和编码调制技术对信道码的设计和发展产生了重大的影响，但是其增益与 Shannon 理论极限始终都存在 2～3 dB 的差距。

随机化思想贯穿编码的构造与译码算法的选取原则，是香农信息论的精华，是构造理想信道编码的方向。由于长码的译码复杂度太高，而性能优异的短码能达到的传输速率 $R \ll C$，因此为了获得中、低译码复杂度的长码，人们在现有的短码的基础上提出了串行级联码的结构，但这种结构还是没能摆脱短码的束缚。由于在接近信道容量时，短码译码过程不仅不能使错误减少，反而会增加错误，因此传统的串行级联码的性能与香农极限之间还有着不可逾越的鸿沟。最大似然译码算法的性能优异，但复杂度很高，不适于工程实现。目前真正能达到最佳译码性能的只有 Viterbi 译码，但只适于约束长度较小的卷积码和短或低纠错能力的分组码。

目前备受关注的有 Turbo 码、LDPC 码和 Polar 码。1993 年提出的 Turbo 码将卷积编码和随机交织器巧妙结合，实现了随机编码思想，其译码性能逼近香农限。不仅如此，Turbo 码的译码思想也在信道估计、信道均衡等通信领域得到了广泛应用。受到 Turbo 码的启发，1996 年 MacKay 等对 LDPC 码进行重新研究，发现其性能也可逼近香农限，甚至超过 Turbo 码的性能，随后 LDPC 码在各通信系统中得到了广泛应用。另外，在 2009 年 Arikan 基于信道极化的思想提出了一种称为 Polar 码的信道编码方法，并在二进制离散无记忆信道中证明了其性能可以达到香农限，这也是人们在信道编码技术方面取得的一个新的成果。极化码是目前唯一被严格理论证明可以达到香农限的编码方案，并且具有低复杂度的编码、译码算法，极大地增强了极化码的实用性。极化码的发明是信道编码领域的重大突破，已经成为信道编码领域备受瞩目的研究热点。中国 IMT-2020(5G)推进组对极化码进行了外场环境下的实际测试，结果表明极化码具有非常优良和稳定的性能，可以同时满足国际电信联盟提出的三种典型应用场景中高传输速率、低通信时延和海量终端连接的应用需求。目前，极化码已经被第三代合作伙伴计划(3GPP)采纳为 5G 增强移动宽带场景下控制信道的编码方案。

6.2　低密度奇偶校验码

低密度奇偶校验(Low Density Parity Check, LDPC)码是一种基于稀疏矩阵的奇偶校验码，Gallager 于 1962 年首先发现了这种码，由于当时的计算机处理能力与相关理论的薄弱，这种优秀的码并没有在科学界引起足够的重视。1995 年，Mackay 等经研究发现，系统中应用 LDPC 码后，优点主要体现在四个方面：第一，降低系统的复杂程度及硬件的实现难度，缩短时延；第二，误帧率性能明显提升；第三，显著降低错误平层，使系统极低误码率的需求被满足；第四，具有更小的译码器功率，在译码并行开展的作用下提升数据吞吐率。

LDPC 码是一类具有稀疏校验矩阵的线性分组码，不仅有逼近香农限的良好性能，而且译码复杂度较低，结构灵活，是近年来信道编码领域的研究热点，其性能优于 Turbo 码，具有较大的灵活性和较低的差错平底(error floors)特性，不需要深度交织以获得好的误码性能，描述简单，对严格理论分析具有可验证性，译码不基于网格，复杂度低于 Turbo 码，且可实现完全的并行操作，硬件复杂度低，因而适合硬件实现，吞吐量大，极具高速译码潜力。

LDPC 码即低密度奇偶校验码，校验矩阵 H 的构成满足如下 3 个条件：每一列有 j 个 1($j \geqslant 3$)，每一行有 k 个 1($k > j$)，矩阵共有 n 列，即码长，j、k 应远小于 n，即矩阵是稀疏的，构成一个 (n, j, k) LDPC 码，j、k 固定——规则 LDPC 码；j、k 不固定——非规则 LDPC 码。LDPC 码一般用校验矩阵或者 Tanner 图表示，如一个 $(10,5)$ LDPC 码的 H

矩阵为

$$H=\begin{bmatrix} 1 & 1 & 0 & 0 & 0 & 1 & 0 & 1 & 0 & 1 \\ 0 & 1 & 1 & 0 & 0 & 1 & 0 & 0 & 1 & 0 \\ 0 & 0 & 1 & 1 & 0 & 0 & 1 & 1 & 0 & 1 \\ 0 & 0 & 0 & 1 & 1 & 1 & 0 & 0 & 1 & 0 \\ 1 & 0 & 0 & 0 & 1 & 0 & 1 & 0 & 1 & 0 \end{bmatrix} \qquad (6\text{-}1)$$

LDPC 码具有校验矩阵的每行、每列非零元素数目非常小的特征，LDPC 码可分为规则与不规则两类，若校验矩阵 H 的行重、列重保持不变(或保持均匀)，则称该 LDPC 码为规则 LDPC 码。规则码的校验矩阵 H 能很容易地由一个随机产生的双向图构造，反之若行重、列重变化较大，则称其为非规则 LDPC 码。正确设计的非规则 LDPC 码性能要优于规则 LDPC 码的性能。在码长与无穷大接近状态下，非规则 LDPC 码通信信道采用加性高斯白噪声(Additive White Gaussian Noise，AWGN)信道时，与香农极限门限值相比，LDPC 需求的 E_b/N_0 的距离仅为 0.0045dB。

LDPC 码相对于行、列的长度，校验矩阵每行、每列中非零元素的数目(又称行重、列重)非常小。LDPC 码也是一种线性纠错码。线性纠错码采用一个生成矩阵 G，将要发送的信息 $s=\{s_1, s_2, \cdots, s_m\}$ 转换成被传输的码 $t=\{t_1, t_2, \cdots, t_n\}$，$n>m$。与生成矩阵 G 相对应的是一个校验矩阵 H，H 满足 $H_t=0$。LDPC 码的校验矩阵 H 是一个几乎全部由 0 组成的矩阵。哥拉格定义的 (n, p, q) LDPC 码是码长为 n 的码，在它的校验矩阵 H 中，每一行和每一列中 1 的数目是固定的，其中每一列 1 的个数是 p，每一行 1 的个数是 $q, p, q \geqslant 3$，列之间 1 的重叠数目小于等于 1。图 6-1 是由哥拉格构造的一个 $(20,3,4)$ 的码的校验矩阵。如果校验矩阵 H 的每一行是线性独立的，那么码率为 $(q-p)/q$，否则码率是 $(q-p')/q$，其中 p' 是校验矩阵行线性独立的数目。

```
1 1 1 1 0 0 0 0 0 0 0 0 0 0 0 0 0 0 0 0
0 0 0 0 1 1 1 1 0 0 0 0 0 0 0 0 0 0 0 0
0 0 0 0 0 0 0 0 1 1 1 1 0 0 0 0 0 0 0 0
0 0 0 0 0 0 0 0 0 0 0 0 1 1 1 1 0 0 0 0
0 0 0 0 0 0 0 0 0 0 0 0 0 0 0 0 1 1 1 1

1 0 0 0 1 0 0 0 1 0 0 1 0 0 0 0 0 0 0 0
0 1 0 0 0 1 0 0 0 1 0 0 0 0 1 0 0 0 1 0
0 0 1 0 0 0 1 0 0 0 1 0 0 0 0 0 0 0 1 0
0 0 1 0 0 0 0 0 1 0 0 0 1 0 0 1 0 0 1 0
0 0 0 0 0 1 0 0 0 0 1 0 0 0 1 0 0 0 0 1

1 0 0 0 0 1 0 0 0 0 1 0 0 0 0 0 0 1 0 0
0 1 0 0 0 0 1 0 0 0 1 0 0 0 0 0 0 0 1 0
0 0 1 0 0 0 0 1 0 0 0 0 0 0 1 0 0 1 0 0
0 0 0 1 0 0 0 0 0 0 0 1 0 0 0 1 0 0 0 0
0 0 0 0 1 0 0 0 0 1 0 0 0 0 1 0 0 0 0 1
```

图 6-1　(20,3,4) LDPC 码的校验矩阵

LDPC 码除了用稀疏校验矩阵表示外，另一个重要表示就是 Tanner 图(图 6-2)。Tanner 图中的路径，被定义为一组由节点和边交替组成的有限序列，该序列起始并终止于节点，序列中每条边与其前一个节点和后一个节点相关联，每个节点至多在序列中出现一次。

路径中边的数量被定义为路径长度。Tanner 图中，当一条路径的起始节点和终止节点重合时形成的路径是一条回路，称为环(Cycle)；环所对应的路径长度称为环长；图中所有环中路径长度最短的环长为 Tanner 图的周长(Girth)。当采用迭代置信传播译码时，短环的存在会限制 LDPC 码的译码性能，阻止译码收敛到最大似然译码(MLD)。因此，LDPC 码的 Tanner 图上不能包含短环，尤其是长为 4 的环。

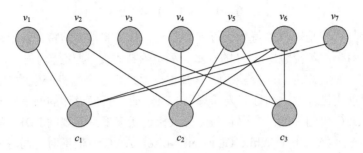

图 6-2　(7,4)线性分组码的 Tanner 图

目前 LDPC 码编码的两种方法：一种是比特翻转法(Gallager 硬判决法)，另一种是基于最大后验概率的解码方法(Gallager 软判决法)。后来科学家又在解码器中加入了混合译码法。所以目前 LDPC 码编码方法共有三大类：硬判决译码、软判决译码和混合译码。从实现复杂度方面考虑，具有下三角和准循环结构的 QC-LDPC 码，因利于硬件实现和具备良好的译码性能而得到广泛应用。

设计 LDPC 码时，主要关注的性能因素有度分布序列、最小距离、环长以及停止集和陷阱集等。在 LDPC 码的设计过程中，除了理论指导之外，大量的性能仿真是检验 LDPC 码性能优劣的重要手段。

LDPC 码译码的核心思想是基于 Tanner 图的消息传递(Massage Passing，MP)译码算法，执行过程可并行实现。根据消息迭代过程中消息传送的不同形式，其译码算法可分为硬判决译码算法和软判决译码算法。Gallager 提出的比特翻转法属于前者，其计算复杂度低但性能较差。软判决译码算法的性能虽明显优于硬判决译码算法，但计算复杂度较大。和积算法是消息传递算法中的一种软判决译码算法，因所传消息为节点的概率密度，又被称为置信传播(Belief Propagation，BP)算法，是一类重要的消息传递算法。

鉴于 LDPC 码以及 OFDM 的特点，给出了二者结合的系统框图，如图 6-3 所示。信源首先经过 LDPC 码编码器进行编码并通过调制器进行调制，然后进行串/并变换，变换以后，利用快速傅里叶逆变换(IFFT)实现 OFDM 的子信道调制，接着经过一个频率选择性信道；在接收端，信号首先利用快速傅里叶变换(FFT)进行 OFDM 子信道的解调，然后进行并/串变换，变换之后，经过解调器解调和 LDPC 码译码器进行译码，最后得到数据比特。对于 LDPC 码的译码部分，只要采用 BP 算法即可。这种基于 LDPC 码的 OFDM 系统有很多优点，例如，可以在多信道环境下改善误码率(BER)；无论在 AWGN 信道还是在频率选择性衰落信道中，译码中的迭代次数都会有所下降，而且在相同的信噪比条件下，采用 QPSK 调制要比 BPSK 调制性能好。此外，基于 LDPC 码的空时编码 OFDM 系统被提出，该系统是对 LDPC 码、空时码以及 OFDM 系统的有机结合，并充分利用无线信道中的空间分集和频率选择性衰落分集来提高系统性能。

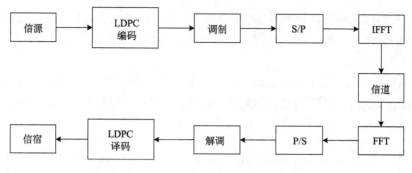

图 6-3　基于 LDPC 码的 OFDM 系统框图

虽然 LDPC 码本身具备多方面优势，但在 5G 移动通信领域的应用中，其却面临着结构设计、性能优化方面的难题。LDPC 码低复杂度的硬件实现、码的性能分析方法优化、校验矩阵优化设计属于其在 5G 移动通信系统中应用的关键；LDPC 码的三角和准循环结构在 5G 移动通信系统领域具备一定优势，而这一过程必须重点关注小距离、陷阱集、度分布序列等重要性能因素。初期时，以二元域作为 LDPC 码的理论基础，随着研究不断的深入，LDPC 码的理论得到扩展，变为多源域。现阶段，二元 LDPC 码已经广泛地应用在通信领域、广播领域，而且在无线网络的 802.11ac 中，信道编码标准已经采用 LDPC 码。

6.3　咬尾卷积码

在 1993 年 ICC 国际会议上，Berrou 等提出了 Turbo 码的概念，Turbo 码利用了 Shannon 信道编码定理的基本条件，巧妙地将卷积码和随机交织器结合在一起，在实现随机编码思想的同时，通过交织器实现了用短码构造长码的方法，并采用软输出迭代译码来逼近最大似然译码，并行级联的反馈译码机制有点类似涡轮机（Turbo）的反馈工作原理。Turbo 码很好地运用了 Shannon 信道编码定理中的随机编码、译码条件，仿真结果表明：采用长度为 65536 的随机交织器，在译码迭代 18 次的情况下，BPSK 调制，码率为 1/2 的 Turbo 码在加性高斯白噪声的信道上误码率为 10^{-5}，达到了与 Shannon 极限仅差 0.7dB 的优异性能，如图 6-4 所示。Turbo 码利用随机化的思想将两个相互独立的短码组合成一个长的随机码，因为长码的性能可以逼近香农极限。另外，交织器可以用来分散突发错误。交织器还可以用来打破低重量的输入序列模式，从而增大输出码字的最小汉明距离或者说减少低重量输出。交织尺寸对 Turbo 码的性能基本上起决定作用，当 Turbo 码

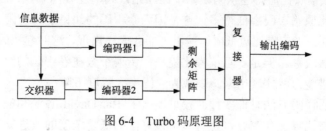

图 6-4　Turbo 码原理图

采用反馈卷积码作子码时，Turbo 码的性能基本上和交织长度成反比。交织规则对 Turbo 码的误差下限起决定作用，误差下限、误码率在一定情况下不能随着信噪比的增加而陡峭下降。

Turbo 迭代译码算法：迭代译码算法、最大后验概率（MAP）译码、Log-MAP、Max-Log-MAP。另外，还有软输出维特比（SOVA）译码：滑动窗 SOVA、双向 SOVA。串行译码过程如图 6-5 所示。

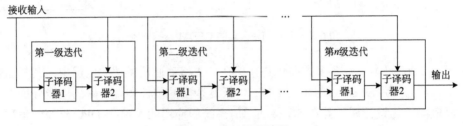

图 6-5　串行译码过程

Turbo2.0 对已有的 Turbo 编码进一步进行能力挖掘，丢弃了 TTB 技术，引入了咬尾（Tailing Biting），优化了交织器和打孔技术，从设计上把 Turbo 理念推到了极致。咬尾卷积码保证格形起始和终止于某个相同的状态。它具有不要求传输任何额外比特的优点。传输的数据通常由一串 0 比特结尾，以强制编码器回到 0 状态，这样译码器能从已知的状态开始译码，但是信道必须传输额外的符号。

咬尾卷积码的约束长度为 7，编码率为 1/3。卷积码的编码器的移位寄存器的初始值应当设置为输入流的最后 6 位信息比特，这样移位寄存器的初始和最终状态保持一致。若用 S_0、S_1、S_2、$\cdots$、S_5 表示编码器的 6 个移位寄存器，编码输出流 $d[0]$、$d[1]$、$d[2]$ 分别对应于第 1、第 2 和第 3 个比特。咬尾技术的优点是不影响编码率，不影响卷积码的错误校验属性，而缺点是因为必须确定正确的起始状态和回溯的初始状态，增加了译码延迟，同时接收器复杂度略微增加。

LTE 系统中定义了约束长度为 7、编码率为 1/3 的咬尾卷积码。编码器中移位寄存器的初始值对应于输入比特流中的最后 6 个信息比特，编码器的输出 $dk(0)$、$dk(1)$ 和 $dk(2)$ 分别对应一、二、三奇偶比特流，输入一串数据流，输出三串数据数。

LTE 系统中咬尾卷积编码的误码率随着信噪比的增加而降低。在无卷积编码时，输出信息的误码率随着信噪比的增加缓慢下降，而加入咬尾卷积码后，输出信息的误码率随着信噪比的增加骤然下降，加入卷积码的性能明显好于未加入咬尾卷积码的性能。但也可以看到，在低信噪比时，卷积码误码率比原始误码率还要高一点，而在高信噪比时，卷积码误码率要比原始误码率低得多。这是因为卷积码的纠错能力有限，它只能纠正有限个独立随机错误，当信噪比过低时，差错可能会成串出现，这时卷积码就无能为力了，表现为误码率无法改善。但是一旦信噪比提高，错误个数在卷积码的纠错能力范围内，卷积码强大的纠错能力就体现出来，表现为误码率大幅度下降。

咬尾卷积码的译码方法有许多种，较早提出了 Bar-David 算法和最大似然算法，后来提出了循环维特比算法（CVA），还有基于该算法的低复杂度的改进算法，如环绕维特比算法（WAVA）、双向维特比算法（BVA），最近又提出了两步维特比算法（TSVA）、双回溯循环维特比译码算法(DTVA)。最大似然算法是较早提出的用于咬尾卷积码译码的算法之一，它是将 Viterbi 算法修改后进行译码。Viterbi 算法是在网格图中，以一个状态开始，以一个状态结束，只记录该路径的度量，而修改的 Viterbi 算法是在网格图中，以所有状态开始，按照"加比选"运算到结束，末尾状态也是网格中所有状态的集合。

在 AWGN 信道下，比较 ML、WAVA、DTVA、TSVA 对于短数据块的译码性能，可以看出，ML 算法性能最好，然后依次是 TSVA、DTVA 和 WAVA；比较长数据块 ML、WAVA、DTVA、TSVA 的译码性能，可以看出，除了 ML 算法，其余几种算法的误码率很接近。在瑞利信道取仿真数据为 20bit，咬尾卷积编码后，用 QPSK 进行调制，经过瑞利多径衰落信道后解调并译码，用蒙特卡罗方法仿真结果。可以看出，在瑞利多径衰落信道环境下，最大似然算法的性能还是最好的，TSVA 的性能比 WAVA 的性能好，在信噪比较高时，DTVA 的性能比 WAVA 和 TSVA 要好。从两种不同的信道环境的性能仿真可以看出，无论数据长短，ML 算法的性能都高于其他算法，但是这样的优势是以计算复杂度为代价的。因为 ML 算法的计算复杂度是按照编码器中寄存器的个数呈指数增长的，对于实时性要求很高的通信系统而言，会产生很大的延时。

6.4 极 化 码

2007 年，土耳其比尔肯大学教授 Arikan 首次提出了信道极化的编码概念，编码核心思想是基于信道极化现象，使其信道性能(可靠性)极好的信道传输有用信息，反之传输双方约定的固定信息。基于该理论，Arikan 给出了第一种能够被严格证明达到香农极限的信道编码方法，并命名为极化(Polar)码。Polar 码具有明确而简单的编码和译码算法，所能达到的纠错性能超过目前广泛使用的 Turbo 码和 LDPC 码。

Polar 码的理论基础就是信道极化。信道极化包括信道组合和信道分解部分。当组合信道的数目趋于无穷大时，会出现极化现象：一部分信道将趋于无噪信道，这种现象就是信道极化现象。无噪信道的传输速率将会达到信道容量，而全噪信道的传输速率趋于零。Polar 码的编码策略正是应用了这种现象的特性，利用无噪信道传输用户有用的信息，利用全噪信道传输约定的信息或者不传输信息。

信道组合就是对给定的 B-DMC 信道 W 利用递归的方法来构造一个组合信道 W_N: $X^N {\rightarrow} Y^N (N=2^n,\ n{\geqslant}0)$。当 $n=0$ 时，$W_1=W$；当 $n=1$ 时，就是利用两个相互独立的信道 W_1 递归组合成信道 W_2: $X^2 {\rightarrow} Y^2$，如图 6-6 所示。

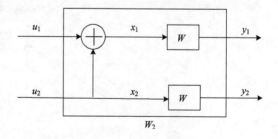

图 6-6 信道组合示意图

Polar 码是一种线性分组码，有效信道的选择也就对应着生成矩阵的行的选择。下面首先详细介绍 Polar 码的编码过程。Polar 码是一种线性分组码，编码公式与线性分组码类似，由信息序列乘以生成矩阵，具体公式如下：

$$X_1^N = u_1^N G_N \tag{6-2}$$

其中，u_1^N 是将要传输的信息序列；G_N 就是生成矩阵。假设 A 是集合 $\{1,\cdots,N\}$ 的任意子集，则有

$$X_1^N = u_A G_N(A) \oplus u_{A^c} G_N(A^c) \tag{6-3}$$

其中，矩阵 $G_N(A)$ 是由 A 决定的矩阵 G_N 的子矩阵；$G_N(A^c)$ 是 G_N 去掉 $G_N(A)$ 的矩阵，也是 G_N 的矩阵。如果固定 A 和 u_{A^c}，但 u_A 是任意变量，那么就可以把源序列 u_A 映射到码字序列 X_1^N，这种映射关系称为陪集码(Coset Code)。Polar 码就是陪集码的例子，由四个参数 (N,K,A,u_{A^c}) 共同决定的陪集码，N 表示码字的码长，K 表示信息位的长度。

在 Arikan 的开创性论文中，提出了一种连续消除(SC)译码作为基线算法，其具有非常低的复杂度。对于极性码，SC 译码器是指基于极坐标编码器的递归结构来估计和决定位信息的解码器。原则上，SC 解码执行一系列交错的逐步决策，其中每个步骤中的决策很大程度上取决于先前步骤中的决定。由于其对误差传播的敏感性，SC 解码显然是次优的算法。然而，只要码长足够大，码率小于容量，SC 译码的差错概率可以任意小。类似于联合典型的解码，这样的算法可以渐近地实现最佳性能，而不需要最优的 ML/MAP 算法或任何形式的迭代。

Polar 码的基本原理就是信道极化，信道极化(图 6-7)由信道合并和信道分裂组成。任意一个二进制离散无记忆(B-DMC)信道 W 被重复使用 N 次，经线性变换合并成 W_N，W_N 经分裂转化为 N 个相互关联的极化信道 $W_N(i)$，$1 \leq i \leq N$，其中定义 $W_N(i)$：$X \to Y_N \times X_i - 1$。当 N 足够大时，就会出现一种极化现象，即一部分极化信道 $W_N(i)N$ 的信道容量趋于 1，同时剩余极化信道的信道容量趋于 0。其中，信道容量趋于 1 的极化信道被定义为无噪信道，信道容量趋于 0 的极化信道被定义为纯噪信道。Polar 码选取 K 个无噪信道来传输信息比特，在剩余 $N-K$ 个全噪信道中传输冻结比特(通常设置为0)，从而实现由 K 个信息比特到 N 个发送比特的一一对应关系，而这也是 K/N 码率 Polar 码的编码过程。

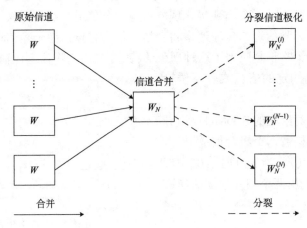

图 6-7　信道极化现象的形成过程

为了进一步提升有限码长极化码的性能，很多高性能译码算法被相继提出。如 SCL 译码、基于堆栈的 SC 译码以及 CRC 辅助 SCL 译码等，都带来很大的性能提升。其中 CRC 辅助 SCL 译码，通过多保留候选译码路径来提升正确译码概率，再结合 CRC 对候

选路径进行筛选，从而大大改进了极化码的误码性能，当码长超过 2048 时，其误码性能可超过部分 Turbo 码。当然，相比 SC 译码，SCL 算法的计算复杂度和存储空间会有所牺牲，为 SC 译码算法的 L 倍。此外，Polar 码的译码算法还有基于并行译码的置信传播（BP）译码，BP 译码在低时延条件下，可以获得比 SC 译码更好的性能，但相比 SCL 译码仍会有一定的性能损失。

SCL 译码的核心算法是 SC 译码，在 SCL 算法中每一条译码路径都相当于一个 SC 译码，而且都是独立运行的，所以路径扩展时需要进行中间层 LLR 值，以保证每条路径能够顺利地进行计算，译出对应的码字结果，然后根据路径度量值选出最优的一条路径作为最终的译码输出。特别地，$L=1$ 相当于 SC 译码算法。

极化码不仅具有较低的编码和译码复杂度，还具有规则一致的编译码结构，因此极化码能够以相同的编码器和译码器结构，以 1bit 为变化步长，支持不同长度的输入和输出，从而可以获得更高的编码增益。另外，极化码能够实现在较低复杂度下的高吞吐率的译码，如 Claude 设计出最高吞吐率可以达到 237Gbit/s 的极化码的译码器。在未来的通信中为了达到对移动互联网体验的突破性进展，并支持物联网发展，需要具有高吞吐率、低复杂度和低误码率的信道编码技术，而极化码具有这些优势，对极化码的研究能够有力地推动未来通信技术的发展。

华为将极化码作为信道编码的关键技术展开研究，推动 Polar 码达到的纠错性能超过目前广泛使用的 Turbo 码和 LDPC 码。该编码方案以信道极化现象为依据设计码字，是目前已被证明的可达到香农信道容量的编码方案。同时，Polar 码不仅具有编译码算法复杂度低的优点，更重要的是 Polar 码具有在长码字传输时的低误码率性能，这使得 Polar 码尤其适用于对数据传输量要求较高的通信系统。而有限长度 Polar 码对香农信道容量的可达程度、译码算法的有效性、基于信道极化现象的信息比特传输信道选择，以及在实际通信系统中与其他模块的联合设计等问题，都需要进一步的研究。

6.5　信道编码的发展挑战

在研究 5G 通信信道编码时，集中于 Turbo 码、LDPC 码与 Polar 码中，它们各自都有不同的优点。5G 最终的方案极有可能是在不同场景下以多种信道编码方式组合完成的，设备可以根据用户需求灵活选择适合的编译码方式。到 2020 年 3GPP 组织正式发布 Re 16 前，关于 5G 标准之争还会继续进行下去。

Turbo 码迭代次数多，译码时延较大，较难满足 5G 高速率、低时延的网络需求。但是也有一些厂家设计出了并行 Turbo 译码器，能够满足 5G 网络的 KPI。针对 5G 的业务需求，改进后的 Turbo 码 BLER（Block Error Rates）可以降到 10^{-6} 甚至更低，对于短帧，可获得几 dB 的性能增益。虽然 Turbo 码没有在 3GPP 的 eMBB 场景中得到应用，但在 5G 的 mMTC、URLLC 场景及其他通信系统中，改进的 Turbo2.0 仍然是一个很好的备选方案。Turbo 码的技术成熟，性能优良，且容易与实际系统结合产生迭代增益，因此 Turbo 码在军事通信、3G 和 4G 等领域仍然具有非常广阔的应用前景。

在 2016 年 11 月 3GPP RAN1 87 次会议，经过深入讨论，LDPC 码被 3GPP 确定为 5G 系统 eMBB 数据信道的编码方案。LDPC 码今后的研究主要集中在：①现有的可信传播迭代译码方法还比较复杂，寻找 LDPC 码的线性时间译码算法将成为一个重要的课题。②对于非规则图设计的研究，寻找获得最优的序列 λ 和 ρ 的方法，以得到较好的码结构，提高 LDPC 码的性能。③继续探讨 LDPC 码在通信和计算机领域的应用。目前已有人将它的纠删方法应用于计算机通信网中，用于恢复在传输中丢失的数据，获得了很好的效果。今后将会加强这方面的研究工作。

在 3GPP 较早的提案讨论中，有一些关于极化码长码的设计与性能分析。在 Polar 码被确定为 eMBB 控制信道的编码方案之后，目前 3GPP 讨论和研究的主要内容集中在短码的设计与实现上。目前 Polar 码是作为 5G 中 eMBB 应用场景的控制信道的编码方式，码长较短，重点研究和解决的是：码长、码率灵活性问题以及编译码对信道的依赖性问题，相应的解决方案及其性能评估在 3GPP RAN1 的提案中有所描述；如利用预编码、准均匀打孔等实现码长与码率的灵活变化；利用偏序原理设计基于信道标号的可信度加权方案来解决对信道信息的依赖性问题等。

虽然 Polar 码的优势已引起许多通信与编码领域学者的重视，但毕竟 Polar 码的研究时间还不长，在实际应用中，速率兼容、信道信息的依赖、时延和吞吐率等问题需要进一步研究。这对 Polar 码在 5G 其他两个场景中数据业务信道的应用也是至关重要的。另外，Polar 码的硬件实现技术也是 5G 标准化后的重点研究内容。

第7章 波形设计

7.1 波形设计概述

波形是指为了实现信息的无线传输而对信息所采取的符号。4G 使用贝尔实验室的 Chang 于 1966 年提出的正交频分复用(OFDM)作为传输波形,近几十年来,由于大规模集成电路产业的快速发展,OFDM 硬件实现复杂度大幅度降低。

OFDM 使用循环前缀(CP),线性卷积变为圆周卷积,在多径条件下各个子载波间的正交性得以保证,不会引起子载波间串扰(ICI)。当系统使用的 CP 长度大于最大多径时延扩展时,在频域上使用单抽头均衡器即可实现低复杂度的均衡处理,消除信道的影响,所以 CP-OFDM 技术具有比单载波系统更优良的抗窄带干扰能力。由于 CP-OFDM 采用矩形窗函数作为脉冲成形函数,该传输技术又具有如下缺点。

(1)保证子载波正交性的 CP,带来了频谱效率的降低,如 LTE 中采用的 CP-OFDM 技术中 CP 占据一帧时长的 1/15;

(2)对载波频率偏移 (CFO)敏感;

(3)带外泄漏性能较差,其旁瓣大,带外衰减缓慢,第一旁瓣仅比主瓣低 13dB,带外泄漏较为严重;

(4)较高的峰值平均功率比(PAPR,简称峰均比);

(5)全频带只有一种波形参数,适配业务灵活性不够。

现有的 LTE 中 CP-OFDM 方案仅提供有限的带宽选择,子载波个数、子载波间隔、符号长度、CP 长度等波形参数选择是很有限的。5G 新的空口方案对波形技术提出新的要求,需要根据应用场景动态选择波形参数。

CP-OFDM 技术具有的抗多径衰落、适合高速数据传输等优点,非常适合在 eMBB 场景下使用,所以其在 5G 候选波形技术中仍占据重要位置。但是由于 5G 更加多样化的应用场景,需要更加多样化的业务类型、更高的频谱利用率、更大的连接需求。另外,未来 5G 支持的物联网业务带来海量连接,需要低成本的通信解决方案,可以放宽同步的要求。而 OFDM 放松同步要求,增加了符号间隔以及子载波之间的干扰,导致系统性能下降。5G 需要寻求新的多载波波形调制技术,因此在未来的 5G 时代,更好的多载波调制方案成为学术界研究的热点,从而诞生了许多 5G 备选的新波形,如图 7-1 所示,包括

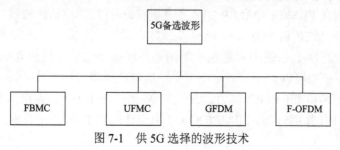

图 7-1 供 5G 选择的波形技术

FBMC、UFMC、GFDM 及 F-OFDM。其中，F-OFDM 向前兼容了传统的空中接口 OFDM，在这些方案中，滤波器成为解决传统 OFDM 带外频谱泄漏的关键方法[31-36]。

7.2 FBMC 技术

FBMC 针对 OFDM 使用矩形窗函数带来的固有缺点，采用时频局部化(TFL)特性优良的滤波器作为成形脉冲，具有良好的局部时频特性，由发送端的综合滤波器组(SFB)和接收端的分析滤波器组(AFB)组成，FBMC 基于 IFFT-PPN 的发射机和接收机实现框图如图 7-2 所示。

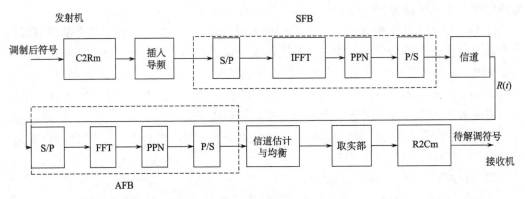

图 7-2　FBMC 基于 IFFT-PPN 的发射机和接收机实现框图

FBMC 是针对子载波进行滤波的，在发送端，串并转换把高速数据流变为并行低速子数据流，对调制到子载波上的信号进行滤波处理。接收端综合滤波器对接收到的信号进行综合重建，恢复出原始信号。FBMC 主要通过优化设计的原型滤波器消除子载波滤波的 ISI。

FBMC 有多种实现形式，如 FMT、CMT、DWMT 和 FBMC/OQAM。其中 FBMC/OQAM 为了保持实数域上的正交，引入了 OQAM 机制，每个子载波上承载的 QAM 复值信号的实部和虚部交替偏移半个符号周期，FBMC/OQAM 系统具有以下几点优势。

(1) 频谱利用率高。相较于 CP-OFDM 传输 QAM 调制后的复制符号的速率，FBMC/OQAM 以其 2 倍的符号速率传输 OQAM 调制后的实值符号，这样 FBMC/OQAM 具有与 OFDM 相同的频谱利用率。但是 FBMC/OQAM 系统不需要 CP 以对抗 ISI，所以 FBMC/OQAM 具有比 OFDM 系统更高的频谱利用率。

(2) 带外泄漏性能更好。传统的 CP-OFDM 系统由于引入矩形窗函数，其带外辐射达到 20dB 以上。而在 FBMC/OQAM 中引入了具有良好 TFL 的原型滤波器，其带外泄漏可以达到 50dB 以下。这使得 FBMC/OQAM 系统特别适用于不需要严格同步的异步传输场景。同时在 CP-OFDM 系统中对避免子带间带外泄漏产生的干扰引入的保护带间隔在 FBMC/OQAM 系统中可以更小，甚至不需要，这同样提高了频谱效率。

(3) 兼具良好的抗 ISI 和 ICI 能力。CP-OFDM 系统由于 CP 的存在具备了对抗 ISI 的能力，但是面对 ICI 作用较弱。FBMC/OQAM 由于良好的 TFL 特性的滤波器使脉冲能量更为集中，其具备了较好的对抗 ISI 和 ICI 的能力。

（4）具有基于 IFFT/FFT 的实现算法。FBMC/OQAM 采用 OQAM 调制而具备在实数域上正交的特性，依然可以认为是正交系统，FBMC/OQAM 可以实部、虚部分开以基于 IFFT/FFT 的形式进行多载波调制，即使复数域存在干扰，接收端也可以通过简单的方法恢复原始实信号。

FBMC 系统引入 OQAM 调制而使得 FBMC/OQAM 系统具有以上明显的优点，但需要注意的是 FBMC/OQAM 仍然有一些急需解决的难题。

（1）实现复杂度较高。相比较于 CP-OFDM，额外的子载波滤波处理给 FBMC/OQAM 带来了上述优点，其代价是引入额外的子载波滤波实现的复杂度，同时由于采用 OQAM 调制，更增加了子载波滤波的实现复杂度。

（2）与 MIMO 技术结合的困难。FBMC 引入 OQAM 调制使得数据在实数域保持正交，需要注意，其代价是接收端 AFB 滤波器后的信号存在来自周围符号的固有干扰。由于固有干扰表现为虚数，理想信道下，可以通过增加额外的取实部运算得到发送的符号；非理想信道下，固有干扰的存在使得无论在 SISO 还是 MIMO 条件下，OFDM 中使用的导频设计和信道估计算法都无法直接应用到 FBMC/OQAM 中，所以需要设计新的信道估计算法。另外值得注意的是，固有干扰使得 MIMO 检测变得更加困难，特别是固有干扰的随机性使得最小欧氏距离准则失效，导致性能优异的最大似然算法无法应用在 FBMC/OQAM 与 MIMO 结合的系统中，需要增加额外的处理。

（3）不适用于短时突发传输场景。由于 FBMC/OQAM 所采用的原型滤波器的时域冲激响应系数一般较多，滤波器会引起较长的拖尾。在给定的传输时间内，所传输的突发数据较短，特别是在 TDD 模式下的短时突发传输。

7.3　GFDM 技术

GFDM 是由 Fettweis 等在 2009 年提出的，采用非矩形窗函数作为脉冲成形函数，仍然属于滤波器组的范畴。GFDM 发射机和接收机原理框图如图 7-3 所示。GFDM 技术与

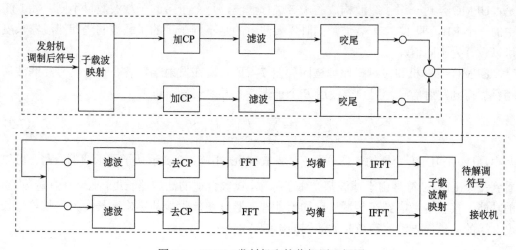

图 7-3　GFDM 发射机和接收机原理框图

FBMC 技术相同，皆是对子载波进行滤波，由于采用了时频特性优良的原型滤波器，其 OOB 性能较好，原则上 OOB 性能越好，原型滤波器时域系数越长。同时由于保留了 CP 的使用，GFDM 同样具有 CP-OFDM 技术抗多径干扰、接收端均衡简单和易于硬件实现的优点。与 CP-OFDM 系统中使用 CP 来对抗多径干扰相同，GFDM 系统原则上要求的 CP 长度大于发送端滤波器、信道和接收端滤波器带来的时延扩展。

GFDM 发送信号基于 M 个时隙、K 个子载波上的调制后的复数块进行处理，GFDM 发送信号可以表示为

$$x[n] = \sum_{m=0}^{m-1} \sum_{k=0}^{k-1} d_k[m] (g_T[n-mN] \bmod MN) \mathrm{e}^{j2\pi \frac{k}{N}n} \tag{7-1}$$

其中，$d_k[m]$ 表示调试后的复数；$g_T[n-mN] \bmod MN$ 表示一个基于 $g_T[n]$ 的循环脉冲成形滤波器；$\mathrm{e}^{j2\pi \frac{k}{N}n}$ 表示上变频。

GFDM 接收端由于 CP 和咬尾技术的使用，线性卷积变为循环卷积，所以由信道和滤波操作带来的 ISI 可以在频域上使用单抽头的均衡器进行消除。接收端信号在频域可以表示为

$$Z(m,k) = S(m,K)H(m,k) + W(m,k) \tag{7-2}$$

其中，$S(m,k)$ 表示调制后符号的 FFT 系数；$W(m,k)$ 表示加性干扰的 FFT 系数；$H(m,k)$ 表示由发送端滤波器、传输信道和接收端滤波器构成的组合信道的 FFT 系数。GFDM 相比较 CP-OFDM 技术具有如下优点：由于对子载波进行滤波，其带外泄漏较低，同时由于按块来添加 CP，频谱利用率提升了，适合非连续频谱场景；子载波间不再正交，不需要严格的同步；GFDM 是基于数据块传输的，可灵活支持较多的业务，特别是当数据块配置较小时。

7.4　UFMC 技术

UFMC 被欧洲的 5GNOW 组织接受为 5G 候选波形技术，与 FBMC 和 GFDM 不同的是，UFMC 是对一组子载波构成的子带进行滤波，每个子带的子载波数目不同，如 LTE 中的一个 RB，即 12 个子载波，同时需要注意的是不同子带的子载波间隔和滤波器长度可以设置为不同值。

UFMC 发射机和接收机原理框图如图 7-4 所示，在发射端，各个子带信号经滤波后相叠加得到发射信号。用户 k 使用 B 个子带，其发射信号可以表示为

$$\underset{[(N+L-1)L]}{x_k} = \sum_{i=1}^{B} \underset{[(n+L-1)L]}{F_{i,k}} \underset{[Nm_i]}{V_{i,k}} \underset{[m_il]}{S_{i,k}} \tag{7-3}$$

其中，$V_{i,k}$ 是 IDFT 变换的一部分；$F_{i,k}$ 是 Toeplitz 矩阵；S 表示从子带承载的符号。可以看到每个 UFMC 符号由于滤波都产生了拖尾，设置合适的滤波器长度，拖尾具有避免 ISI 的功能。接收端考虑到在频域进行均衡处理，通过在接收端补零构造长度为接收符号长度 2 倍的向量，再消除信道和滤波器的影响。

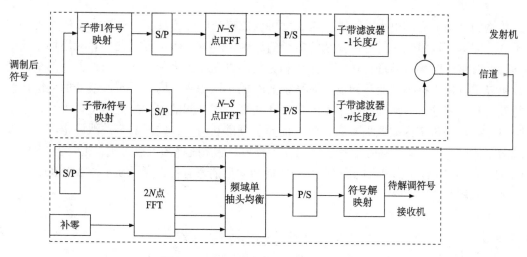

图 7-4　UFMC 发射机和接收机原理框图

7.5　F-OFDM 技术

F-OFDM 技术是一种基于子带滤波的，具有波形参数动态可配置特性的，其子带带宽可根据需求改变的空口波形技术。不同于 FBMC 技术中对每个子载波进行滤波，F-OFDM 和 UFMC 滤波粒度都是子带，但是 F-OFDM 是根据用户占据的带宽来划分子带，一个用户占据一个子带，而 UFMC 中先将系统带宽划分为统一规格的子带的，然后再将一个或者多个子带资源分配给系统用户，带宽 F 分割为合适系统的带宽，如图 7-5 所示，需要在基站侧设置空闲用户子载波作为保护带。子带信号根据子带的中心频率和子带带宽采用不同的子带滤波器进行滤波，各子带信号合成后发送出去。而用户侧，用户在接收端通过相应的匹配滤波器消除相邻用户子带间的干扰，解析出不同用户的信号。

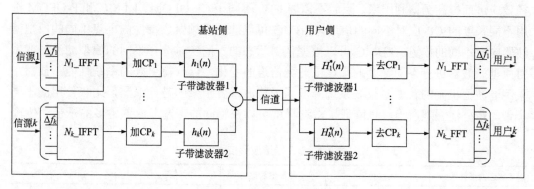

图 7-5　F-OFDM 系统框图

由于发射端子带滤波器的存在，每个子带可以根据实际业务类型和应用场景来配置不同的波形参数而不需要担心子带间的干扰，支持 5G 按业务类型和场景需求动态选择软空口的参数配置，系统能够有效地应用于多种业务和应用场景而不降低性能。例如，在低功耗大连接的应用场景下，选用子载波间隔较窄的波形参数配置可以增强对短时突发传输的支持能力；更小的时隙传输长度可以使得空口时延较小；更长的 CP 和更小的子载波间隔可以用来对付更加复杂的多径信道等。F-OFDM 可根据业务和应用场景的不同划分对整个时频资源进行精细的排列和分割，以提高频谱利用率，通过灵活的空口切片可以更好地支持不同业务和场景对系统 KPI 的不同需求。同时子带滤波器的使用还使得发射端子带的带外泄漏相较于 CP-OFDM 更低，子带间的保护带开销可以很小，系统可以在有限的带宽内放置更多的子带，提高了频谱利用率。较低的带外泄漏也降低了系统对整体同步的要求，同时支持子带间异步传输。从系统框图可以看出，相较于 FBMC、UFMC 和 GFDM，F-OFDM 具有更好的向前和向后的兼容性，而且易于与 MIMO、新型多址技术相结合。

7.6 波形技术特性总结

5G 候选波形技术从滤波对象以及滤波实现方式上可以分为以下三类。

(1) 使用线性卷积的基于子载波滤波的多载波技术：引入 OQAM 调制的 FBMC/OQAM 和 FBMC 的另一种实现形式 FMT。

(2) 使用圆周卷积的基于子载波滤波的多载波技术：GFDM 和 FBMC 的一种实现方式(滤波器组正交频分复用(FB-OFDM))。

(3) 基于子带滤波的多载波技术：UFMC 和 F-OFDM。

7.6.1 波形技术特征

5G 候选波形技术特征如表 7-1 所示，FBMC/OQAM 和 GFDM 均是通过对子载波进行滤波以降低 OOB。F-OFDM 和 UFMC 均是通过对子带进行滤波以减小子带间的频谱泄漏，进而使得子带间的干扰降低，增强系统对异步子带的支持能力。同时，两者都使用 CP 对抗信道的多径效应。FBMC 技术通过时频聚焦特性优良的原型滤波器以对抗多径效应进而提高频谱利用率，因而不需要 CP。不同于 CP-OFDM、UFMC 和 F-OFDM 选用不同长度的 CP 应对不同的信道，FBMC 可以选用时频聚焦特性侧重点不同的原型滤波器应对不同的信道。FBMC 可以根据信道状态的不同实时选择不同的原型滤波器或者对原型滤波器进行不同维度的优化以适配信道的变化，以获得更好的系统性能。显然，采用滤波器机制的新型多载波系统降低了子载波或者子带的带外泄漏，用户使用的不同子带的带外泄漏理所当然也降低了，这样就可以在相同的带宽上放置更多的子带，传输

表 7-1 5G 候选波形技术特征

候选波形技术	滤波对象	滤波器长度	时域正交性	频域正交性
CP-OFDM	整个频带	小于 CP 长度	正交	正交
FBMC/OQAM	子载波	符号长度整数倍	实数域正交	实数域正交
GFDM	子载波	大于符后长度	非正交	非正交
UFMC	子带	CP 长度相同	正交	准正交
F-OFDM	子带	小于符号长度的一半	非正交	准正交

更多的数据，等同于提高了频谱利用率。由于带外泄漏的降低，子带间能量更好地聚集在子带所在的频段内，扩散到其余频段的能量减小，子带间干扰减小，放松了子载波间正交的要求，不再需要严格的时间同步，有利于支持异步信号传输，同时减小了严格的时间同步带来的信令开销。

5G 丰富的业务和场景决定了单一的波形技术难以满足所有场景对系统 KPI 的需求，所以多种波形技术将共存。图 7-6 为新型多载波技术统一实现架构，系统在不同的场景下，根据场景和信道状态的不同，通过技术模块的组合选择最合适的波形和相应的波形参数。

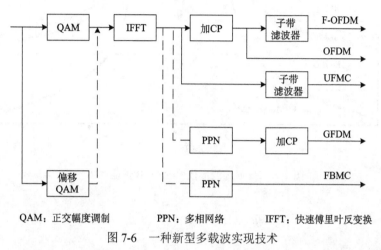

QAM：正交幅度调制　　　PPN：多相网络　　　IFFT：快速傅里叶反变换

图 7-6　一种新型多载波实现技术

5G 的候选波形技术均是基于滤波器技术的新型多载波技术，滤波对象的范围从小到大可排列为：FBMC/OQAM、GFDM、UFMC、F-OFDM。FBMC/OQAM 使用时频局部化特性优良的原型滤波器对子载波进行滤波，一般滤波器长度较长，具有最好的 OOB 性能。同时 FBMC/OQAM 也是近年来的研究热点。F-OFDM 针对用户使用的子带进行滤波，可以认为 F-OFDM 具有最大的灵活性，同时 F-OFDM 兼容性最好。

7.6.2　波形技术性能分析

选取 FBMC/OQAM、GFDM、UFMC 和 F-OFDM 四种对其波形技术特点进行对比分析，主要从带外泄漏性能、频谱效率和实现复杂度来对比分析四种波形技术。

5G 候选波形技术的 OOB 对比性能如图 7-7 所示，其中子载波总数目为 2048，两个用户分别占据 4 个 RB（即 48 个子载波），用户之间置空 2 个 RB（24 个子载波）作为保护带，以便能够更直观地分析相邻用户间的干扰。

从图 7-7 可以发现 FBMC/OQAM 的 OOB 性能最好，对相邻子带产生的干扰最少，其次是 F-OFDM 和采用加窗的 GFDM，再次是 UFMC，但仍然比 CP-OFDM 要低 40dB。以每秒每赫兹传输的比特（bit/s/Hz）来衡量不同波形技术的频谱效率，考虑到使用 LTE 传输带宽为 10MHz，FFT 点数为 1024，采样速率为 15.36MHz 的系统参数配置，系统中 CP 长度 NCP 为 72 个采样点，采用 QPSK 调制，调制阶数 m 为 2。则 CP-OFDM 系统的频谱效率可以表示为

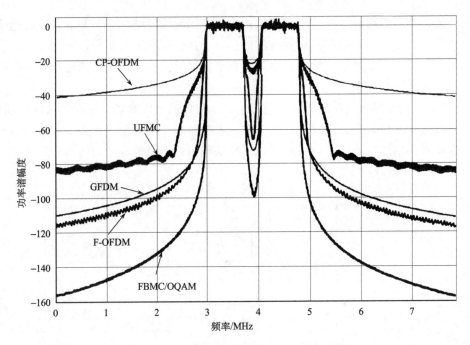

图 7-7　5G 候选波形技术的 OOB 性能对比

$$\eta_{\text{CP-OFDM}} = \frac{mN_{\text{FFT}}}{N_{\text{FFT}} + N_{\text{CP}}} \tag{7-4}$$

UFMC 中由于子带滤波器会产生拖尾，需要通过控制滤波器长度和补零措施来消除拖尾影响，保证滤波后符号时域上不会重叠，补零的数目通常为子带滤波器长度减 1，则 UFMC 的频谱效率可以表示为

$$\eta_{\text{UFMC}} = \frac{mN_{\text{FFT}}}{N_{\text{FFT}} + L - 1} \tag{7-5}$$

当子带滤波器长度选择为 L=NCP+1 时，可以发现 UFMC 和 CP-OFDM 具有相同的频谱效率。考虑到 F-OFDM 是对 CP-OFDM 子带信号进行滤波，F-OFDM 使用 CP 而不是 ZP(Zero Padding) 对抗由于滤波引起的拖尾，由于 F-OFDM 中使用的子带滤波器长度一般比 CP 长度大，滤波后的符号会相互重叠。当 F-OFDM 系统中使用的 CP 长度与 CP-OFDM 相同时，F-OFDM 与 CP-OFDM 的频谱效率相同。GFDM 中同样引入 CP，与 CP-OFDM 不同的是，GFDM 中是按块传输数据的，CP 是按数据块插入，可以理解为 P 个符号周期 M 个子载波的数据为一个数据块，进而引入一段 CP。CP-OFDM 中是每个符号周期均插入一段 CP，GFDM 的频谱效率可以表示为

$$\eta_{\text{CFDM}} = \frac{mpM}{PMN_{\text{CP}}} \tag{7-6}$$

在 FBMC/OQAM 中，使用性能优良的原型滤波器对抗 ISI 和 ICI，因而不引入 CP，相比较 CP-OFDM 提高了频谱效率，但是较长的滤波器长度会引起严重的拖尾，相邻符号周期内的数据会相互重叠。假设传输符号个数为 S，则 FBMC/OQAM 频谱效率如

式(7-7)所示。可以发现 FBMC/OQAM 系统频谱效率与突发数据帧长有关。

$$\eta_{\text{FBMC/OQAM}} = \frac{mSN_{\text{FFT}}}{N_{\text{FFT}}(2S-1)/2 + N_{\text{FFT}}K} = \frac{mS}{S+K-0.5} \tag{7-7}$$

从以上分析可知 GFDM 的频谱效率与数据块大小的选取有关，数据块越大频谱效率越高。FBMC/OQAM 系统的频谱效率与数据帧长有关，数据帧越长，频谱效率越高。当 GFDM 数据选取 15 个符号 1024 个子载波的数据为一个数据块单位时，FBMC/OQAM 的重叠因子 K 为 4，系统采用 QPSK 调制，5G 候选波形技术的频谱效率与突发数据帧长的关系如图 7-8 所示。从图 7-8 可以看出，当突发数据较短时，FBMC/OQAM 系统频谱效率较低，但随着数据帧长的增加，频谱效率提升明显。

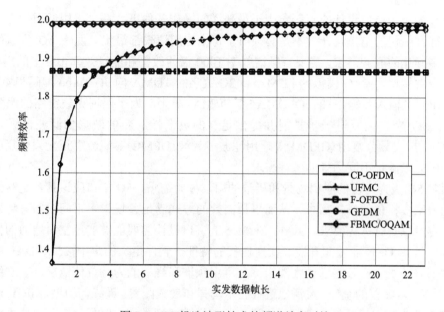

图 7-8　5G 候选波形技术的频谱效率对比

CP-OFDM 一个显著的优点就是具有基于 FFT 的快速实现算法，实现复杂度较低。5G 候选波形技术采用基于滤波器的多载波技术，虽然具有基于 FFT 的快速实现算法，但由于额外的滤波，其实现复杂度比 CP-OFDM 高。基于子带滤波的 UFMC 可以采用频域实现的方式，当子带划分较多时，其发送端复杂度仍然较高，而采用图 7-4 所示的接收机，接收端复杂度仅比 CP-OFDM 略高，小于 FBMC/OQAM 和 GFDM 接收端的复杂度。F-OFDM 由于采用较长的滤波器，其复杂度介于 FBMC 和 UFMC 之间，但其接收端同样需要对每个子带进行滤波，接收端复杂度高于 UFMC。

第8章　软件定义的空中接口

8.1　软件定义的空中接口概述

预计到 2020 年 1000 倍通信量的增长和新服务的应用，包括物联网、神经网络等，将给下一代移动通信的发展带来了巨大的挑战。通信终端无线接入网络、空中接口(简称空口)成为关键。

迄今为止，空口设计的范例集中于最严谨的操作条件下，并且采用通用的方法，而一个全球性最优的空口设计，不是必须对于每个应用情景都最优。面临 5G 大量的用户连接和多样化的服务需求，需要有频谱效率 1000 倍的改善和能量效率 100 倍的提升。物理层的空中接口，从 1G 模拟的 FDMA 和 2G 数字的 TDMA 向 3G Turbo 编码和 4G 的基于 MIMO(多输入多输出)的 OFDMA/SC-FDMA 演化，为了保证无线链路的服务质量 (QoS)，5G 空口需要进一步扩展并提供足够的灵活性。新的波形如滤波器组多载波 (FBMC)、广义频分复用(GFDM)、通用滤波多载波(UFMC)、滤波型正交频分复用被提出并被研究以满足不同场景的各种需求。

面对 5G 极为丰富的应用场景和极致的用户体验需求，5G 空口应该具备足够的弹性来适配未来多样化的场景需求，从而以最高效的方式满足各场景下不同的服务特性、连接数、容量以及时延等要求。此外，未来 5G 空口设计需要能够实现空口能力的按需及时升级，具备 IT 产业敏捷开发、快速迭代的特征，软件定义的空中接口(SDAI)的目标是针对部署场景、业务需求、性能指标、可用频谱和终端能力等具体情况，建立统一、高效、灵活、可配置的空口，灵活地进行技术选择和参数配置。最终，形成 eMBB、mMTC 和 uMTC 三类应用场景的空口技术方案，从而提高资源效率，降低网络部署成本，并能够有效应对未来可能出现的新场景和新业务需求。SDAI[37-39]的基本理念可以概括为如下两点。

(1)敏捷。SDAI 通过可编程可配置功能，实现空口技术灵活构造，以及针对用户和业务模式的参数配置能力。

(2)高效。SDAI 构建统一框架，支持不同场景和接入技术，最大化共性功能，同时在保持最小化特殊功能情况下，提供特殊定制化服务。敏捷性体现在 SDAI 能够提供一个足够多样性的技术集合和相关参数集合，使得候选技术集合能够支撑不同场景与业务的极端需求。高效性体现在技术方案的性能与复杂度之间的折中。一方面是候选技术方案的数量要控制在一定的范围内；另一方面是候选技术方案尽量使用统一的实现结构，复用相关实现模块，以提高资源的利用效率，降低商用化成本。

图 8-1 为 5G 空口技术框架。与以往的空中接口相比，软件定义的空中接口(SDAI)有很大的变化。它通过重构物理层的构建模块来满足各种需求，包括帧结构、双工模式、波形、多址连接方案、调制和编码及空间处理方案等，为了实现 SDAI，首先预定义每一

个模块的多种候选方案，然后根据各种服务需求和网络/用户的承载能力选择最好和最适宜的模块方案组合，最终形成最优的技术解决方案。

帧结构及信道化灵活的TTI，参考信号，物理信道等					协议
双工	波形	天线	多址	调制编码	
TDD	OFDM	大规模天线	OFDMA	极化码	免调度
FDD	单载波		SCMA	多元LDPC	自适应
灵活双工	F-OFDM	集中式	PDMA	APSK	HARQ
	UFMC	分布式	MUSA	网络编码	节能机制
全双工	UFMC		NOMA		

图 8-1　5G 空口技术框架

8.2　软件无线电

在 20 世纪 90 年代末期，由于无线通信领域存在的一些问题，如多种通信体系并存，各种标准竞争激烈，频率资源紧张等，特别是无线个人通信系统的发展，新的系统层出不穷，产品生存周期越来越短。软件无线电的基本思想是把硬件作为无线通信的基本平台，而把尽可能多的无线及个人通信功能用软件实现，新产品的开发将逐步转到软件上来，而无线通信产业的产值将越来越多地体现在软件上。

通信系统硬件结构如图 8-2 所示，从软件无线电技术实现来看，决定性的步骤在于将 A/D 和 D/A 转换器尽量向射频端靠拢。应用宽带天线或多频段天线，并将整个中频频段作 A/D 转换，之后整个的处理都用可编程数字器件特别是软件来实现。可看出，这样一个体系结构具有非常大的通用性，对解决上面提到的问题有很大的潜力，可用来实现多频段、多用户和多体制的通用无线通信系统。软件无线电和传统结构对比可知：

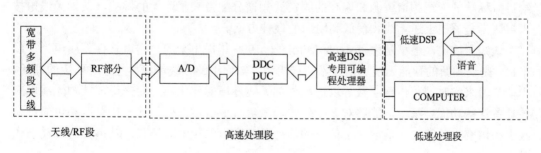

图 8-2　通信系统硬件结构

(1)将 A/D 和 D/A 向 RF 端靠近，由基带移动到中频，对整个系统频带进行采样。

(2)用高速 DSP/CPU 代替传统的专用数字电路和低速 DSP/CPU 进行 A/D 转换后的一系列处理。

软件无线电的最终目的就是要使通信系统摆脱硬件系统结构的束缚，在系统结构相对通用和稳定的情况下，通过软件实现各种功能，使得系统的改进和升级非常方便且代价小，且不同的系统间能够互联和兼容，同时，软件无线电的可塑性强，系统的升级更加灵活方便，成本也可以得到很好的控制。

软件定义的空中接口使系统结构通用，功能实现灵活，提供了不同系统互操作的可能性，系统的改进和升级也很方便。另外，复用的优势、系统结构的一致性使得设计的模块化思维能很好地实现，且这些模块具有很大的通用性，能在不同的系统及其升级时很容易地复用。在软件无线电中，软件的生存期决定了通信系统的生存期。而且，由于系统的主要功能都由软件实现，可方便地采用各种新的信号处理手段提高抗干扰性能。而软件无线电技术的关键和难点主要有宽带/多频段天线、宽带低噪声前置放大器、功率放大器、A/D、DDC、高速信号处理、信令处理、系统的功耗、体积和成本。

端到端重配置技术基于 SDR 但强调的是系统的概念。其核心思想是对网络和终端可重配置能力的管理与控制。重配置的研究更强调端到端的概念。端到端的概念是指整个过程会涉及从通信源端到目的端的各个环节。既包括用户终端的结构和功能设计，又包括网络设备的重配置能力支持。首先，在终端侧，具备重配置能力的网络实体应具备以下能力，多频带处理和多制式支持能力，在多频带系统中，无线射频前端必须能够在较宽的频段上进行调谐，从而满足不同无线制式信号的收发和处理要求，传统的 SDR 技术，是实现该能力的基础。终端侧的这种管理功能是端到端体系的一部分，有利于重配置的分布式实施。模式转换、软件下载是管理的核心内容，可扩展能力、可重配置的网元和终端提供了一个与应用无关的，适合处理不同无线接入功能的通用执行环境，这主要是通过硬件抽象层(HAL)可重配置协议栈技术实现的。

8.3　认知无线电

互联网的迅猛发展使得人们能够更加方便快捷地利用智能终端，随时随地接入无线网络当中进行业务传输。然而，激增的用户数和移动的多媒体业务越来越高的宽带需求，给日益稀缺的无线频谱资源和现有的固定式频谱分配带来了巨大的挑战，认知无线电技术被认为是解决上述无线频谱低利用率的最佳方案。

认知无线电，最早是由 Joseph Mitola 于 1999 年提出来的，它以软件无线电为扩展平台，是一种新的智能无线通信技术。它能够感知周围的无线环境，通过对环境的理解，主动学习来实时调整传输参数等以适应外部无线环境的变化。一般来说，认知无线电应该具备这些功能：第一，能够对无线传输场景进行分析，有效估计干扰温度和可靠地检测出频谱空穴。第二，信道状态信息的估计及其容量的预测。第三，功率控制和动态频谱管理。

主用户、次用户之间的频谱资源共享是认知无线电的核心思想。认知无线电的体系结构具有多样性，　主要包括广播电视网络、蜂窝网络、无线局域网(WLAN)以及基于

（WiMax）的无线城域网等，基于认知无线电的下一代网络结构如图 8-3 所示。从网络组成看，图 8-3 中左侧为主用户网络，主要指现存的网络结构，中间部分则是具有认知功能的次用户网络，包括固定基础设施和自组织两种结构。从频谱资源看，该网络由非授权和授权频段组成。对于授权频段，由于主用户享有优先使用权，次用户只能伺机接入空闲的授权频谱。而对于非授权频段，主要包括 2.4GHz 和 5.8Hz 的工业、科学、医疗(ISM) 频段以及 5GHz 的未授权频段，次用户无须授权即可使用。因此，工作在这些非授权频段的设备相互之间会产生严重的干扰。为了不影响用户的通信质量，利用认知无线电技术使各用户能够动态地自适应接入空闲频谱，进而有效地提高频谱利用率。为了推动认知无线电技术的发展，2004 年 11 月世界上第一个基于认知无线电技术的无线通信系统标准 802.22 工作组成立，其致力于将广播电视频段用于无线广域接入。目前，802.22 工作组已基本完成了技术规范的制定。除此标准外，涉及动态频谱接入技术的 IEEE SCC41 也是关于认知无线电技术的重要标准，另外 IEEE 还有其他几个标准都不同程度地涉及认知无线电技术，如 IEE802.11（WiFi）、IEEE802.15.4（ZigBee）和 IEEE802.16（WiMax）。

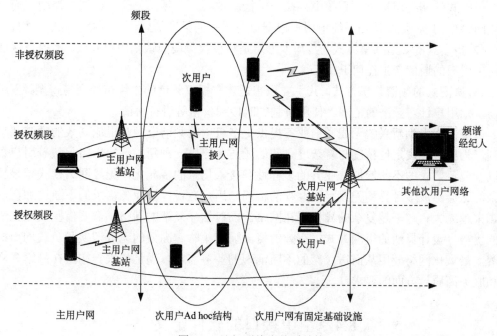

图 8-3　认知无线电体系结构

认知无线电中，认知用户作为第二用户只能利用法定授权的第一用户未使用的频段，一旦发现第一用户，需要在规定的时间退出该频段而切换到其他未使用的空白频段，以避免对第一用户造成干扰。由此可知，独立可靠地检测到第一用户、感知到频谱空穴是认知无线电实施的关键技术之一。频谱感知作为动态频谱共享的前提，次用户需要实时感知频谱的使用情况，在主用户未使用授权频段时进行接入，以获得较高的频谱使用效率，另外，次用户在占用授权频段期间，仍然需要连续地感知主用户的存在状态，当主用户重新接入授权频段时，次用户需要立即终止在该频段上的通信，避免对主用户造成干扰。因此，次用户准确地感知频谱是实现动态频谱接入的关键。但是认知无线电使用的无线环境是复杂的。基于认知无线电技术的物联网节点具备环境感知和传输参数重配置能力，此类节点通过周期性感知所处环境的频谱有效性信息和智能学习，机会性地接入授权用户的空闲频谱资源进行业务传输，从而实现频谱资源的动态利用。借助于认知无线电的频谱感知技术，可以实现空闲频谱资源的动态分配，一方面可以为认知用户营造一个无缝的无线接入环境，另一方面实现任何时间、任何地点的高可靠性通信，保证物联网节点的高移动性。

在加性高斯白噪声信道下，对认知无线电中的频谱感知技术的匹配滤波器检测法和能量检测法进行研究，并比较能量检测法下认知用户单独检测、合作检测以及采用多样性技术来检测的第一用户的性能。仿真结果表明：在低信噪比情况下，匹配滤波器具有良好的检测性能；当信噪比大于 0dB 时，采用能量检测法能够检测各种信号；认知无线电用户之间合作检测和采用多样性技术能够提高能量检测法的可靠性。

认知无线电主要有以下三种频谱共享方式。

(1) 开放式的频谱共享方式。认知无线电用户可以共同使用和共享非授权的频谱资源。集中式的网络架构下，系统中存在一个控制中心，对频谱分配进行统一控制。而分布式网络架构下，每个认知无线电用户根据自身感知的频谱信息竞争频谱资源的使用权。

(2) 机会式的频谱共享方式。其基本思想是将授权频段向认知用户开放，前提是保证不对主用户的通信产生任何干扰。

(3) 协商式的频谱共享方式。其主要思想是建立授权频谱的二级市场交易模型，主用户与认知用户针对频谱的范围、使用限制、时段和价格等进行协商。

认知无线电为新兴的无线通信业务提供更多可用的频谱资源与更加高效的频谱共享机制，为解决无线定位精度与复杂度之间的矛盾，提供一种新的解决思路。随着用户数量以及业务需求的不断增加，业务的多样性和接入场景的多元化，无线网络模式越来越复杂，这会形成多种异构无线网络并存的格局。用户数量以及业务需求的不断增加会形成越来越庞大、越来越复杂的异构泛在网络。面对这样复杂的网络，需要借鉴认知无线电的优势，设计灵活的组网方式、有效的资源调度策略、高效的无缝切换和负载均衡机制等，最大化网络效用从而适应新的不断涌现的业务需求，满足未来异构泛在网络多样性和服务高质量方面的要求。

8.4 空中接口的软件定义

SDAI 的统一框架如图 8-4 所示，其包含数据面以及控制面两个层面。数据面由多个信号处理功能模块构成。在控制面上，逻辑上的智能控制模块将会测量和收集上下文环境信息，例如，场景、业务类型和信道条件等，并根据系统预设的性能指标来决策和配置相应的数据面信号处理模块。此外，需要考虑上层协议栈重构以支持灵活统一空口管理的架构。

SDAI 的挑战主要来自两方面：一是根据场景、业务及链路环境的空口自适应机制；二是典型场景下的空口技术集合选取。在空口自适应机制方面，考虑到典型场景及终端类型的相对固定性，以及用户业务类型和用户链路的动态变化特点，空口自适应可以考

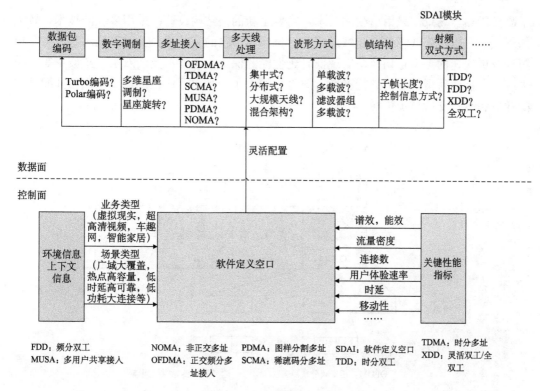

图 8-4　SDAI 的统一框架

虑两种不同时间粒度上的自适应配置：根据场景和部署的需要等进行半静态配置；针对
用户链路质量、移动性、传输业务类型、网络接入用户量等动态变化的环境参数进行动
态空口自适应配置。第一种半静态配置方式，时间变化周期较长，可以通过小区广播信
道通知小区的空口配置情况，相应的空口配置可以依据 5G 场景归纳为几种典型的无线
空口技术配置；第二种动态配置方式，时间变化周期短并且具有用户区分性，需要通过
控制信道向用户实时通知其空口配置参数，并且动态配置方式会以半静态的配置为基础，
依据信道环境变化、上下行业务量、用户移动性以及传输业务类型等瞬时变化。此外，
考虑统一空口架构，可将空口的数据处理和参数配置分层，将数据处理层中的功能模块
通过标准的应用程序接口开放给空口配置层，空口配置层通过无线资源管理功能按需进
行配置。

　　SDAI 的核心在于提高空口的灵活性，使得空口在承载不同业务时可以具有不同的
传输特征以最佳匹配业务的需求。这种灵活的空口配置需要相应空口技术的支持，如统
一自适应的帧结构、灵活的双工、灵活的多址、灵活的波形、大规模天线、新型调制编
码及灵活频谱使用等。

1. 帧结构中的软件定义

　　自适应帧结构是实现 SDAI 灵活高效设计理念的基础。其灵活设计可以支撑 5G 场
景和业务的多样性，统一架构可以减少干扰并实现高效性。SDAI 帧结构类似一个容器，
承载着多种无线空口技术。例如，对于 mMTC 业务，可能需要设计专门的窄带系统；对

于高频段热点场景，采用单载波技术，需要全新的帧结构设计；采用多载波技术，较大的子载波间隔是降低复杂度和峰均比及对抗频偏影响的有效途径。对于低时延业务，更短帧及更快速的上下行切换是实现低时延性能的保障。此外，灵活双工、新波形等新技术应用也需要新型帧结构进行支撑。图 8-5 给出了一种自适应帧结构实例，以匹配不同的业务和有效支持异步传输。

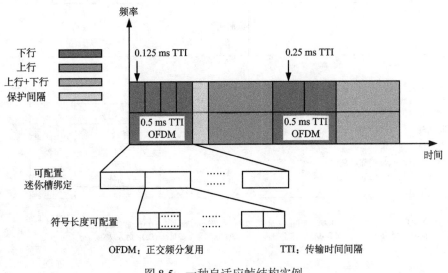

图 8-5 一种自适应帧结构实例

2. 波形中的软件定义

在 4G 中广泛使用 OFDM，它也是 5G 重要的候选波形。基于滤波器的新波形技术，如通用滤波多载波（UFMC）、基于滤波的 OFDM（F-OFDM）、广义频分复用（GFDM）、滤波器组多载波（FBMC）可以有效地降低带外泄漏，且不需要严格的同步，可以满足未来急剧增长的窄带小包业务传输需求和异步海量终端接入，并支持碎片化的频谱接入。对于毫米波频段，考虑到功耗、复杂度等问题，单载波成为可能的技术候选。对于高速场景，正交时频偏移（OTFS）波形对多普勒频偏的鲁棒性，引起了学业界和产业界广泛的注意。目前，如何设计合理的波形以满足 5G 典型场景的挑战，以及如何实现多种波形的灵活聚合，以同时提供多样化的业务体验，是亟须解决的关键问题。图 8-7 描述了一种新波形发射机的实现结构，其最小化硬件功能单元以降低复杂度，并通过灵活的参数配置，实现多种不同的波形方案。例如，如果 5G 采用带内支持 eMBB 和 mMTC 两种业务，此架构可以生成 OFDM 匹配 eMBB，同时可以生成非正交波形以匹配 mMTC 业务。

这些新波形的一个共同特征是用滤波器来抑制带外发射和放松时频同步的要求。一个低复杂度的兼容多载波调制模型，用式（8-1）表示为

$$x(t) = \sum_{u \in U} \sum_{k \in Ku} \sum_{n=-\infty}^{+\infty} \sum_{m=1}^{M} s_{k,n}(M) g_{k,m}(t-nT) e^{j2\pi fk(t-nT)} * h_u(t) \tag{8-1}$$

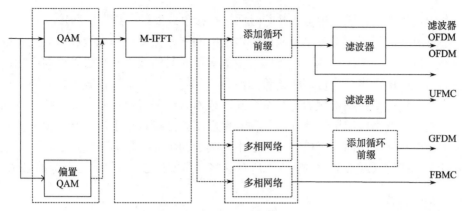

FBMC：滤波器组多载波　M-IFFT：快速傅里叶逆变换　QAM：正交幅度调制
GFDM：广义频分复用　　　OFDM：正交频分复用　　　UFMC：通用滤波多载波

图 8-6　新波形统一实现构架

其中，$s_{k,n}(M)$ 是第 n 个传输符号和第 k 个副载波的第 M 个符号；$g_{k,m}(t)$ 是一个单独符号的整形滤波器。每个用户的滤波器表示为 $h_u(t)$，副载波的频率表示为 f_k，符号持续时间是 T，卷积运算表示为*。

通过统一的结构，可以在最小化硬件功能模块的基础上，根据 5G 的各种场景灵活配置不同的波形方案。

3. 多址接入的软件定义

传统的正交多址接入（Orthogonal Multiple Access，OMA），如 TDMA、FDMA SDMA 已经研究了多年并广泛应用于实际无线通信系统。对于以蜂窝为中心的或实时的服务，OMA 方案利用正交性和同步方便地支持高数据速率传输。然而，当在一些实用场景中需要高频谱效率、大规模的连接和小数据包的频繁访问时，例如，在人口密集地区和移动社交应用中，NOMA 计划执行得更好。

基于灵活的框架结构，时间和频率资源分区灵活，可灵活地实现多址接入。对于每个资源块，一个确定的多址接入方案可以用来最好地适应所需的服务和应用程序。不同的多址接入技术和一些参数（如 SCMA 码书的码字数量、传播因素、最大层数、每个码字的非零元素的数量）的适应，应该以网络和用户功能、系统性能，如覆盖范围、频谱效率和能源效率等为基础。一些上行 OFDMA 和 SCMA 之间的初步工作和 SCMA 的码字应该从能源效率、频谱效率、协同设计的角度来研究。可以观察到，有不同码字的 SCMA 方案和 OFDMA 在不同最小吞吐量阈值和单元覆盖半径下的平均 EE 有交叉点。根据覆盖面和吞吐量需求选择码字的灵活多连接可以有效地提高 SE 和 EE 的性能。

4. 双工模式中的软件定义

在过去的几十年，双工模式作为蜂窝网络的基础被研究，频分双工（FDD）和时分双工（TDD）已被广泛应用于当前 LTE 系统。为了更好地适应上行和下行传输之间流量不平衡的现象，提出了灵活的 FDD 和动态 TDD。为了进一步提高网络容量，全双工模式因为最大限度地使频谱利用率翻倍吸引了人们的关注。具有双工模式灵活布署的基站可以选择对于每个频带的双工模式，也可在某些时间选择接收或发送、或发送和接收同时进行。

为了将灵活的双工技术更早地应用于当前的网络，需要在基础设施节点上利用全双工功能来支持半双工的用户体验，不同类型的多单元灵活双工网络可以根据干扰协调和去除的能力来应用。当干扰协调和去除的能力非常好时，全双工模式可以应用于每一个单元。然而，代价是抑制干扰的高复杂性和高成本。当干扰协调和去除的能力较低时，全双工模式可以低密度应用。此外，各种频率复用方法可以用于进一步减少小单元的干扰。对于异构网络，不同双工模式可用于不同类型的单元。根据干扰水平，不同类型的单元可以工作在相同或不同的频带上。所有这些都是实现 5G 网络双工目标的候选方案。

5. MIMO 传输中的软件定义

大规模天线是 5G 关键技术之一，空间自由度的大幅度提高，可以有效地提升系统谱效、能效、用户体验及传输可靠性，同时为异构化、密集化的网络部署提供了灵活的干扰控制与协调手段。未来主要应用场景有广域连续覆盖和热点高容量。广域宏基站部署对天线阵列尺寸限制小，使得在低频段应用大规模天线技术成为可能。其可以发挥高赋型增益等特点增强小区覆盖并提升小区边缘用户的性能。另外，预波束跟踪等先进技术可以对高速移动场景进行支撑。在热点场景，大规模天线和高频段通信可以很好地结合，支持极高的传输速率。分布式天线与新型网络构架可以有机融合，实现异构化、密集化的网络部署。

各种不同的 MIMO 技术在各种信道条件和天线配置下表现不同。在 4G 系统中，已经介绍了实现一致的良好性能的 MIMO 模式转换。在 5G 的 SDAI 框架中，MIMO 模式转换将用更多的的 MIMO 模式来进一步加强。如增多用户 MIMO、针对大规模 MIMO 天线结构配置、混合数字和模拟波束形成框架的兼容。

6. 频谱中的软件定义

使用面向 eMBB 大容量高速率场景，6GHz 以下的低频段资源对增强覆盖至关重要，高频段大带宽是热点地区提升系统容量的有效手段。高低频协作是满足 eMBB 场景的基本方式。同时，新型的频谱使用方式也是 5G 提升系统容量的重要补充手段，例如，授权共享使用允许多个运营商以同等的授权接入某些频段。mMTC 场景通常是低速率的小包传输，覆盖必须得到保障，因此低频段(尤其是 <1GHz 的频段)具有更高的优先权。授权频谱是 mMTC 的保障，其他频谱使用方法有待研究。uMTC 是低时延高可靠场景，因此需要授权频谱保证其极高的可靠性要求，其他频谱使用方法暂不考虑。5G 典型场景各有不同的频谱需求，因此 5G 必须在相应授权规则下，灵活地工作在不同的频段，以灵活自适应的机制来实现系统操作和控制。

8.5 空中接口的发展挑战

从"绿色、柔性和极速"理念出发，分析 5G 关键使能技术特点及适用场景，在 SDAI 统一框架指导下，各技术方案应基于统一的架构实现，尽量复用相关实现模块，以提高资源的利用效率，降低商用化成本。软件定义空口通过建立统一、高效、灵活、可配置的空口技术框架，可灵活地进行技术选择和参数配置，以满足多样化业务和场景需求。SDAI 能够实现空口能力的按需及时升级，具备敏捷开发、快速迭代的特征。

现有的标准采用了一种全局优化的/折中空中接口设计，它不需要针对每个单独的应用场景进行优化。当涉及 5G 时，面对 1000 倍 SE 和 100 倍 EE 的改进、大量的用户连接和多样化的服务需求，5G 空中接口应该能够解决以下问题。

(1)增强移动宽带(eMBB)场景。该场景指面向移动通信的基本覆盖环境，能够在保证移动性和业务连续性的前提下，无论静止还是高速移动，覆盖中心还是覆盖边缘，都可以为用户随时随地提供 100Mbit/s 以上的体验速率，在室内、外局部热点区域的覆盖环境，都可以为用户提供 1Gbit/s 的用户体验速率和 10Gbit/s 以上的峰值速率，满足 10Tbit/s • km^{-1} 以上的流量密度需求。

(2)海量机器类通信(mMTC)场景。该场景指面向环境监测、智能农企业视界等以传感器和数据采集为目标的应用场景，该应用场景具有小数据包、低功耗、低成本、海量连接等特点，要求支持 $106/km^2$ 以上的连接数密度。

(3)为了实现 5G 的高频高效、超低时延、超高连接数、超低能耗，5G 需要在空中接口技术和网络架构方面做出巨大的变革，包括引入大规模天线、非正交多址、自包含的帧结构、新的协议状态、三云一层的网络架构、端到端的网络切片、以用户为中心的网络新技术等。

(4)对于下一代移动设备，需要提供先进的处理能力，现有的硬件还不足以满足 5G 的处理能力。

(5)支持所有频谱接入。全球一致认为 5G 需要 1000MHz 的额外移动频谱带宽。因此，未来的空中接口需要能够接入低频带(<6GHz)、高频带(>6GHz)以及有效地利用碎片规范。TrUM 提供全频谱服务。满足不同场景和服务的需求，例如，具有大量小异步突发连接的物联网应用、触觉互联网、高速列车和超低延迟的超可靠通信等合适场合。

(6)争取多目标或 KPI 优化。5G 网络设计中提出了多种度量/目标：更高的峰值数据速率、更好的能量效率和更低的成本、更好的覆盖范围、更好的可扩展性、设备数量等。这与以往有很大的不同，之前人们主要关注峰值数据速率要求。因此，当设计空中接口时，要妥善折中处理多目标之间的平衡。

SDAI 的基本设计原则是通过对帧结构、双工模式、多址方案、波形、调制和编码等基本模块的适应，使空中接口面向服务。SDAI 提供了一种可伸缩和可配置的定制空中接口设计，以在不同的发送和接收条件下支持不同的服务与应用。

第9章 多址技术

正交多址接入由于其接入用户数和正交资源成正比，不能满足 5G 海量连接的需求。近年来支持过载连接的非正交多址接入被提出，作为 5G 的候选多址接入方式。空中接口承载用户信息的无线资源主要有频域、时域、空域、码域和功率域，前三种有子载波正交、接入循环前缀和适当空间距离等成熟技术以保证多用户接入的独立性，后两种在多用户信息区分方面只能通过串行干扰消除(SIC)技术来保证多用户接入的独立性。由于码域和功率域无法保证叠加用户的正交，在移动通信系统中用到后两种资源的都称为非正交多址接入技术。非正交多址接入[40-45]是一种多资源混用技术，有 5 种资源同时应用，也有三四种资源同时应用的，技术难度各有不同，但理论上所有非正交多址接入技术都达到了香农定理信道容量的极限，这说明非正交多址接入技术在满足 5G 设计理念和技术要求等方面，具有强大的竞争优势。

9.1 非正交多址

非正交多址 (NOMA) 由日本 DoCoMo 提出，对应单基站、两用户场景，基站采用叠加编码同时同频发送两个用户信号，但为不同信号分配不同的发射功率，即 $x = \sqrt{p_1}x_1 + \sqrt{p_2}x_2$，用户接收信号 $y_i = h_i + w_i$，用户 1 靠近基站，其接收信噪比高，执行串行干扰消除(SIC)算法检测出用户 2 的信号并把它从接收信号中减去，而用户 2 远离基站，接收信噪比低，不执行 SIC，将用户 1 的信号看成背景噪声，此时，信道容量为

$$R_1 = \log_2\left(1 + P_1\,|\,h_1\,|^2\,/N_{0,1}\right)$$
$$R_2 = \log_2\left[1 + P_2\,|\,h_2\,|^2\,/(P_1\,|\,h_2\,|^2 + N_{0,2})\right]$$

(9-1)

NOMA 的基本思想是在发送端采用分配用户发射功率的非正交发送，主动引入干扰信息，在接收端通过 SIC 接收机消除干扰，实现正确解调。NOMA 技术在时域仍然可以用 OFDM 符号作为最小单位，符号间插入 CP 防止符号间干扰；在频域仍然可以用子信道为最小单位，各子信道间采用 OFDM 技术，保持子信道间互为正交、互不干扰；每个子信道和 OFDM 符号对应的功率不再只给一个用户，而是由多个用户共享，但这种同一子信道和 OFDM 符号上的不同用户的信号功率是非正交的，因而产生共享信道的多址干扰(MAI)，为了克服干扰，NOMA 在接收端采用了串行干扰消除技术进行多用户干扰检测和删除，以保证系统的正常通信。

NOMA 融合了 3G 的 SIC 和 4G 的 OFDM，利用频域、时域、功率域的多用户复用技术，克服了 3G 系统中的远近效应，又解决了 4G 系统中的同频干扰。其解决频域子载波间干扰的技术仍然是各子载波间的正交，解决时域 OFDM 符号间干扰的技术仍然是严

格的子帧同步和添加的 GP，解决功率域各用户功率间干扰的技术则是串行干扰消除技术。在发送端，NOMA 采用功率复用(或功率分配)技术，使同一子信道上的不同用户信号功率按照相关算法分配，使得到达接收端的每个用户的信号功率不一样。在接收端，NOMA 采用 SIC 技术，根据不同用户信号功率的大小按照一定顺序进行干扰消除，达到区分不同用户的目的。

图 9-1 所示为在 OFDM 基础上的 NOMA 多址技术原理简图，发送端在 IFFT 模块后增加了用户信号功率复用模块，接收端在 FFT 模块前增加了串行干扰消除模块。因为在发射端只有在频域的正交子载波被分离出来后，才能对每个子载波上不同用户的信号功率采用复用技术，使之严格按照信道增益情况分配不同的发射功率。同样在接收端的 FFT 变换前通过干扰消除将每个子载波上不同信号功率的用户分离出来后，再参与子载波解码。NOMA 的基本信号波形可设置为 OFDM 波形，NOMA 在功率域叠加多个用户信号时可形成一个叠加编码，当用户之间信道差异很大(或路径损耗差值很大)时，NOMA 的性能增益要比 OFDM 有所提高。

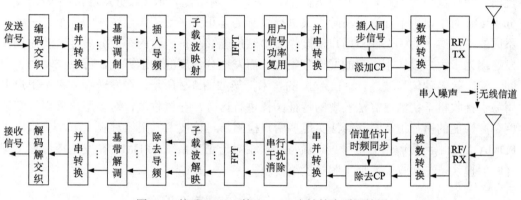

图 9-1　基于 OFDM 的 NOMA 多址技术原理简图

相比于正交多址技术，非正交多址技术能获得频谱效率的提升，且在不增加资源占用的前提下同时服务更多用户。从网络运营的角度，非正交多址具有以下三方面的潜在优势。

(1)应用场景较为广泛的非正交多址技术，对站址、频段没有额外的要求，潜在可应用于宏基站与微基站、接入链路与回传链路、高频段与低频段。

(2)性能具有稳健性。非正交多址技术在接收端进行干扰删除/多用户检测，因此仅接收端需要获取相关信道信息，一方面减小了信道信息的反馈开销，另一方面增强了信道信息的准确性，使其在实际系统中(特别是高速移动场景中)具有更加稳定的性能。

(3)海量连接场景下，非正交多址可以显著提升用户连接数，因此适用于海量连接场景。特别地，基于上行 SCMA 非正交多址技术，可设计免调度的竞争随机接入机制，从而降低海量小分组业务的接入时延和信令开销，并支持更多且可动态变化的用户数目。此时，有上行传输需求的每个用户代表 1 个 SCMA 数据层，在免调度的情况下，直接向基站发送数据。同时，接收端通过多用户盲检测判断哪些用户发送了上行数据，并解调出这些用户的数据信息。

9.2　图分多址接入

图分多址接入(PDMA)技术，是电信科学技术研究院提出的新型非正交多址接入技术，它基于发送端和接收端联合设计，在发送端，在相同的时频资源内，将多个用户信号进行功率域、空域、编码域的单独或联合编码传输，在接收端采用串行干扰抵消接收机算法进行多用户检测，做到通信系统的整体性能最优。

PDMA 以多用户信息理论为基础，在发送端利用图样分割技术对用户信号进行合理分割，在接收端进行相应的串行干扰消除(SIC)，可以逼近多址接入信道的容量界。用户图样的设计可以在空域、码域和功率域独立进行，也可以在多个信号域联合进行。图分多址接入技术通过在发送端利用用户特征图样进行相应的优化，加大不同用户间的区分度，从而改善接收端串行干扰删除的检测性能。

PDMA 的基本原理可以用等效分集度来解释。按照 V-BLAST 系统的理论，第 i 层干扰消除能够获得的等效分集度为 $N_{\mathrm{div}}=N_R-N_T+i$，其中 N_R 表示接收分集度，N_T 表示发送分集度。对于使用串行干扰消除方式进行检测的非正交多址接入系统，因各个用户处于不同的检测层，为了保证多用户在接收端检测后能够获得一致的等效分集度，就需要在发送端为多用户设计不一致的发送分集度。而发送分集度的构造方式，可以在功率、空间、编码等多种信号域进行。PDMA 的技术框架如图 9-2 所示，在发送端，多个用户采用易于接收机干扰消除算法实现的特征图样进行区分；在接收端，对多用户采用低复杂度、高性能的串行干扰消除算法实现多用户检测。与该技术框架相对应，图 9-3 给出了 PDMA 发送端到接收端的信号处理流程图。相对于正交系统，PDMA 在发送端增加了图样映射模块，在接收端增加了图样检测模块。

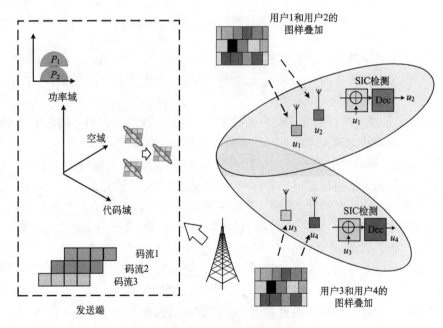

图 9-2　PDMA 的技术框架

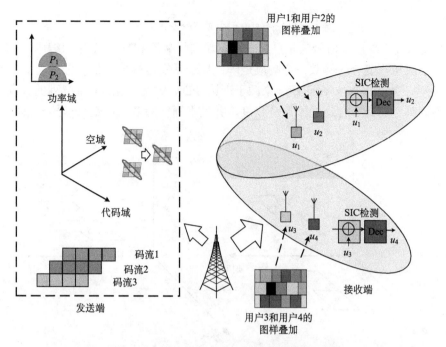

图 9-3　PDMA 发端到收端的信号处理流程图

PDMA 在基本时频资源单元的映射方式如图 9-4 所示，其对应的系统模型可简要表示为

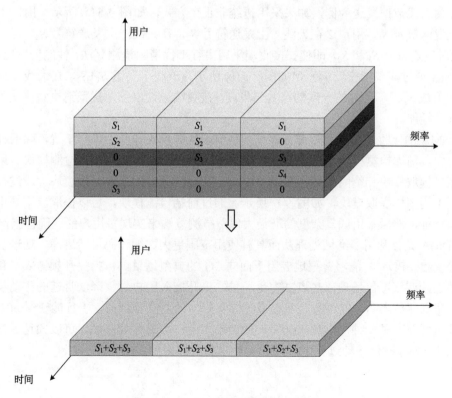

图 9-4　PDMA 的时频资源映射方式

$$Y = (H_{ch}H_{FDMA})X + N = HX + N \tag{9-2}$$

其中，Y 表示接收端接收信号矢量；H 表示发端到收端的 PDMA 多用户编码矩阵和真实无线信道响应矩阵复合的等效信道响应矩阵；X 表示发送端发送信号矢量；N 表示接收端噪声矢量。实际 PDMA 编码矩阵来源于理论 PDMA 编码矩阵的部分列的选取。基本原则是不同列之间具有合理的不等分集度，并且不同行的多用户数目尽量一致。

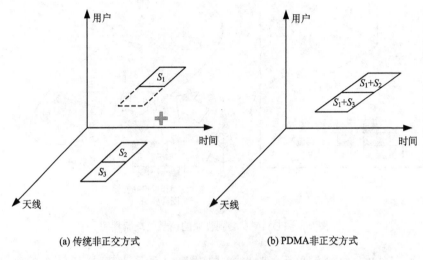

图 9-5　PDMA 的空域编码图样设计示例

以两天线数据发送为例，如果采用传统非正交方式，如图 9-5(a)所示，用户 1 在天线 1 上发送符号 S_1，用户 2 在天线 1 上发送符号 S_2，在天线 2 上发送符号 S_3，由于天线 1 上同时发送符号 S_1 和 S_2，即使在接收端采用串行干扰消除检测算法，性能仍然比较差，而 PDMA 通过简单的空域编码，如图 9-5(b)所示，天线 1 发送 S_1+S_2，在天线 2 上发送 S_2+S_3，形成 S_1、S_2 和 S_3 的一致的等效分集度，接收端通过串行干扰抵消检测算法可以获得很好的性能。

PDMA 的接收端分为两个部分，分别是前端检测模块和基于串行干扰消除的检测模块，其中，前端检测模块包含特征图样模式配置分析模块、功率图样检测模块、用户编码域图样提取模块和空间域图样检测模块，在特征图样模式配置分析模块，通过控制信令控制不同图样提取模块，如图 9-6 所示。通过前端检测模块，可以提取出不同用户图样编码特征，然后采用低复杂度的准最大似然检测算法来实现多用户的正确检测接收。

PDMA 充分利用多维域处理从而具有使用范围更大、编译码灵活度高、处理复杂度较低等优点。PDMA 能够普遍地应用于面向 5G 的典型场景，包括提升频谱效率和系统容量的连续广域覆盖场景、热点高容量场景，提升接入用户数、降低时延的移动物联网场景。仿真评估表明，PDMA 上行能获得 2 倍以上的吞吐量增益，下行能获得 50%以上的吞吐量增益，是一种提高频谱效率和增加接入用户数的有效技术。可以预见，在未来的 5G 国内外标准化推动过程中，PDMA 技术将发挥重要作用。

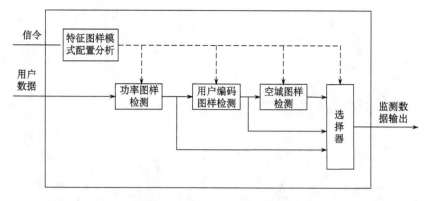

图 9-6　PDMA 接收机前端模块的基本结构

9.3　多用户共享接入

多用户共享接入(MUSA)是一种基于复数域多元码序列的多用户共享接入技术,由中兴公司推出,是一种结合了非正交多址接入和免调度接入设计理念的新的多用户接入技术。

MUSA 是一种基于码域叠加的多址接入方案,对于上行链路,将不同用户的已调符号经过特定的扩展序列扩展后在相同资源上发送,接收端采用 SIC 接收机对用户数据进行译码。扩展序列的设计是影响 MUSA 方案性能的关键,要求在码长很短的条件下(4个或 8 个)具有较好的互相关特性。对于下行链路,基于传统的功率叠加方案,利用镜像星座图对配对用户的符号映射进行优化,提升下行链路性能。

MUSA 作为一种基于复数域多元码的上行非正交多址接入技术,适合免调度的多用户共享接入方案,非常适合低成本、低功耗地实现 5G 海量连接。MUSA 工作原理框图如图 9-7 所示。首先,各接入用户使用易于 SIC 接收机的、具有低互相关的复数域多元码序列对其调制符号进行扩展;然后,各用户扩展后的符号可以在相同的时频资源里发送;最后,接收侧使用线性处理加上码块级 SIC 来分离各用户的信息。 扩展序列会直接影响 MUSA 的性能和接收机复杂度,是 MUSA 的关键部分。如果像传统 CDMA(如 IS-95标准)那样使用很长的 PN 序列,那么序列之间的低相关性是比较容易保证的,而且可以为系统提供一个软容量,即允许同时接入的用户数量(即序列数量)大于序列长度,这时系统相当于工作在过载的状态。下面把同时接入的用户数与序列长度的比值称为负载率,负载率大于 1 通常称为过载。

长 PN 序列虽然可以提供一定的软容量(即一定的过载率),但是在 5G 海量连接这样的系统需求下,系统过载率往往是比较大的,在大过载率的情况下,采用长 PN 序列所导致的 SIC 过程是非常复杂和低效的。MUSA 上行使用特别的复数域多元码(序列)来作为扩展序列,此类序列即使很短(如长度为 8,甚至 4 时),也能保持相对较低的互相关。例如,其中一类 MUSA 复数扩展序列,其序列中每一个复数的实部/虚部取值于一个多元实数集合。甚至一种非常简单的 MUSA 扩展序列,其元素的实部/虚部取值于一个简单三元集合{−1,0,1},也能取得相当优秀的性能。该简单序列中元素相应的星座图如图 9-8 所示。

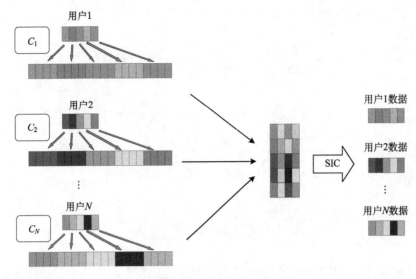

图 9-7　MUSA 工作原理

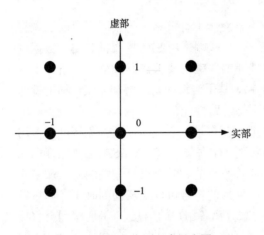

图 9-8　三元复序列元素星座图

因为 MUSA 复数域多元码的优异特性，再结合先进的 SIC 接收机，MUSA 可以支持相当多的用户在相同的时频资源上共享接入。值得指出的是，这些大量共享接入的用户都可以通过随机选取扩展序列，然后将其调制符号扩展到相同时频资源的方式来实现，从而 MUSA 可以让大量共享接入的用户随时接入，而并不需要每个接入用户先通过资源申请、调度、确认等复杂的控制过程才能接入。这个免调度过程在海量连接场景中尤为重要，能极大地减轻系统的信令开销和实现难度。同时，MUSA 可以放宽甚至免除严格的上行同步过程，只需要实施简单的下行同步。最后，存在远近效应时，MUSA 还能利用不同用户到达 SNR 的差异来提高 SIC 分离用户数据的性能。即能如传统功率域 NOMA 那样，将远近问题转化为远近增益。从另一个角度看，这样可以减轻甚至免除严格的闭环功控过程。所有这些为低成本低功耗实现海量连接提供了坚实的基础。

前面从 5G 海量连接的角度对比了 MUSA 和传统 CDMA 技术，下面同样地从 5G 海量连接的角度看 MUSA 和传统功率域非正交接入（NOMA）的一些比较：NOMA 不需要扩频，而 MUSA 上行非正交扩频即使实部和虚部都限制在最简单的 3 值集合{–1,0,1}内，也可以有足够多的低互相关码，如果放宽条件，则更多。而两者都使用干扰消除技术，但 NOMA 不适合免调度场景，MUSA 适合免调度场景（利用随机性和码域维度）。在免调度场景下，NOMA 的分集增益不如 MUSA。

9.4 稀疏编码多址接入

SCMA 由华为 Ottawa 研发中心提出，基本思想是改进 CDMA。CDMA 作为一种优良的多址接入技术，在发射端利用正交或准正交序列对数据符号进行扩展，在接收端再利用其正交特性从扩展序列中提取原始数据符号，SCMA 工作原理见图 9-9。扩频序列设计是实现 CDMA 的关键，也是影响系统性能和实现复杂度的重要因素。CDMA 编码器利用给定的扩频序列将一个 QAM 符号扩展为一个复数符号序列，CDMA 调制可看成将编码比特序列映射为复数符号序列的过程。可将 QAM 映射器和 CDMA 调制器合并，直接将一组数据比特映射为一个复数向量，该复数向量为码字，整个过程实际上就是一个从二进制域到多维复数域的编码过程，这样，CDMA 扩频操作就从传统的序列设计转换为复数多维码字设计。

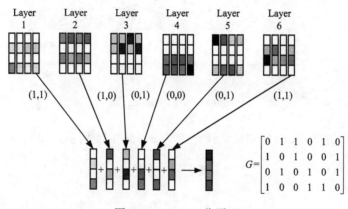

图 9-9 SCMA 工作原理

SCMA 具有如下性质：①基于预定码本集直接将二进制数据编码为多维复数域码字；②为不同用户设计不同码本提供多址接入；③码本中的码字具有稀疏性，多用户检测（MUD）的复杂度可降低；④码本集足够多，码字足够长，既能支持多用户接入，又能获得扩频增益。

稀疏码多址接入（SCMA）是一种多址接入技术，也就是基站如何同时服务和区分多个用户的一种方式。现在的 2G、3G、4G 无线通信系统中的多址接入方式是正交的，用户之间也是正交的，如 TDMA、FDMA，这种正交多址接入方式的优点是整个系统相对简单，接收端可以不作多用户均衡，但不足是容纳的用户数量取决于正交的资源数量。因此，正交接入方式不能很好地适用于未来 5G 大容量、海量连接、低延时接入等需求。解决这个问题的一种简单想法是 OFDM 与 CDMA 结合，即在每个时频资源上以码分的方式叠加更多用户。由于每个资源块上叠加了 N 个用户，N 是码字的数量，这导致译码端复杂度非常高。稀疏码多址接入（SCMA）就是应 5G 需求设计产生的一种非正交多址技术。SCMA 系统中稀疏扩频的概念将用户的数据在频域上扩散在有限的子载波上，每个资源块上等效的叠加用户数会大大减少，这就为接收端实现低复杂度提供了可能性。在 SCMA 系统中，信息比特首先经过信道编码，编码后的比特经过 SCMA 调制码本映射成

SCMA 码字，码字以稀疏的方式扩频在多个资源块上，因此，其最大特点是非正交叠加的码字个数可以成倍大于使用的资源块个数。相比 4G 的 OFDMA 技术，SCMA 可以在同等资源数量条件下实现，同时服务更多用户，从而有效提升系统整体容量。模拟 6 个数据流扩散在 4 个资源块的情况，也就是 150%的过载。 在发送端，每个用户有自己独立的码本，SCMA 码本的设计过程可以看成稀疏扩频和多维调制的联合优化。用户根据输入的比特串来选择码本中不同的码字，将编码比特直接映射为复数域多维码字，然后不同用户的码字在相同的资源块上以稀疏的扩频方式非正交叠加。例如，6 个用户分布在 4 个资源块上，码本 Tanner 图如图 9-10 所示。

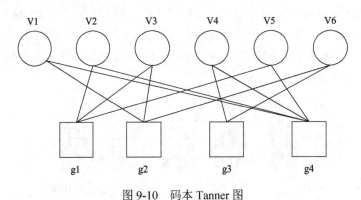

图 9-10　码本 Tanner 图

简化的上行链路 SCMA 系统总体设计框图如图 9-11 所示。

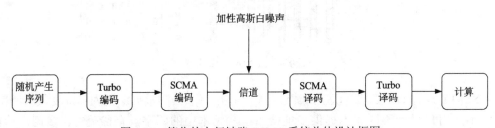

图 9-11　简化的上行链路 SCMA 系统总体设计框图

　　SCMA 系统的性能主要取决于 SCMA 码本设计和译码器设计。因此好的译码器十分重要。最大后验概率(MAP)检测是最优的多用户联合检测，但由于巨大的存储量、较高的复杂度，其往往不能在实际中使用。由于 SCMA 中低密度扩频的结构，可以采用近似于最大似然法(ML)检测性能的低复杂度的消息传递算法。消息传递算法的基本原理就是将一个计算困难的问题分解成许多容易计算的子问题。译码器的最终目的在于计算每个比特的后验概率，因此在迭代过程中消息传递算法的基本运算就是基于先验概率和图模型结构对外概率和后验概率的估算。

　　码本设计过程主要按照如下方式进行。首先构造映射矩阵，实现扩频；其次设计资源块上总的星座图，并采用 TCM 的子集分割法生成各资源块上有效用户的星座图，实现调制；然后将各资源块上有效用户的星座图与映射矩阵相结合设计星座矩阵，实现扩频与调制的结合；最后通过星座矩阵生成码本。对于 SCMA 系统来说，设计一个好的码本可以在不增加功率和频带利用率的条件下，降低系统误码率。用 N 表示码字的长度，也就是传输数据的资源块总数。用 R 表示码字中的非零元素个数，也就是每个用户实际传输过程中占用的有效资源块数。由此可以确定，采用 SCMA 编码的最大用户数。

映射矩阵 F 要求每行每列中 1 的个数必须足够少且构成的因子图必须全部连通，上述要求与 LDPC 矩阵的要求非常相似。因此，任何 LDPC 矩阵可以用作此处的 F 矩阵，F 矩阵可以通过手动设计或从已设计好的 LDPC 矩阵中得到。F 矩阵中的列向量，即用户采用的低密度扩频序列(LDS)，用户发送的符号通过 LDS 实现扩频，LDS 可以看作一种映射规则，LDS 中每个元素对应一个资源块，用户发送的符号通过 LDS 映射到不同的资源块上，LDS 越长，用户占用的资源块越多，占用的频谱也越宽。

SCMA 是一种基于码域叠加的新型多址技术，它将低密度码和调制技术相结合，通过共轭、置换以及相位旋转等方式选择最优的码本集合，不同用户基于分配的码本进行信息传输。在接收端，通过 MPA 算法进行解码。由于采用非正交稀疏编码叠加技术，在同样资源条件下，SCMA 技术可以支持更多用户连接，同时，利用多维调制和扩频技术，单用户链路质量将大幅度提升。此外，还可以利用盲检测技术以及 SCMA 对码字碰撞不敏感的特性，实现免调度随机竞争接入，有效降低实现复杂度和时延。这一接入技术更适合用于小数据包、低功耗、低成本的物联网业务。

9.5　多址接入的发展挑战

解决 5G 多址接入的重点还是传统的频域和时域承载资源。相比于传统移动通信频谱的昂贵授权费和有限的连续带宽，很有可能成为 5G 系统部署的 6GHz 以上的毫米波，因包含若干免授权的频段和最大可用带宽高达数千兆的连续频谱，即使仍然采用 LTE 的时域频域多址技术，仅频域、时域资源就可以使 5G 系统多址能力提高几百倍或几千倍的容量，不但可以极大地降低运营商的系统部署成本，还能极大地提高频谱使用率，能够使用简单成熟的技术快速获得大容量多址接入能力。当然，还必须找到弥补 MMV 频段存在信道传播路径损耗较大、信号穿透性较差、很易因障碍物遮挡造成信号大幅衰减等缺陷的方法。

多址干扰(MAI)是移动通信系统固有的问题之一，极大地限制了系统的容量，加剧了远近效应，是移动通信发展中必须克服的。SIC 接收机不仅结构简单、易于实现，还能充分利用造成多址干扰的所有用户信息，按照接收功率由大到小排序，对各用户逐一判决、重构和抵消，具有良好的抗 MAI 性能，是现代移动通信系统非常重要的应用技术之一。但 SIC 接收机还存在干扰消除级次不能太多、用户功率变化需要重新排序和前级估计不足对后级影响太大等近期技术难以解决的问题。传统 CDMA 系统中的信号检测将多址干扰视为高斯噪声来处理，因而忽略了多址干扰的存在，这种方法会带来以下两方面的影响。

(1)系统容量受到限制。当系统中用户数较少时，多址干扰因伪随机码良好的互相关性而不会太严重。但随着同时接入系统用户数目的增加，多址干扰的影响也会逐渐变严重，导致系统误码率的上升，系统的容量受到影响。尤其是 3G 系统中大容量的要求和多天线发射分集的采用，都将导致 CDMA 系统容量受多址干扰的严重影响。

(2)严重影响了系统的性能。如果干扰用户比目标用户距离基站近得多，即使忽略衰落的影响，信号的路径衰耗也与用户距基站距离的三次方成正比，这时干扰信号在基站的接收功率会比目标用户信号的接收功率大得多，在传统接收机输出中的多址干扰分量会很重，以至于将目标用户的信号淹没，而出现远近效应。克服方法如下。

①扩频码的设计。多址干扰产生的根源是扩频码间的不完全正交性，如果扩频码集能在任何时刻完全正交，那么多址干扰就会不复存在。但实际上信道中都存在不同程度的异步性，要设计出在任何时延上都能保持正交性的码集几乎是不可能的。因此需要设计者设计出一种尽可能降低互相关性的工程实用码型，这在现实信道的条件下还是有可能的。

②功率控制。功率控制可以有效地减小远近效应的影响，在 IS-95 和 3G 移动通信标准中都采用了功率控制技术。但功率控制不能从根本上消除多址干扰，因为会受到各用户接收功率相等时接收性能的限制，而且也存在以下一些缺点，如占用信道传送功率控制信息，存在算法收敛速度问题，且性能与用户移动速度有关，系统较为复杂等。

③前向纠错(FEC)编码。利用编码的附加冗余度纠正因信道畸变而产生的错误码判决，已成为提高通信质量的一个重要手段，对于纠正多址干扰引发的错误也同样有效。但采用前向纠错编码的代价是在相同信道传输速率下有用信息的传输速率会有所下降。

④空间滤波技术。用智能天线对接收信号进行空域处理可以减小多址干扰对信号的影响，同时采用具有一定方向性的扇形天线也可以抑制除某一角度内的其他干扰，而提高系统性能。起初，由于智能天线的高复杂度和高能量消耗，对它的研究大都局限于在基站中应用，直至近几年，智能天线技术才被引入移动台之中。

⑤多用户检测技术。多用户检测理论和技术的基本思想是利用多址干扰中包含的用户间的互相关信息来估计干扰和降低、消除干扰的影响。

第10章 接入与回传

10.1 接入与回传概述

在高速发展的移动业务和日趋激烈的竞争环境下,移动运营商面临着多方面的挑战:高额的能耗、高涨的建设和运维成本、紧张的频谱资源、快速增长的业务流量以及日趋严峻的成本压力。无线接入网需要创新的解决方案,以满足高容量、低成本、低能耗、易运维需求。

为解决这些挑战并追求未来可持续的增长,面向绿色演进的新型无线接入网架构 C-RAN 被提出。C-RAN 是基于集中处理、协作式无线电和实时云计算架构的无线接入网架构,其基本思想是通过充分利用低成本高光速传输网络,直接在远端天线和中心节点间传送无线信号,以构建覆盖上百个基站服务区域,甚至上百平方公里的无线接入系统。数据从接入网到核心网,5G 分别使用的是 C-RAN 和回传,而 C-RAN 又分为前传和中传[46-50]。

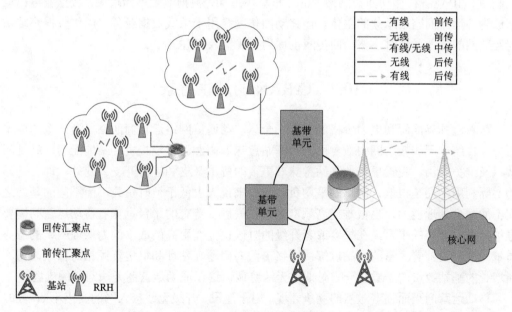

图 10-1 回传整体示意图

为了满足网络大带宽和低时延的需求,5G 网络的 RAN 架构和核心网架构都发生了演进,RAN 从 4G 网络的 BBU+RRU 两级结构演进到 CU(集中单元)、DU(分布单元)和 AAU(有源天线处理单元)三级结构。CU 和 DU 可分散部署,也可合并部署,根据它们不同的部署方式,RAN 划分为不同的网络:AAU 和 DU 之间是前传网络、DU 和 CU 之间是中传网络、CU 以上是回传网络。而核心网演进,则由原来的 EPC 拆分成 New Core

和 MEC(移动边缘计算)两部分,分别部署在地市的核心层和城域边缘,如图 10-1 所示。

移动前传是指基站 RRU 到 BBU 之间的网络,移动前传承载主要关注 CPRI 链路的高效承载;移动前传技术主要有光纤直驱、无源波分复用、有源密集波分复用(OTN、DWDM)等。在移动前传初始建设时期,BBU 与 RRU 之间通常采用光纤直驱。波分复用作为现有的前传网络解决方案,随着 C-RAN 的大规模部署,其设备成本和维护总成本偏高的缺点将凸显,在光纤资源紧张的场景下不适用于深度覆盖情况下的 C-RAN 移动前传。因此,各运营商积极尝试利用低成本点到多点(P2MP)的 PON 技术来传送深度覆盖情况下 C-RAN 的移动前传业务,特别是利用现有 PON 的空闲光纤资源,提高现有网络的利用率,降低网络建设和维护成本。

传统含义上的移动回传是指移动基站到基站控制器之间的网络,例如,2G 的时候就是 BTS 到 BSC 之间的网络,3G 就是 NodeB 到 RNC 之间的网络,LTE 就是 eNB 到核心网之间的网络。

5G 通信系统的移动回传是指 BBU 到 S-G W/MME 之间的网络,移动回传承载主要需要保障 BBU 集中后大带宽业务流的传送。移动回传网络是连接基站(BS)和基站控制器(BSC)的信号传输网络,主要承担基站和无线核心网设备之间的通信任务。在 2G 时代,语音业务是移动回传网的主要业务,它的速率恒定,带宽需求小,动态性要求低,无线回传承载网络主要采用 SDN 传输技术。3G/LTE 网络的迅速发展,使得实时视频、移动互联网等 IP 业务在移动回传网络中的比重稳步增加,数据流量不断增大,数据业务已逐渐成为各运营商网络承载的主体。当移动回传网络用于承载数据业务,用作数据终端访问互联网的接入通道时,移动回传网也称为无线接入网(RAN)。

10.2 C-RAN 的产生背景

随着近几年能源和电力价格的上涨,全球移动通信网络运营商面临日渐严重的成本压力。传统的无线接入网中数量巨大的基站意味着高额的建设投资、站址配套、站址租赁以及维护费用,建设更多的基站意味着更多的资本开支和运营开支。此外,现有基站的实际利用率还是很低,网络的平均负载一般来说大大低于忙时负载,而不同的基站之间不能共享处理能力,也很难提高频谱效率。最后,专有的平台意味着移动运营商需要维护多个不兼容的平台,在扩容或者升级的时候也需要更高的成本。为保证网络的服务质量,也需要部署大量的基站以解决网络覆盖的问题。站址和机房资源相对稀缺,与不断增长的基站数量的矛盾在一定时期内无法协调,这已成为运营商无法回避的难题。

移动运营商正面临着激烈的竞争环境,用于建设、升级无线接入网的支出不断增加,同时运营庞大的基站数量意味着高额的运维支出(能源消耗、人工维护等)。随着移动互联网、物联网的兴起,无线网络中的数据流量迅速上升;此外,随着竞争的加剧,单位用户平均收入(ARPU)增长缓慢,甚至不断下降,这些因素都将严重地影响移动运营商的盈利能力。

而随着 4G 网络的商用和广泛部署,用户可以享受到越来越高速的数据业务。这进一步刺激了用户对移动设备(智能机、平板电脑等)的使用,因此蜂窝网的流量负载急剧增长。面向 2020 年及未来,超高清、3D 和浸入式视频的流行将会驱动数据速率大幅提升。增强现实、云桌面、在线游戏等业务，不仅对上下行数据传输速率提出挑战，同时对时延提出了"无感知"的苛刻要求。未来人们对各种应用场景下的通信体验要求越来越高，用户希望能在体育场、露天集会、演唱会等超密集场景以及高铁、私家车、地铁等高速移动环境下也能获得高品质的业务体验。

因此，未来的无线接入网应满足以下要求：大容量且无所不在的覆盖，容量提升是移动通信网络永远的追求；随着用户数、终端类型、大带宽业务的迅猛发展，大容量且无所不在的无线接入网是 5G 的首要任务；更高速率、更低时延、更高频谱效率；视频流量大约占移动总流量的 70%，实时视频业务进一步提高了对网络的要求；开放平台，易于部署和运维，支持多标准和平滑升级；网络融合，从移动网络的发展历程来看，未来的 5G 网络很难做到一种技术、架构全覆盖，多无线接入技术（M-RAT）会在将来一个很长时间段内并存，多种技术融合、多种架构融合是必然趋势；低能耗，未来的 5G 接入网必须是一种前瞻性的、可持续性的架构，而基站能耗占通信系统总能耗的 65%，所以低能耗的绿色通信在设计网络架构时是一个必须考虑的问题。

集中式基带处理可以大大减少覆盖同样区域的基站的数量；面向协作的无线远端模块和天线可以提高系统频谱效率；基于开放平台的实时云型基础设施和基站虚拟化技术可以降低成本，共享处理资源、减少能源消耗、提高基础设施利用率。这些特点能够很好地解决移动运营商所面临的上述挑战，并满足营收和未来移动互联网业务同步发展的要求。

C-RAN 的目标不是取代现有的标准，它是一个从长期角度出发，为运营商提供一个低成本高性能的绿色网络构架。实际环境千差万别，部署的无线网络存在各种形态，例如，当前网络中广泛应用的宏蜂窝基站、微蜂窝基站、微微蜂窝基站、室内分布系统、直放站以及新出现的中继站、微基站。不同的基站类型有各自的优点和缺点，适应不同的部署条件。C-RAN 的目标是适应主流无线网络的部署需求，包括宏蜂窝基站、微蜂窝基站、微微蜂窝基站以及室内分布系统。同时，其他一些有益的基站类型也可作为 C-RAN 部署的补充，传统方案与 C-RAN 方案对比见表 10-1。

表 10-1　传统方案与 C-RAN 方案对比

对比	传统方案	C-RAN 方案
基站设置形态	一体化宏站或分部式 BBU+RRU	分部式 BBU+RRU，设备组成不变
网元位置	RRU 和天线位于室外天馈系统 BBU 与传输设备位于基站机房内	RRU、天线保持不变，各基站 BBU 集中放于汇聚中心机房，原站址机房和传输设备可节省
光纤资源	单个接入环占用 2 芯光纤资源	单个接入环需要 2 芯或 4 芯光纤资源
维护要求	各基站分散维护	BBU 集中维护，室外部分仍需单独维护
机房配套	各基站需配置独立的机房与供电配套等	除中心机房外，各基站无须配置机房

10.3　C-RAN 的基本结构

传统 BS（基站）由两部分组成：提供数字信号处理功能的 BBU（基带单元）和具有射

频传输和接收功能的 RRU。它们之间的接口关系由 CPRI 或 OBSOI(开放式基站架构联盟)进行定义，CPRI 是当前网络供应商最常用的接口协议，包含物理层和数据链路层。RAN(无线接入网)的结构历经了从一体化 BS 到分布式结构再到 C-RAN 的演进过程。C-RAN 可看作分布式结构的演进版本，其利用开放平台和实时虚拟化技术以云计算为根基来实现动态共享资源分配和多功能环境，拥有极大的发展前景。

图 10-2 所示为一种 C-RAN 基本结构。传统 BS 被分为 BBU 和 RRU 两部分。其中BBU 部分可以是虚拟的，RRU 部分则与各发送、接收天线相连，BBU 和 RRU 之间的网络部分即前传网络。

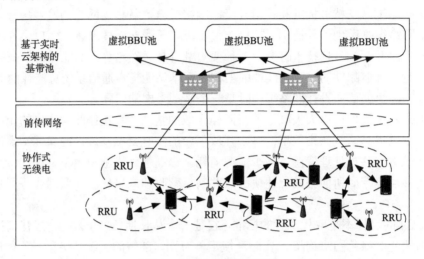

图 10-2　C-RAN 基本结构

与分散式网络架构相比，C-RAN 承诺相当大的收益。集中基带处理可实现更小的无线接入点、协作信号处理并且易于升级和维护。此外，其不是实现在专用硬件上的处理，而是通过动态和灵活的通用处理器，基于云网络实现处理元件之间的负载平衡，从而提高能源和成本效率。然而，集中化在延迟和数据速率方面也对前传网络提出了挑战性的要求。如果考虑到前传的异构性，集中基带处理尤其重要，不仅包括专用光纤，而且包括如毫米波链路。灵活的集中化方法可以根据负载情况、用户场景和前端链路的可用性将处理链的不同部分自适应地分配到集中基带处理器或 BS 来放宽这些要求。这不仅减少了延迟和数据速率的要求，而且还将数据速率与实际用户流量相结合。C-RAN 实现多点协作通信，多个 BBU 协作处理，如图 10-3 所示。

C-RAN 是基于集中化处理(Centralized Processing)、协作式无线电(Collaborative Radio)和实时云计算架构(Real Time Cloud Infrastructure)的绿色无线接入网架构。基本思想是通过充分利用低成本高速光传输网络，直接在远端天线和集中化的中心节点间传送无线信号，以构建覆盖上百个基站的服务区域甚至上百平方公里的无线接入系统。

C-RAN 架构主要包括三个组成部分：由远端无线射频单元(RRU)和天线组成的分布式无线网络；由高带宽低延迟的光传输网络连接远端无线射频单元；由高性能通用处理器和实时虚拟技术组成的集中式基带处理池，其架构如图 10-4 所示。

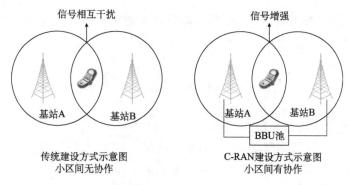

图 10-3 传统建设与 C-RAN 建设对比

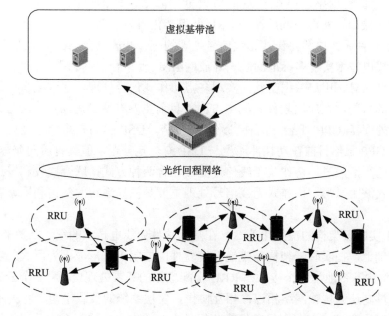

图 10-4 C-RAN 网络架构

分布式的远端无线射频单元提供了一个高容量、广覆盖的无线网络。由于这些单元灵巧轻便,便于安装维护,系统 CAPEX 和 OPEX 很低,因此可以大范围、高密度地使用。高带宽、低延迟的光传输网络需要将所有的基带处理单元和远端射频单元连接起来。

基带池由通用高性能处理器构成,通过实时虚拟技术连接在一起,集合成异常强大的处理能力来为每个虚拟基站提供所需的处理性能需求。集中式的基带处理大大减少了需要的基站站址中机房的需求,并使资源聚合和大范围协作式无线收发技术成为可能。

C-RAN 的网络架构基于分布式基站类型,分布式基站由基带单元(BBU)与射频拉远单元(RRU)组成。RRU 只负责数字-模拟转换后的射频收发功能,BBU 则集中了所有的数字基带处理功能。RRU 不属于任何一个固定的 BBU、BBU 形成的虚拟基带池,模糊化了小区的概念。每个 RRU 上发送或接收的信号的处理都可以在 BBU 基带池内一个虚拟的基带处理单元内完成,而这个虚拟基带的处理能力是由实时虚拟技术分配基带池中的部分处理能力构成的。实时云计算的引入使得物理资源得到了全局最优的利用,可以有效地解决潮汐效应带来的资源浪费问题。C-RAN 架构适于采用协同技术,能够减小干扰，降低功耗，提升频谱效率，同时便于实现动态使用的智能化组网，便于维护，有利于降低成本，减少运营支出。

10.4　C-RAN 的技术实现

C-RAN 在技术实现上分为三个阶段，逐步演进。

(1)C-RAN 集中化基站部署。集中式基站内多个 BBU 互联互通构成高容量、低延迟的互联架构。远端的 RRU 通过互联架构交换到集中式基带池中任意一个 BBU。这种方式是对现有 DSP 平台的 BBU 进行集中化集成，可有效实现载波负载均衡、容灾备份，并达到提高设备利用率、减少基站机房数量、降低能耗的目的。另外，基于传统的 CPRI/Ir/OBRI 接口，实现不同厂家的 RRU 与基带池互联。

(2)基于软件无线电和协作式无线信号处理的统一开放平台。在集中式基站基础上，通过软件无线电技术实现多标准的统一开放的 BBU 池平台，并利用基带池中 BBU 间高速高效的调度信息、用户数据交互，实现多点协作式信号处理，达到减少无线干扰、提高系统容量的目的。在应用软件无线电方面，目前主要有两种思路：信号处理器(DSP)平台和通用处理器(GPP)平台。两种思路各有优势，DSP 是目前电信行业应用比较成熟的技术，而 GPP 虽然目前在功耗性能上与 DSP 有一定差距，但具有后向兼容好的特点，有利于系统的平滑演进。协作式无线信号处理包含两种方式：联合接收和发送、协作式调度和协作式波束赋形。协作式无线信号处理主要是提高系统的频谱利用率和小区边缘的吞吐量。

(3)基于实时云架构的虚拟化基站。在基于软件无线电技术的统一开放的 BBU 基带池平台的基础上，在实时云架构基带池系统软件的控制下，形成更为巨大的实时云架构基带池。云架构基带池为每个接入的 RRU 指配虚拟的基带处理资源。多个云架构基带池之间可以通过高速光传输网络相连，相互协作，实现系统的负载平衡、容灾备份。

集中式架构的 C-RAN 有很多优势，但是完全的集中式控制不能适应信道环境和用户行为等的动态变化，不利于获得无线链路自适应性能增益。C-RAN 主要包含三大部分：RRU 部署、本地云平台和后台云服务器。

1. RRU 部署

通过布置大规模的 RRU 可以实现蜂窝网络的无缝覆盖，因此 RRU 部署一直是未来集中式无线接入网的研究重点。考虑到实际无线接入网中业务密度的不同，RRU 部署可以采用一种新型的部署方案 eRRU。eRRU 在普通 RRU 的基础上增加了部分无线信号的处理能力。在某些网络状况变化快、业务需求量大、用户行为属性复杂和覆盖需求大的区域，预先部署一定数量的潜在的 eRRU，再部署一定数量的 RRU。该方案具有适应网络状态的特性，所以称为智能适配的 RRU 部署方案。在普通区域，可以均匀部署 RRU。在业务密集区域中部署的 RRU 不与本地云平台的基带池直接相连，而是通过光回程链路与该区域的 eRRU 进行互联，并且通过该区域内的潜在 eRRU 接入本地云平台的基带池。当业务量需求低、网络负载少、覆盖需求小并且网络性能满足要求时，部署潜在的 eRRU 的区域，不需要增加 eRRU 的无线信号处理能力。此时，该区域内所有 RRU 的无线信号处理和资源都由本地云平台集中管控；当业务量需求增加、网络负载增多和覆盖需求变大或者网络性能恶化时，无线网络架构的自适应性增强。潜在的 eRRU 在本地云平台的控制下，增加部分无线信号的处理能力，控制该区域内与其相连的 RRU 的无线信号处理，但是相应的无线资源管理仍然集中在本地云平台。同时，如果 eRRU 到虚拟基带池的光纤回程链路上的容量超过门限值，就会触发无线信号压缩处理，以适应有限的光回程链路带宽要求。

2. 本地云平台

本地云平台是 RRU 和后台云服务器之间的网络单元，它们之间通过光纤相互连接。本地云平台负责管理调度由一定数量的 RRU 组成的"小区簇(Cell cluster)"。这可以进一步降低 C-RAN 网络架构和调度过程的复杂度。此外，本地云平台也要负责与其他相邻本地云平台之间的信息交互。

未来的 5G 网络中，自定义的个性化服务是提升用户感知的一个重要组成部分。感知模块可以通过本地存储的用户数据进行分析，提取用户偏好，向用户定时推荐最新网络信息，并且根据用户的反馈不断调整推荐内容，使感知模块的数据更加精确。把互联网资源放在距离移动用户更近的网络边缘，同时减少网络流量和改善用户体验质量成为可能。可以使用新兴的缓存和交付技术，即把流行的内容存储在中间服务器。这样，更容易满足有相同内容需求的用户，而不再从远程服务器重复地传输，因此可以明显减少冗余流量，缓解核心网的压力。通过大量数据统计可以发现视频流量的冗余度高达 58%，通过部署缓存服务器可以大大提高网络性能，用户获得分发内容所需时延更小。

3. 后台云服务器

后台云服务器其实是一个庞大的服务器数据中心，将这些服务器划分为不同的专用虚拟网，负责特定的业务，虚拟物联网下对应的服务器管理和处理所属本地云平台的数据时，管理系统对时延和差错率的敏感度就会比较高，系统中所有算法的出发点都是为了降低时延，而能耗、频谱利用率的权重会有所降低。通过高配置、高处理能力的后台云服务器的计算和管理，在未来 5G 接入网中，系统性能会大大提升，其将为用户提供更好的服务。

10.5　混合回传网络

随着通信技术的不断发展，全球移动通信系统联盟(GSMA)报告，至 2020 年移动互联网用户总数将达到 38 亿。随着接入终端以及业务类型的增加，为了尽可能地覆盖所有用户对象并保障网络性能，需要在小区中实现异构蜂窝网络的部署。异构蜂窝网络的关键思想是在宏基站小区覆盖范围内加入多个低发射功率小基站，这些基站拥有较小的发射功率和外观尺寸，通过这种方式可以增加一个地区的小区数，提高单位面积的频谱效率，这样就增加了蜂窝网络的系统容量，并且降低了宏基站的负载。

日益增多的小基站给用户带来更加完善的接入，也带来其他问题。大量小基站的密集部署，使得连接基站和核心网的移动回传网络结构趋于多层次与复杂化。如何连接小基站到核心网以及蜂窝小区回传网络部署的目标是什么，这些都是在异构蜂窝网络规划中首先要考虑的问题。移动回传网络作为移动网络中重要的组成，一旦失效或者故障将会影响大量用户的正常通信。因此在研究未来小基站密集部署的环境下，如何对无线回传网络的部署进行合理规划具有重要的研究意义。混合回传示意图见图 10-5。

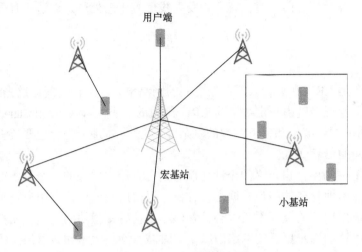

图 10-5　混合回传示意图

10.6　回传网络性能

(1)时延。时延是网络非常重要的属性，必须控制在一个合适的范围内。虽然以太网并没有相关的标准，但从语音业务本身来讲在 ITUG.114 中规定了在一个国家或地区内时延应在 150ms 以内。如果超过这个限值，用户将会感到声音的延迟，将会导致语音质量明显下降。同时值得一提的是，不同的协议对 VoIP 数据包延迟的要求不太一样，例如，H.322 和 SIP 协议对延迟的要求要比其他协议如 MGCP 要求低得多。需要指出的是，上面仅从业务的角度描述了对整个网络的时延要求。而电信级以太网服务的要求显然高得多，对于普通用户，一般来讲，时延应低于 30ms，而对高优先级用户，时延应低于 5ms。

(2)抖动。时延变化对语音质量的影响非常大。一般在 VoIP 网关处采用缓存排队的办法平滑数据包抖动。但如果网络本身的抖动较大，则网关必须采用大的缓存，这将直接造成更大的时延，从而造成总的时延超过 150ms 的门限。这意味着网络本身的抖动必须非常小。特别是当 VoIP 中 RTP 数据包太早或太晚到达缓存时，它们将会被丢弃。所以数据包抖动本身对语音的影响与丢包率的影响是相同的。在典型的测试中，整个网络要求抖动值低于 20 ms 或 30ms。与前面的时延相似，对于电信级以太网服务，白金用户抖动要求应低于 1ms。

(3) 丢包率。VoIP 业务质量在一定程度上可以允许固定的时延和固定的包抖动量。但丢包率会对语音质量造成极其重大的影响。要求标准用户的丢包率优于 0.5%，而对于高优先级用户在承诺带宽速率下丢包率应低于 0.001%。

10.7 接入与回传的发展挑战

C-RAN 技术愿景得到了通信业界的积极响应，并引起了广泛的讨论。与之相对应的，一些通信厂商也提出了各自的解决方案，如阿尔卡特朗讯的 Light Radio、诺基亚西门子的 Liquid Radio、华为的云 RAN，基本思路大体接近，都是将无线模块与基带处理模块相分离，基带资源集中处理。

与传统的 RAN 架构相比，CPRI/Ir/OBRI 接口上传送的基带数据信号速率是普通 Abis/Iub 接口传送的解调后的业务数据信号速率的 100 倍以上。四载波三扇区的 TD-SCDMA 基站的基带数字信号传输带宽需求达到 4Gbit/s，而 20MHz 单载波三扇区 TD-LTE 基站的基带数字信号传输带宽需求接近 30Gbit/s。如果为节约光纤传输资源，RRU 采用串联方式接入到 BBU 池，总的传输带宽可能达到 100~1000Gbit/s，这无疑给光传输网造成了很大的压力。为降低光传输网的数据传输负载，一些厂商提出了 CPRI/Ir/OBRI 接口的数据压缩方案，包括降采样率、非线性量化、IQ 数据压缩、子载波压缩等技术方案，但以上这些技术方案，或增加设备实现的复杂度，或严重恶化系统性能，或产生较高的设备成本，几方面因素无法兼顾。

另外，通用处理器是 C-RAN 去电信化的集中表现，从计算能力和成本角度考虑，通用处理器作为软件化程度最高的处理方式应该成为发展趋势。与现有 DSP 处理器相比，通用处理器的操作系统和虚拟化能力也是其优势所在。

通用处理器在结构和指令上与信号处理器有很大的区别。数字信号处理中存在大量数字累加计算（MACs），传统信号处理器为适应这种工作模式专门添加了进行单周期乘法操作的专门硬件和 MAC 指令。通用处理器高速缓存中的数据和指令无法被程序开发者直接控制，而对于信号处理器这些数据和指令对程序开发者是透明的。另外，通用处理器还不具备类似数字信号处理器的零循环控制机制和适用于数字信号处理的特殊寻址机制，程序执行时间也无法准确预测。

当前的 RAN 架构正面临着越来越多的挑战。众多问题亟待移动运营商来解决：智能终端的普及所导致的移动数据流量迅速增长、提升频谱效率的困难越来越大、多标准同时运营、潮汐效应下网络负载不平衡及网络建设和运维成本不断增长等。C-RAN 是能够解决上述挑战的解决方案之一。通过利用新近出现的技术趋势，可以改变网络建设和部署的方式，可以从根本上改变移动运营商的成本结构，并为用户提供更灵活、更高效的服务。通过利用集中式 BBU 池和分布式 RRH 结合的部署方式，结合低成本的光传输网络，可以经济而有效的方式降低无线接入网的建设和维护成本，实现更先进的协作化技术、更灵活的多标准支持、更有效的潮汐效应应对措施以及更好的边缘业务支持等。

C-RAN 构架在成本、容量和灵活性等方面都体现出传统无线接入网所没有的优势。但是，这一方案的实现在技术上还有一系列困难和挑战。针对光网络的无线信号传输技术，主要包括以下困难：高效的联合处理机制、下行链路信道状态信息的反馈机制、多小区的用户配对和联合调度算法、多小区协作式无线资源和功率分配素算法。针对动态无线资源分配和协作式收发技术，C-RAN 将采用有效的多小区联合资源分配和协作式的多点传输技术有效提高系统频谱效率。由于基站有实时处理、高性能的设计需求，传统虚拟技术难以解决信号高效处理的应用问题。为了设计新的虚拟化技术以构造基带池，还需研究以下问题：需要高性能、低能耗的信号处理器或通用定时器以实现实时信号处理；高效管理的虚拟化系统，使处理延时、抖动可靠；高吞吐量、低延时的交换构架，实现基带池的物理处理资源互补拓扑。

演进路线主要有基于光传输网络的分布式 RRH+BBU 基站、基于软件无线电和协作式处理的基站及基于实时云架构的虚拟基站。

再者，开发无线回传链路存在一些重大的技术挑战。第一个挑战是如何实现所需的速率。无线回传可以在微波频段或毫米波频段工作。在微波频率下 RF 频段通常只有大约 200MHz 带宽，频段中的许多信道可能已经被一些现有业务占用。由于每个微波信道的带宽是窄的(7~80MHz)，因此即使使用某些智能信道绑定和聚合技术，几乎也不可能在微波频段中开发一个千兆位链路。对于每个上下频段中具有 5GHz 连续带宽的 E 波段(71~76GHz 和 81~86GHz)的毫米波频段无线链路，数据速率可能更高。预计 5G 网络将在未来的蜂窝网络中实现千兆级吞吐量。然而，以有效的方式处理 5G 无线回程流量是一个巨大的挑战。采用小蜂窝和毫米波通信技术将有效提高无线回程流量。

随着近年来对无线数据流量的需求呈指数增长，当前的蜂窝系统架构以经济和生态的方式满足千兆级数据流量是不可行。其中一个解决方案是小型蜂窝网络、由自组织、低成本和低功率小型蜂窝基站(SBS)密集部署。在早期研究中，采用少量小小区来改善嵌入传统蜂窝网络的有限热区域内无线链路的信干噪比(SINR)。在这种情况下，来自小小区的少量突发回程业务可以通过蜂窝网络的传统后向链路转发到核心网络。当小型蜂窝在蜂窝网络中超密集部署时，将大规模回程流量转发到核心网络是一个关键问题。此外，由于频繁地切换和无线电链路故障导致的移动性鲁棒性降低，大量小小区将导致网络节点上的信令负载增加。此外，与低于 5GHz 的频率相比，使用更高频率的高性能 NLOS 回程链路可以为类似的天线尺寸提供更高的天线增益。这使得设计小型、紧凑、点对点固定回程链路成为可能，每秒吞吐量达数百吉比特。此外，正交频分复用(OFDM)接入无源光网络作为光学技术的补充进行讨论，以实现灵活的成本效益混合覆盖。

第 11 章　自组织网络

11.1　自组织网络概述

通信业务的快速增长为运营商带来了更多商机，也带来了更大的挑战。维持客户的感知体验是一个非常复杂、耗时、成本高昂的任务，而运营商希望降低运营成本及减少人工干预，自组织网络(SON)技术的实现和应用使 LTE 运营商提高了网络的整体性能和操作效率．明显降低了 OPEX，提升了 LTE 的竞争优势。SON 作为 LTE 系统一种新的运维策略，需适应 5G 系统的特点，SON 技术[51-54]必将进行优化和发展。

自组织的概念起源于一些生物系统进行的自组织行为，这些行为可以根据动态的环境变化自动地、智能地达到预期目标，例如，聚集的鱼群、昆虫、羊群以及人类复杂的免疫系统等都属于自组织行为。在无线通信系统中，自组织技术可以理解为一种智能化技术，能够在动态复杂的无线通信环境中学习，并且能够适应环境变化以实现可靠性、智能性通信。网络自组织技术通过检测网络变化并进行分析，根据这些变化作出相应的决策，以达到维护网络性能的目标。总的来说，其目的是减少网络建设成本和运维成本。SON 作为一种完整的网络理念，其功能主要可以归为以下三类。

(1)自配置：指的是在无线通信网络中网元节点加入、更新、扩展等造成网络环境变化时，系统能够自主完成相关参数配置的过程。另外，自配置技术可以结合自治愈技术在网络发生故障时，自主恢复或者提供补偿服务。自配置功能能够有效减少人为干预，从而降低网络管理和运维的成本，实现高效的网络部署。目标是基站自动建立和即插即用，主要包括以下功能：基站数据准备和自动检测、地址分配和 OAM 通道自动建立、自动邻区关系配置、软件版本自安装和更新、自邻区关系规划、自资产管理、无线参数配置、传输参数配置等。

(2)自优化：指的是在网络完成初始配置后的运营过程中，根据网络环境变化，对无线参数及资源管理策略进行动态自适应优化调整。网络性能自优化过程可自主利用网络及用户性能等信息，发现网络中有待优化的问题，并通过对相关参数的优化调整实现对包括覆盖、容量、小区间干扰、能量效率、接入和切换成功率、用户 QoS 在内的诸多目标的提升。自优化主要包括以下功能：切换优化、PCI 自检和重配、健壮性优化、负载均衡优化、RACH 优化、自邻区关系调整、小区间干扰协调(ICIC)、QoS 相关参数优化、家庭基站优化等。

(3)自愈：应对由于自然灾害或元器件故障等因素所引起的无线通信系统内网元故障的有效手段。在无线网络中，大量的无线网络节点难免遇到器件损坏、自然灾害等意外因素并产生软件或硬件故障等现象而导致突发性的意外中断，这样便会造成巨大的网络环境变化，并且在基站中断区域会产生弱覆盖或覆盖空洞，从而导致用户无法接入网络或服务质量变差，这将严重影响该区域内用户的体验。面对网络出现的意外故障，传统的修复方法往往需要耗费大量的人力并且需要较长时间才能恢复网络正常运营。然而，网络自愈技术通过对意外故障的自动检测和补偿修复，即通过对性能异常现象的分析，诊断出网络中存在的故障情况，最终自主修复故障问题或执行对故障的补偿手段，避免对用户体验的严重影响并增强网络的顽健性。主要包括以下功能：故障信息相关性处理、小区/服务的故障检测、小区/服务故障的补偿、故障模块影响的缓解、故障小区检测和补偿、故障自跟踪检测等。

11.2　自组织网络的架构

目前，SON 分为三种构架：集中式、分布式和混合式。

在集中式 SON 架构中，所有的功能实体位于运营管理和维护管理（OAM）单元，如

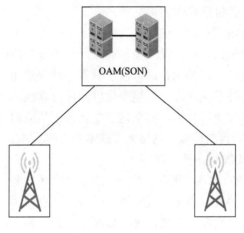

图 11-1 所示。由于 OAM 位于网络的上层结构，数量相对较少，部署相对容易。显然，传统基于中心管控的网络是实现集中式自组织功能的一种可行架构。然而，目前通信网络中的管控技术通常需要人为干预，不具备自组织功能的特点。因此，为了实现自组织功能，需要在网络中添加数据存储和计算模块来处理海量数据，挖掘信息，完成网络自主决策。

分布式 SON 体系架构的所有功能实体都位于各个基站中（也可以在终端节点中），如图 11-2 所示。基于该架构能够很好地实现简单、快速的分布式自优化算法。但是，随着网络的密集化，部署开销将显著增加。

图 11-1　集中式 SON

而在混合式 SON 中，SON 的一部分功能部署在 OAM 中，一部分部署在基站（或终端节点）中，如图 11-3 所示。这种架构综合了集中式和分布式这两种方式的优点。具体

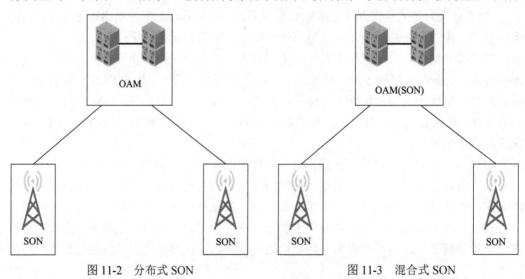

图 11-2　分布式 SON　　　　　　　　　　图 11-3　混合式 SON

来说，在基站侧主要部署简单、快速的自组织技术；在 OAM 侧主要部署需要更多交互信息的、复杂的自组织技术。

上述三种体系架构各有利弊：集中式 SON 的优点是能达到网络性能最优，但方案实现起来比较复杂；分布式 SON 的优点是能对外界环境做出快速反应，可扩展性强，但是由于缺少全局信息，一般很难达到全局最优；混合式 SON 结合了前两者的特点，能够更好地适应不同的优化场景，但不能完全克服中心节点遭到破坏时所带来的问题。

11.3　超密集场景下的网络自组织关键技术

针对 5G 超密集网络场景，网络自组织技术有效地提升了网络管理效率和用户服务体验，使 5G 超密集网络具备可扩展性、灵活性、自主性和智能性。目前，随着 LTE 系统的全球大规模商用、网络自组织技术的实现和利用，LTE 运营商提高了网络的整体性能和操作效率，明显降低了运维成本，提升了 LTE 的竞争优势。但是，现有的网络自组织技术主要是针对传统的单一结构的 LTE 网络。在未来超密集场景下，由于多种服务不同制式的小区共存，为满足用户的服务体验和网络管理性能，需要进一步研究适用的新技术。

1. 物理小区标识自配置技术

物理小区标识(PCI)是终端设备识别所在小区的唯一标识,用于产生同步信号,其中,同步信号与 PCI 存在一一对应的关系,终端设备通过这些映射关系区分不同的小区。PCI作为无线小区的一项重要配置参数，由 3 个正交序列和 168 个伪随机序列组成，分别代表小区所在的序号和组。

$$PCI = 3N_{ID}^1 + N_{ID}^2 \tag{11-1}$$

其中，N_{ID}^1 代表 PCI 组，范围为 0~167，用来产生辅同步信号；N_{ID}^2 代表 PCI 组内的 PCI，范围为 0~2，用来产生主同步信号。从而 PCI 与小区的同步信号一一对应。

在进行分配时 PCI 需要满足两个最基本要求：避免冲突和避免混淆，即无线网络内任意相邻小区的 PCI 必须不同，无线网络同一小区相邻的任意两个小区的 PCI 也必须不同。在实际无线网络中，尤其是针对超密集的网络场景，小区的个数远远超过 PCI 的总数。因此，5G 中超密集部署的小区需要通过 PCI 复用来完成 PCI 配置，合适的 PCI 复用距离的选择是一个关键问题。

2. 邻区关系列表自配置技术

邻区关系列表(NRL)是网络内小区生成的关于相邻小区信息的列表，只是在小区内部使用，不会在系统信息中广播。在新的接入点加入网络时，利用 NRL 自配置技术可以自动发现邻区，并创建和更新邻区关系列表，包括对邻区冗余、邻区漏配和邻区关系属性的动态管理。在面向 5G 的超密集场景中，接入点不仅密集，而且存在大量同频或异频、同系统或异系统的邻区，因此自组织邻区关系列表自配置是非常必要的。

在 5G 超密集场景中，存在大量同频或异频、同系统或异系统邻区，且网络拓扑动态复杂，传统的静态邻区关系列表配置机制无法适用于复杂多变的网络，同时由于接入点密集，移动终端设备完成接入点选择复杂和多样化。另外，随着智能设备以及网络的快速发展和智能化，移动终端设备实时感知周围邻区状态以及探测网络状况，也完成数据处理和接入点的 NRL 自主配置和动态更新。因此，针对网络异构和接入点密集情况，可以根据不同网络设置不同切换参数以及调整控制参数，利用多目标决策、大数据分析等方法完成 NRL 的自主配置，减少邻区关系列表的数目，提高网络的智能性和自主性。

3. 干扰管理自优化技术

超密集组网通过降低基站与终端用户间的路径损耗提升了网络吞吐量，在增大有效接收信号的同时放大了干扰信号。同时，不同发射频率的低功率接入点与宏基站重叠部署，小区密度的急剧增加使得干扰变得异常复杂。如何有效进行干扰消除、干扰协调，成为未来超密集组网场景下需要重点考虑的问题。

现有网络采用分布式干扰协调技术，其小区间交互控制信令负荷会随着小区密度的增加以二次方趋势增长，这极大地增加了网络控制信令负荷。在未来 5G 超密集网络的环境下，通过局部区域内的分簇化集中控制，解决小区间的干扰协调问题，基于分簇的集中控制，不仅能够解决未来 5G 网络超密集部署的干扰问题，而且能够实现相同无线接入技术下不同小区间资源的联合优化配置、负载均衡等以及不同无线接入系统间的数据分流、负载均衡等。此外，在超密集场景中，需要联合考虑接入点的选择和多个小区间的集中协调处理，实现小区间干扰的避免、消除甚至利用，提高网络资源利用率和用户服务体验。

4. 负载均衡自优化技术

负载均衡自优化即通过将无线网络的资源合理地分配给网络内需要服务的用户，提供较高的用户体验和吞吐量。移动业务的时间以及空间的不均衡性导致资源利用率低下，难以实现资源的有效配置和利用。负载均衡的主要目标就是平衡各小区业务的空间不均衡性。通过优化网络参数以及切换行为，将过载小区的业务量分流到相对空闲的小区，平衡不同小区之间业务量的差异性，提升系统容量。

由于移动业务和应用的日益丰富以及接入点日益小型化和密集化，移动业务的空间不均衡特征将进一步加剧，这给传统静态的小区选择以及静态的切换参数带来了巨大挑战。为了完成用户快速切换和最优切换，利用云计算技术对用户的上报数据以及基站感知信息进行处理，通过对多维数据的实时分析和快速处理，实现用户的最优切换，提高资源利用率。

5. 网络节能自优化技术

针对未来网络超密集部署引起的日益增长的能量消耗问题，网络的能量效率成为网络资源管理的重要指标。无线网络中接入点系统能耗是能耗的主要组成部分，而且随着接入点的大规模部署，能耗问题越来越严重。提高网络资源利用率、降低网络系统能耗具有重要意义。当业务量降低时，在保证当前用户的服务需求下，通过自主地关闭不必要的网元或者资源调整等方式达到降低能耗的目的。在 5G 超密集组网的场景中，大量的信令开销也是一个不容忽视的问题，采用分布式的基站休眠机制，增强各基站的自主决策以及自主配置优化能力，从而提高网络资源利用率。

6. 覆盖与容量自优化技术

网络业务需求在时间及空间上具有潮汐分布特性，各接入点的业务负载也存在较大的分布差异性。为了合理有效地利用网络资源和提高网络适应业务需求的能力，覆盖与容量自优化技术通过对射频参数的自主调整，如天线配置、发射功率等，将轻载小区的无线资源分配至业务热点区域内，实现网络覆盖性能与容量性能的联合提升。通过对射频参数的自主调整实现对热点区域的容量增强。另外，网络在运行过程中若遇到突发故障，也会造成网络的环境变化，在故障区域可能会产生覆盖空洞，严重影响该区域内的用户体验。因此，覆盖与自优化技术也可与自治愈技术相结合，从而有效应对网络故障场景，完成对故障区域的覆盖与容量增强。

7. 故障检测和分析技术

在无线通信网络中，传统的网络故障检测通常需要一定时间及相应的专业人员投入，会消耗大量的人力成本。而随着移动设备以及网络的飞速发展，用户间可随时通过智能终端实现即时互通，移动网络成为大数据存储和流动的载体。利用大数据挖掘分析和云计算的方法，对移动网络内用户的行为信息以及网络异常的统计信息等进行分析和处理，完成基站的网络故障检测和分析并给出相应的处理方案。对不同类型的接入点设置不同的特征值和判决参数，然后根据网络内的信息进行数据处理，提高故障检测效率，实现网络的智能化和自主化管理。

8. 网络中断补偿技术

当检测到网络故障时，需要采取相应的补偿方法来抑制网络性能恶化以保障网络性能及用户体验。传统的补偿方式是调整周围接入点的无线参数，如天线仰角、功率调整等，主要从直接扩展相邻接入点的覆盖范围实现中断补偿。然而传统的中断补偿方式仅仅适用于宏蜂窝网络，而对于大量低功率节点重叠覆盖且采用全向天线的超密集场景并不适用。根据网络故障区域内的用户接入点的选择结果，低功率节点则负责保障故障区域的数据传输(数据面)。通过控制面与数据面的分离设计，综合考虑跨层干扰和接入点选择等因素，可以有效提高网络的顽健性和可靠性，提升用户的服务体验。

随着无线通信系统以及智能终端设备的快速发展，为了满足用户对于网络容量和速率的需求，低功率节点超密集部署是网络发展的必然趋势。面对超密集的网络节点和复杂的网络环境，网络自组织技术有效地提高了网络管理效率和资源利用率，大大降低了网络运营成本，已成为未来网络管理的关键技术之一。

11.4 自组织网络的标准化进展

SON 可以被标准化为多厂家共用的解决方案，允许不同厂家的基站通过标准化接口实现互操作。但为保证不同厂家设备的独特性和竞争性，SON 相关的算法没有必要标准化和统一。在此思想的指导下，3GPP 从 R8 就开始对自组织网络(SON)功能进行研究和标准化，一直延续到 R11 中，未来在 R12 中可能继续研究。在 LTE 讨论的初期，推动 SON 在 3GPP 进行标准化的主要动力是：越来越多的网络参数和越来越复杂的网络结构；无线技术和网络的快速演进会直接导致 2G、3G 和 LTE/EPC 网络并行运营；基站数量的快速扩展需要在配置和管理时尽可能减少人工干预。

1. R8 SON

最早的自组织网络(SON)工作是在 3GPP 中负责网络管理标准的 SA5 工作组启动的，首要工作是明确 SON 的概念和需求。在此基础上，SA5 开展 eNB 的自动建立和 SON 自动邻区关系(ANR)管理的标准化工作。

2. R9 SON

3GPP SA5 在 R9 中继续对 SON 进行研究和标准化，标准化项目包括 SON 自优化管理和自动无线网络配置数据准备，研究项目包括对 SON 自愈合研究和家庭基站 SON 相关 OAM 接口的研究。

3. R10 SON

进入 R10 阶段，在 R9 自愈合研究的基础上，SA5 启动了自愈合管理(SH)的标准化工作。自愈合功能包括监测和分析故障管理、告警、通知和自测结果等相关数据，自动触发或执行必要的矫正行为。该功能也可以减少人工干预，使重新优化和重新配置自动进行，甚至实现软件的重新下载和再次加载。由于在 R9 阶段 RAN 侧工作负荷过重，SON 在 RAN 侧和 SA5 侧的标准化工作都只完成了属于第一优先级的负载均衡和切换参数优化两部分内容。在 R10 阶段，SA5 的 SON 标准化工作包括两部分：一部分是继续进行 R9 SON 自优化管理中遗留的干扰控制、容量和覆盖优化和 RACH 优化等工作，另一部分是研究各个 SON 用例之间的协调工作，包括手动操作和自动操作功能之间的协调、自相关用例和其他 SON 用例之间的协调、不同自相关用例之间的协调和一个自相关用例内不同目标之间的协调。同时，在 RAN 的工作层面，RAN3、RAN2 和 RAN4 也在 R10 阶段继续 R9 遗留的工作。为避免同样的问题出现，即由于工作量过大而无法完成全部预定目标，RAN 侧工作组对每一个目标都设置了优先级，以保证高优先级的目标能得到充足时间被优先讨论。

4. R11 SON

R11 阶段，SON 的首要工作是完成 R10 中遗留的低优先级工作。为此 RAN 建立了新的 R11 工作项目(WI)：进一步的 SON 增强。其增强的范围主要包括移动健壮性(MRO)增强和 inter-RAT 场景下乒乓切换，也考虑基于不同 RAT 之间的 QoS 信息交换来选择正确 RAT、扩展 UMTS 和 LTE 之间的 ANR 机制、MRO 和其他业务控制机制之间的更多协调等。同时根据运营商的需求，RAN2 工作组在 R11 中继续研究 MDT 的增强功能，重点集中在覆盖优化和 QoS 验证两个用例。对于覆盖优化议题，研究重点是增强测量记录和报告，例如，通过减少 UE 侧无用测量的数量来减少 UE 电量消耗，研究增强的上行覆盖优化和公共信道的覆盖优化等。对于 QoS 验证，主要研究 QoS 相关的测量记录和报告。

5. R12 SON

R12 中 SON 的更多增强对于一些已经存在的功能之间的互操作很必要，对于 R12 中应考虑的新功能和新配置也很必要。R12 中最重要的议题是小小区增强，包括定义场景、小小区概念和需求。SON 在部署小小区的成本和复杂性最小化上可以提供帮助。网络规划的投入应当最小化，网络配置的投入包括节点的 ID 管理和邻区配置、网络优化的投入(移动健壮性、负载均衡和节能等)应当自动完成，这些都需要借助 SON。所以为宏小区场景定义的自优化和自配置等功能也可以用于异构网场景的小小区部署中。同时，本地接入和异构网部署引入了新的网络配置规模。当前的网络(宏小区/微小区/家庭基站)各层之间的带宽分配都是静态方式，通过人工的网络规划来完成分配。而给已存在的层中自动增加新小区以及给各层动态分配带宽可以帮助运营商快速并便宜地部署多层网络。

通过使用自组织网络(SON)和 MDT 功能，运营商可以实现网络规划、配置和优化过程的自动化，可以极大地减轻运营商对人工的需求，从而可以大大降低运营商的OPEX。从 3GPP 标准化过程来看，从 R8 开始一直持续到 R11，自组织网络(SON)和MDT 在 3GPP 的标准化工作一直是运营商和业界关注的热点，由运营商需求和实际用例来不断驱动。在可预见的未来，伴随新需求的出现和更多实际用例的明确，SON 和 MDT 技术将会继续作为业界关注的重点，在 3GPP 未来的版本中将不断推进其技术研究和标准化。

11.5 5G 对 SON 的需求

面对非线性增长和多因素联合决定的超密集场景，网络自组织技术应用到 5G 超密集网络中还存在一些问题与挑战。为了利用自组织技术，实现对超密集网络的高效管理，需要实时动态地对各个网元节点的多维参数进行优化。然而，动态复杂的通信环境、多样化的用户业务需求、多维度的优化参数等，使得在超密集网络中引入自组织技术非常必要。

(1)在 5G 超密集网络中引入自组织技术将对接入点、用户以及网络管理单元等产生大量的交互信息，并且要求处理实时性更强，对网络内网元节点的计算处理能力、网元间信息交互能力提出了更高的要求。

(2)在动态复杂的 5G 超密集场景下，自配置、自优化、自修复功能需要更加智能地完成网络运维工作，保障网络基础设施负载程度合理、网络稳定，使网络在自组织过程中不会由于不恰当的维护优化行为而导致网络性能恶化甚至崩溃。

(3)由于无线通信网络具有多方面的关键性能指标需求，如容量、覆盖、能效等。网络自组织各项功能虽然能够通过参数优化调整等方法使网络性能得到提升，但是，不同的优化功能所针对的优化目标、需求不尽相同，在优化过程中，往往会产生参数调整冲突。因此，需要协调不同功能的不同目标，对各方面性能的优化进行合理折中，以合理地提升网络整体性能。

（4）网络自组织技术涉及功能较多，其中一些功能的实现依赖于终端备。为了实现某些网络自组织功能，移动终端不仅需要进行信号测量、信息上报等，而且需要一定的信息处理和计算能力。因此，网络自组织部分功能的实现对终端性能提出了更高的要求。

从整体角度看，5G 系统需要无线系统与回传系统、相关联的互联网内容和应用服务器配合。5G 对 SON 的需求如表 11-1 所示。

表 11-1　5G 对 SON 的需求

序号	需求项目	SON 实现内容	SON 算法
1	传统 SON 技术推进	LTE 到 5G 关键算法：优化 IntraFreq、InterFreq、HetNet、最小化干扰、资源优化	ANR、RMO、ICIC/eICIC、CCO、Self-Healing（SH）
2	集成云信息	网络基于上下文应用选择 RAT/layer	基于场景
3	天线系统演进	UE 基于上下文应用选择 RAT/layer；天线系统的发展；软小区分离；动态扇区化	Active Antenna System（ASS）
4	动态频谱管理，增强层管理	动态频谱分配；多小区多载波优化	Dynamic Spectrum Allocation（DSA）；Cell-Cluster Management（CCM）；Muti-Carrier Optimisation（MCO）
5	增加 mmWave 频段	使用 mmWave 热点	mmWave Load Balancing（mmLB）
6	扩大 muti-RAT 范围	需要优化选择哪种 RAT 和载波进行操作；提高 Muti-Carrier；具备优化 cmWave/mmWave 能力；优化 Macro/Small 小区选择	Mobile,Wireless load balancing（MWLB）；Unified Load Balancing（ULB）
7	增强的能效管理	5G 网络存在比 UMTS、LTE 更多的不同 RAN 技术的小区，更多的多载波操作，需要管理更多的软硬件资源（载波、每个 BS 电源的开和关）和基于业务量、QoS 和用户数量的节能控制	Holistic Energy Management（HEM）
8	5G 回传网络控制	回传网能量控制；根据 RAT 对传送网的需求、QoS 优先级等优化传送网络	Back Haul Optimization（BHO）
9	预先的负载管理	优化网络的负载	Pre-Emptive Load Management
10	自动网络优化	根据可用硬件资源自动调整小区簇边界	Automatic Network Optimization（ANO）
11	MIMO 增强	天线调整，波束赋形	控制 BS 到移动设备天线方向和波束赋形

5G 系统中，SON 技术不再是可选技术（如 LTE）而是强制技术，绑定的软件功能模块能动态地感知、评估和调整网络，给用户提供平滑和无边界的使用感知。为达到这些，5G 系统中 SON 技术需在 LTE 的基础上，增加功能以适应 5G 无线系统的新特性，尤其在 SON 的架构方面，由于 5G 系统采用小小区（Small-Cell），可能存在多种不同服务制式的小区（2G/3G/4G LTE、5G、WiFi、mmWave），为满足用户平滑无缝的业务体验，需要更高级别和复杂度的 SON 架构，以便进行这些小区数据的交互和处理，使小小区有效地配合。把一簇小小区看作一个虚拟宏小区（Virtual Macro），每个小小区运行 SON 实例程序，这样小小区间的切换由虚拟 SON 系统集中管理和控制，如图 11-4 所示。

在 Virtual Macro 中，小小区间协作，可以实现不同 RAT 制式小区负载平衡，小小区间交互容量和覆盖信息可以控制移动业务流量和节省能源。通过调整小小区用户使用的频段，可以有效控制小小区间的干扰。在回传网管理方面，考虑到小小区簇能检测用户产生的流量，不同于传统的为每个 BS 的回传路由器配置 IP 地址，通过簇间 SON 功能，每个 BS 配置一个基于负载(Load-Dependent)的路由器，通过检测每个簇出口点的总流量和 PM 状态信息，具备 V-SON 功能的 BS 与路由器通信(路由器控制基于 NFV 平台)。当一个簇的出口点出现拥塞，可以控制路由器动态调整带宽以解决拥塞问题。结合 5G系统的特点和对 SON 功能的要求，5G SON 架构要求如表 11-2 所示。

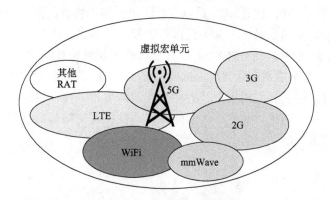

图 11-4　虚拟 SON 系统集中管理和控制示意图

表 11-2　5G SON 架构要求

5G SON 架构需求	备注
将 5G 无线技术加入 3GPP SON 标准	3GPP 演进中，对应 LTE，需要扩展适用于 5G 无线接口的 SON 标准
网络设备制造商遵循 3GPP IS 相关规定	需要运营商在 RFI 正常流程方面给予更大支持
建立虚拟混合 SON 架构，使虚拟 SON 更加开放、灵活和具备更高的扩展性。在应用、功能和算法上实现标准化	新功能
演进 SON 算法，使其与其他数据源协同配合，如 UE 数据(应用、网络和移动)；云资源信息，如公众网络、交通、新闻等	需功能增强
V-SON 与 NFV、SDN 的协同工作	新功能，可视作 SDN、NFV 的扩展功能
提供虚拟机(VM)空间或集成于基站/小区上，以便于安装V-SON 软件实现 SC、SO 和 SH 功能	新功能，可从相同原理的 SDN、NFV 演进
定义通用元数据协议，使用 V-SON 间交互 SON 资源以及获得需要的数据	新功能

11.6　自组织网络的发展挑战

　　针对超密无线网络的主要问题，其自组织技术面临的第一个新挑战就是网络是否具有"可密集性"。"可密集性"是指随着网络规模的不断增加(网络的面积不变，而单位面积中节点的密度不断增加)，网络的容量随微小基站密度的增加而显著增加，且网络的控制开销不会更快增长而导致网络承载能力的恶化。

　　针对超高密度异构网络环境，为了更好地利用自组织技术，迫切需要开展超高密度异构无线网络的自组织特性及机理研究,并探索超高密度异构无线网络的网络容量理论,提出逼近网络容量的自组织方法。未来的研究内容包括以下两个方面。

(1)密集异构无线网络的自组织特性。需要研究网络密集化对超密环境下自组织方案的可扩展性、可密集性等的作用机理,从而指导逼近网络容量的自组织方案设计。研究自组织技术的"可密集性"的准确数学表征方法,构建评估超高密度异构无线网络资源管控技术有效性的性能评估体系,多种通信场景自组织应用。

(2)逼近网络容量的自组织技术。重点突破满足自组织特性的资源管控技术。以干扰管理为例,由于干扰不同于噪声,其不仅携带了能量与信息,而且具有一定的结构和特征。因此,在超密集网络中,一方面需要研究已有的干扰管控技术的可行条件(即可适用的密度范围);另一方面需要充分利用干扰的特征及结构,设计新颖的干扰管控手段,提升网络容量。同时,还需要利用用户行为相关性和信道相关性,设计高效的具有可扩展性、可密集性等的小区切换、负载均衡策略、移动性管理策略等自组织资源管控方法,逼近超密网络的容量界。

第 12 章　异构网络融合

12.1　异构网络概述

异构网络是指两个或两个以上的网络制式、通信技术、通信体制等共存的通信系统[55-61]。异构通信系统采用了不同的接入技术，或者是采用相同的无线接入技术但属于不同的无线运营商。利用现有的多种无线通信系统，通过系统间融合来满足未来移动通信业务需求。由于现有的各种无线接入系统重叠覆盖，所以可以将同一区域相互重叠的通信网络智能结合在一起，利用多模终端智能化的接入手段，使多种不同类型的网络共同为用户提供随时随地的无线接入，从而构成了如图 12-1 所示的异构无线网络。

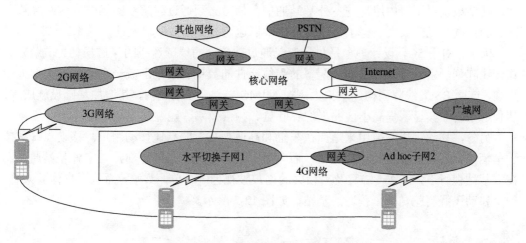

图 12-1　异构网络的基础结构

随着技术的发展，移动通信网和无线宽带接入网分别朝着各自的发展方向不断演进，各自具有不同的特征和业务提供能力。现有状况下，各种无线网络的异构特性对于网络的稳定性、可靠性和高效性提出了挑战。

目前每种无线接入技术在容量、覆盖、数据速率和移动性支持能力等方面各有长短，任何一种无线网络都不可能满足所有用户的要求，各种无线接入技术在设计方面具有差异性和不兼容性，所以进行各种不同结构网络之间的网络融合就显得非常重要。有别于传统单一制式系统，无线接入网络的异构性主要表现在频谱资源、组网方式、业务需求、移动终端和运营管理这几个方面。异构无线网络基于新的构架设计思想，需要赋予网络新的能力，提供更具有竞争力的业务。异构无线网络是指在传统的宏蜂窝移动基站覆盖区域内，再部署若干个小功率传输节点，形成同覆盖的不同节点类型的异构系统。按照小区覆盖范围的大小，可以将小区分为宏小区、微微蜂窝小区和用于信号中继的中继站，形成异构分层无线网络。

12.2 异构部署的网络方案

不同的通信场景又需要采用不同的通信技术来承载，目前，异构部署的网络通常分为以下两种：

(1)室外借助分布式天线(DAS)和大规模MIMO配备基站，天线元件分散在小区放置，且通过光纤与基站连接，移动终端接入移动微基站，动态地改变其到运营商核心网络的连接。同时，通过蜂窝间协作形成虚拟蜂窝作为宏蜂窝的补充，提升了室外覆盖率。

(2)室内用户并不直接接入所处区域的微基站或宏基站，只与安装在室外的AP进行通信，这样就可以利用多种适用于短距离通信的技术实现高速率传输，通过在室内使用60GHz毫米波通信，能够较大程度缓解频谱稀缺问题。

数据监测表明，无线用户大约80%的时间待在室内，而只有20%的时间待在室外。目前传统的蜂窝结构使用模式，用户无论是身处室内还是室外，都是使用室外的各种基站，其结果是对于室内用户与室外基站通信，信号必须通过建筑物的墙壁，这会导致非常高的穿透损耗，大大损害了无线传输的数据速率、频谱效率以及能量效率。

因此，对于5G，设计理念是尽量避免通过建筑物的墙壁造成的穿透损耗。借助分布式天线阵列，室外移动用户通常配备的天线元件的数量有限，形成一个虚拟的大型天线阵列，连同BS天线阵列构建虚拟大规模MIMO链路。在短期内，其增加基础设施成本，从长远来看，其显著提高小区的平均吞吐量、频谱效率、能源效率和数据速率。

另外，移动飞蜂窝被用来适应在车辆和高速列车上的高速移动用户。移动飞蜂窝位于车辆内部，与车辆里的用户通信，而大型天线阵列位于车辆外部，与室外基站通信。在宏基站视野下，移动飞蜂窝及其相关的用户被视为一个单一终端，而从用户体验来看，一个移动飞蜂窝就是一个普通的基站，如图12-2所示。

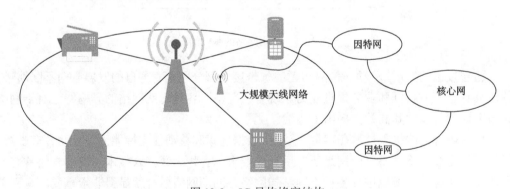

图 12-2   5G 异构蜂窝结构

12.3 异构网络的干扰管理

为应对未来持续增长的数据业务需求，密集异构网络部署是一种必然选择，这样，5G网络的架构从传统的蜂窝中心控制方式转向异构的分布式通信，小区密集部署，单个小区的覆盖范围大大缩小。Macro 作为网络骨干,Picocell、Femtocell 和 Relay 等低功率基站用于消除覆盖盲区,同时有效分担宏蜂窝的负担,提供低时延、高可靠的用户体验。

另外,此种架构会引发严重的干扰问题。产生干扰的原因有用户自定义部署、封闭的接入方式、不同设备发送功率的差异等。层内、层间干扰越来越复杂,为避免干扰,宏基站和微基站需要与邻区基站使用不同频段,从而保证通信质量,同时,需要进行有效的干扰管理和干扰协调抑制,如图 12-3 所示。干扰管理可以大致分为两类:

(1)在接收端避免干扰,即干扰抑制方案;

(2)在接收端消除和利用产生的干扰,即干扰利用方案。

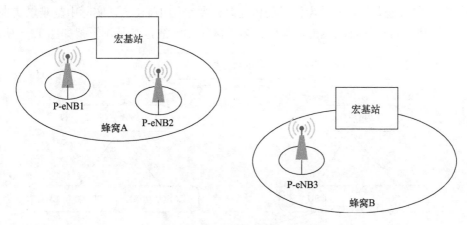

图 12-3　通信网络中干扰示意图

相邻小区的不同用户,特别是处于小区边缘的用户,可能在同一时间收到两个或多个小区的相同频率信号。当来自各小区的同频信号较强时,该用户就会受到严重干扰,通信质量受到影响。为提高频谱效率,避免这种干扰对网络性能造成的影响,常用的方法是调整频域、时域、空域资源分配方式,从而避免或抑制边缘用户所收到的干扰,实现干扰管理。

12.3.1　频域内干扰管理方案

ICIC 是 LTE 网络中用于实现干扰管理和干扰抑制的热门技术。其核心思想是通过无

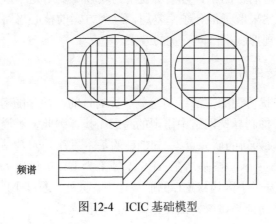

图 12-4　ICIC 基础模型

线资源管理，将小区划分为中心区域和边缘区域两个部分，使蜂窝网络中同层干扰得到控制，通过限制基站对无线资源的使用范围，并控制其发射功率，可以有效抑制位于小区边缘区域的用户收到的干扰，提高其服务质量，从而达到提高整体网络性能的目的，其频谱分配方式如图 12-4 所示。

传统的 ICIC 中，将用户分割为小区边缘用户和小区中心用户有着很多不确定性因素。为了正确地解调信号，UE 需要提前知道不同公共参考信号和数据信号的功率分配，这个信息交互发生在无线电资源控制(RRC)层信令交互中，会有 64ms 的时延，且 X2 接口中交互信息需要 10ms 的传输时延。而传统的 ICIC 方案中有着巨大的计算量，带来庞大的信令开销，这些方法要求计算同步信息的传递时延要小于 1ms，这在实际中是难以实现的。因此，这里使用具有低复杂度的非集中式多小区协作算法，其基本框架如图 12-5 所示。

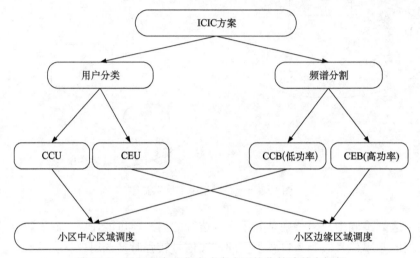

图 12-5　低复杂度非集中式多小区协作算法基本框架

方案中基于距离将用户分为小区中心用户(Cell Center User，CCU)和小区边缘用户(Cell Edge User，CEU)，相应地也将频谱分为小区中心频段(CCB)和小区边缘频段(CEB)。系统为 CCU 分配发射功率较低的 CCB，为 CEU 分配发射功率较高的 CEB，不同小区的 CEB 使用不同的频段，从而抑制了相邻小区对彼此 CEU 的干扰，最终达到提高小区边缘用户性能的目的。该方案所使用的软频率复用是小区间干扰协调管理的热门技术，但是也有方案采取了部分频率复用，这类方案的核心思路都是通过为边缘用户分配不同的资源来达到抑制小区间干扰的效果。

12.3.2　时域内干扰管理方案

ICIC 技术使用干扰协调的方法达到避免干扰的目的，但是随着微蜂窝网络的出现，ICIC 方案并不能有效抑制异构网络中出现的跨层干扰，因此，对增强型小区间干扰协调管理(eICIC)的研究成为新的研究重点。eICIC 的基本思路是宏基站把一个或多个子帧配置为 ABS，如图 12-6 所示。微基站在 ABS 子帧上为 UE 提供服务，从而避免了来自宏小区的主要干扰，提升了小区边缘 UE 的服务速率。另外，通过小区选择偏置(Bias)实现小区范围扩展(RE)从而提高微蜂窝的覆盖效果，均衡负载。

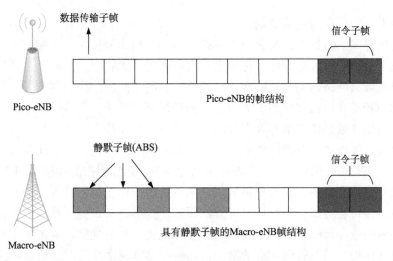

图 12-6   eICIC 方案中的帧结构

　　eICIC 中有两个关键问题：①宏蜂窝分配给微蜂窝的频谱资源数量；②微蜂窝网络的切换条件。考虑到网络拓扑结构、网络负载、宏蜂窝与微蜂窝之间的干扰关系，LTE异构网络中 eICIC 的部署方案将 ABS 技术与 CRE 技术相结合，实现在密集微蜂窝场景下的干扰管理。该方案在下行链路中，宏基站和微基站对频谱资源使用时分复用策略，从而抑制干扰。为加强微基站的下行传输性能，宏基站在特定的 ABS 子帧内保持静默，仅传输必需的广播控制信号。因此，在 ABS 时隙内微蜂窝可以获得较好的信道环境，从而提高微蜂窝的性能。为了提高微蜂窝资源利用率，方案中使用 CRE 技术，为参考信号功率（RSRP）加入小区选择偏置（CSB），从而弥补因微基站低功率工作而无法获得用户接入的缺点，如图 12-7 所示。通过调整小区偏置值，可以控制用户接入微基站的倾向，从而避免微基站空载或过载，并使用加权最大比例公平算法分配资源，提高系统公平性。

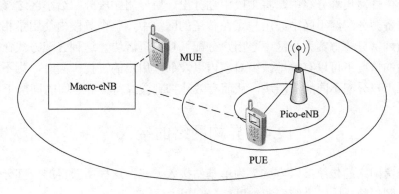

图 12-7   eICIC 方案场景图

12.3.3   空域内抗干扰方案

　　CoMP 有两种基本的实现方式：①协作调度/波束赋形（CS/CB），通过获取网络中信道质量信息，进行联合调度，从而避免干扰的产生；②联合处理/传输，通过多点协作传输的方式，有效利用网络中的干扰信号，不仅可以抑制小区间干扰，还极大地提高了原本受到强烈干扰的用户的通信质量。

相对传统方案，CoMP 的部署更为复杂。CoMP 技术通过在多个空间上分离，但在频域和时域上同步的小区进行协作传输来实现小区间干扰的抑制和消除。尽管 CoMP 技术分别部署在蜂窝网路的上行链路和下行链路，提高了网络结构的复杂度，但其具有提高负载的能力和提高覆盖效果的潜力，异构密集微蜂窝场景基于微蜂窝集群分组的小区间干扰控制方案，依据微蜂窝邻区之间的干扰关系，并以最大化协作用户数量为目标，将微蜂窝分簇，簇内实现多点协作通信。在一个 CoMP 分组内，部署实施多小区协作干扰管理控制，通过多个小区之间的协作传输来提高小区边缘用户的性能，如图 12-8 所示，微蜂窝分簇方案将网络中密集微蜂窝分簇，从而使用一些具有低回程开销和较低复杂度的高效多点协作传输方案。而微蜂窝分簇的原则是找到具有最强干扰的几个微蜂窝分为一簇。而簇内的微蜂窝边缘用户通过 CoMP 技术来提高用户性能，并消除干扰。而这种分簇结构也同样拥有抑制簇间干扰的潜力，相应有移频调度算法和动态功率控制。

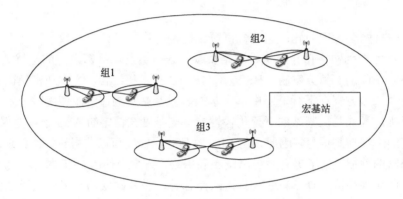

图 12-8　微蜂窝分簇示意图

在一个微蜂窝集群分组中，将频段中划分出一块专用频段分配给小区边缘用户，而剩下的频域资源分配给小区中心用户。在传统的网络中，整个频段内使用了相同的功率分配，而微蜂窝分簇方案为小区中心用户分配低功率资源块，这种分配方式在保证其本身的传输性的情况下可以有效地减少对簇内以及邻区用户的干扰。同时，为不同微蜂窝集群的边缘用户分配不同的资源块，从而有效地抑制微蜂窝集群之间的同层干扰。

12.4　异构网络的接入

异构蜂窝网络的传统接入方案常为单基站接入方式，这样所获得的一部分终端通信质量无法得到保障，同时系统资源难以充分利用。

呼叫接入选择与控制是分层异构网络中无线资源管理的一个重要组成部分，依据一定的准则决定到达的呼叫请求是允许接入或拒绝接入，以实现接入选择和控制，呼叫接入控制(CAC)是无线资源管理中的重要组成部分，有两个重要 QoS 性能指标：CBP 和 HDP。CBP 定义为当有一个新的呼叫尝试接入时，由于系统的容量有限，不能提供足够的资源来满足此次请求的 QoS 需求，从而导致请求被拒绝的概率。HDP 定义为当已经接入系统的呼叫发生切换的时候，由于系统容量的限制，其 QoS 需求不能得到满足而被拒绝，导致切换失败的概率。各种 CAC 方案如表 12-1 所示。

表 12-1　各种 CAC 方案

方案	简单介绍	备注
基于干扰和 SIR	如果 SIR 低于预定义的干扰门限，则允许接入	需要测量
基于负载均衡	基于用户数或资源利用率的接入策略	易于实施
基于有效带宽	基于有效带宽的概念决定最大允许用户数	有效，所得数目是近似的
基于功率分配	如果可以分配一定的可行的功率发送则允许接入	需要测量
基于 QoS 限制的网络收益	在满足 QoS 限制下最优化某些目标函数	使用马尔可夫规划

　　接入选择算法为了充分挖掘并且综合利用异构无线网络中的集群增益和多接入分集增益，必须为每个多模终端中的每个应用进行合理的接入选择。接入选择与控制的结合在异构无线网络的无线资源管理模块中构成了密切相关的管理功能。当异构无线网络中采用集中式算法进行接入选择时，可以很方便地将准入控制与接入选择过程结合在一起；但对于采用分布式接入选择的异构无线网络而言，终端在进行接入选择的过程中往往无法预知自己的接入选择决策是否能够被目标系统中的接入控制模块所接受，如果终端的接入请求被目标系统拒绝，终端就不得不重新进行接入选择，因而会增大整个垂直切换过程的时延。

　　呼叫接入控制可分为本地方案和协作方案。本地方案在采取接入决策时仅使用自己本地的信息，而在异构分层网络中，协作接入控制不仅要考虑本地信息，同时要考虑来自其他小区的信息。在本地小区，当有新建呼叫请求接入时，本地小区会与其他一系列参与呼叫接入控制的其他小区进行通信。小区集群的构建方式、信息转换方式和信息的使用方式决定不同的接入控制方案。

12.5　异构网络的切换

　　切换是无线移动通信系统特有的、最重要的功能之一。用户在异构分层网络中不同网络之间的移动称为垂直移动，实现无缝垂直移动的最大挑战在于垂直切换。在同构网络中，水平切换通常与终端移动引起的物理位置变化有关，当服务基站的信号强度低于一定门限值时，才需要进行切换。在异构环境中，当出现下列情况时，需要进行垂直切换：①当用户移出当前服务网络，并将进入另一覆盖网络时；②当用户已连接到一个特定网络，但为了未来服务的需要选择将要切换的覆盖网络时；③当需要在不同系统间分配整个网络负载以优化各网络的性能时，也需要进行垂直切换。切换的决策因素见表12-2。而垂直切换过程通常有三个阶段。系统发现阶段：节点搜索和发现当前可用的无线网络；切换判决阶段：决定移动节点在最恰当的时间切换至最恰当的网络；切换执行阶段：将正在进行通信的会话从切换前的网络接入点切换至新的目标网络接入点。在垂直切换过程中，切换判决算法是保证切换及其性能的关键因素，错误的切换判决会降低通信的效率，甚至导致连接终断。

表 12-2 切换的决策因素

类别	决策因素	
	静态因素	动态因素
网络相关	网络运营商、网络配置、网络类型、覆盖面积、地理信息、典型带宽和时延	当前可用状态、信号强度、误码率、流量负载、当前带宽和时延
应用相关	应用特性、服务应用、安全因素	资源分配、优先级、阻塞概率、公平性
用户相关	用户属性、用户偏好、终端特性	用户移动速度、位置、用户行为和历史消息

下一代异构无线网络的切换判决将不再基于某一个参数而是建立在多个属性综合考虑的基础之上，如服务的价格、QoS 支持(如带宽、时延)、小区驻留时间、电源消耗等。而且用户也可以根据自己的偏好来选择网络。这样就必须将各种判决度量综合起来考虑，有时不同的度量之间的效果彼此相反，这时就必须折中考虑各种判决因素。图 12-9 给出了各种切换度量和业务类，如会话类、流类、交互类、后台类等。因此，异构网络的切换判决问题最终是一个多属性判决问题。

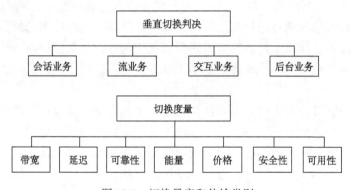

图 12-9 切换量度和传输类别

在多参数决策算法中，切换决策机制被建模成最优化问题。每个候选网络都关联一个代价函数。代价函数依据的是一系列参数，包括信号强度、带宽、时延和能耗等，并且对每个参数都给予不同的权值以显示它们不同的重要性。经典的基本 MADM 算法有简单加权法(SAW)和接近理想方案的序数偏好方法(TOPSIS)，它们都是基于单个来源信息的方法，而层次分析法则考虑了多种来源信息。

在 SAW 中，被选网络的总分由其所有属性值的权重和决定。r_{ij} 表示属性 j 的属性值，w_j 表示分配赋予属性的重要性权值。每个被选网络的各属性及其权重的乘积的叠加得到该网络的得分 A_{saw}，具有最高分值的备选网络为切换的目标网络，可用式(12-1)表示为

$$A_{saw} = \arg \max_{i \in M} \sum_{j=1}^{N} w_i r_{ij} \qquad (12\text{-}1)$$

其中，N 表示属性参数的集合；M 表示被选网络的集合。在 MEW 算法中，垂直切换问题表述为矩阵形式，每一行 i 对应一个备选网络 i，每一列 j 对应一个属性(带宽、时延等)。

AHP 算法采用层次分析的方式来解决构造复杂的多属性判决问题，是一种定性与定量分析相结合的多属性决策分析方法。AHP 利用经验或其他方法得到一个方案相对于每

个准则的相对权重，并根据每个准则相对于总目标的相对权重，得到各个方案相对于总目标的权重，从而选出最优方案。整个过程体现了人们分解、判断、综合的思维特征。当 AHP 算法仅分为三级时，相当于 SAW 算法。在异构网络切换中，所追求的总目标是切换到具有高带宽、低时延、低电源消耗等的网络。例如，有 WLAN、CDMA、WiMAX、FDMA 等 4 个备选网络，判决参数可以是带宽、延迟、代价、抖动、丢包率等，根据总的切换要求，有如图 12-10 所示的层次结构图。

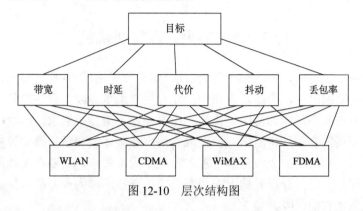

图 12-10   层次结构图

12.6   异构网络的节能

宏基站和小基站共同组成的异构网络负载中的绝大多数都是基于室内环境产生的，以节能环保作为目标，部署小基站网络是未来 LTE 系统中当之无愧的关键技术。在保证用户 QoS 前提下，获取各个用户帕累托能效的联合频谱和功率分配方法，小基站网络不仅可以显著地改善室内的网络覆盖，而且还能增强网络边缘用户的体验。

因此基于睡眠控制的小基站网络的用户能耗和网络能耗的加权值作为优化目标，其部署如图 12-11 所示。以小基站的睡眠控制和用户接入选择作为优化的方法，以小基站随机分布的单蜂窝小区中的网络和用户能耗的加权之和作为优化目标，以平衡用户体验和网络的能耗水平作为目的。

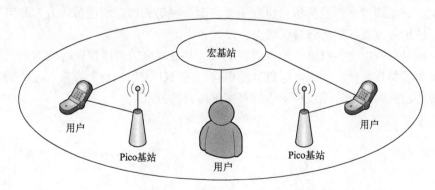

图 12-11   基于能效的小基站部署

通过频谱复用提高了小基站的频谱效率，同时，通过缩短传输距离并且改善信道质量，降低了小基站终端能耗。然而大规模的小基站网络的部署使得基站网络的能耗剧增，小基站的睡眠是降低小基站网络能耗、减轻跨层干扰和层间干扰的有效方式。在网络低负载的地区或者时间段，可以通过关闭小基站来节约网络的能耗。但是小基站睡眠模式选择时，覆盖范围内的用户被迫接入宏基站中。虽然基站网络能耗减少，但是由于传输距离的增大，用户的能耗将会增大，需要综合考虑。

12.7　异构网络的发展挑战

对于无线网络的发展，容量和能效的解决(即性能优化)一直是关键所在，尤其是跨入无处不在的物联网时代，提高容量和降低能耗的需求呈非线性高速增长，改变传统网络结构，加强节点和小区间的协同与协作，应对高速大流量的渴求，构建覆盖分层、频段分层、制式分层的立体异构网络，已经成为用户业务体验和运营商建设实施的必然之选。而立体分层异构网络的无线资源管理关键技术尚未完善，需要在无线网络的不断演进中，进一步探索、研究分层异构无线资源管理的新技术，为业务的可持续发展和用户的业务体验提供坚实的保障。

异构环境下具备 QoS 保证的关键技术研究主要集中在呼叫接入控制(CAC)、垂直切换、异构资源分配和网络选择等资源管理算法方面。无论是最优化的异构网络资源，还是接入网络之间的协同管理方案设计，都是必要的。传统移动通信网络的资源管理算法已经被广泛研究并取得了丰硕的成果，但是在异构网络融合系统中，由于各网络的异构性、用户的移动性、资源和用户需求的多样性及不确定性，资源管理要求能够充分考虑每个多模终端在不同的无线接入系统中的传输效率以及终端每个无线应用在不同系统中的不同表现，将每个多模终端中的每个应用在适当的时间连接到适当的无线接入系统中。

与此同时，服务质量监控和管理的复杂性也随之增加。可用性是融合质量的重要体现，能否达到用户需求和满足用户体验非常重要。对于异构无线网络的无线资源管理，其涉及的研究内容很广泛，包含呼叫接入选择与控制、切换控制、小区层选、负载控制、功率控制、分组调度、容量分析和协同无线资源管理等领域，相应解决方案和可行性都需要不断试用并改良，以达到最优状态。

网络应具备智能化的自感知和自调整能力，并且高度的灵活性也将成为未来 5G 网络必不可少的特性之一。同时，绿色节能也将成为 5G 发展的重要方向，网络的功能不再以能源的消耗为代价，无线移动通信将实现可持续发展。

第 13 章　软件定义网络

13.1　产　生　背　景

传统网络高度依赖于单个设备的高可用性，导致大量网络设备封闭化，这种封闭的黑盒子，对应的开放接口很少，无法满足新业务加载需要，并且它们内置了许多复杂协议，增加了运营商网络优化的难度，用户对流量的需求不断扩大，各种新型服务不断出现，增加了网络的运维成本。随着云计算、云数据中心技术的发展，需要网络配置更快速、更灵活。同时，物联网的广泛部署，多种异构无线通信解决方案共存，它们都必须有效地集成起来，才能建立无缝通信。在动态环境中，管理这些开放的、分布较散的、异构的网络基础设施，越来越困难。软件定义网络(SDN)[62-68]通过分离控制平面、转发平面，集中化部署，提供可编程接口，灵活应用加载，依赖分布式大规模网络的高可用性解决这些问题。

SDN 最初起源于 2006 年斯坦福大学的 Clean Slate 的研究课题。2009 年，基于 OpenFlow 为网络带来的可编程的特性，Nick McKeown 教授和他的团队进一步提出了 SDN 的概念。其核心就在于利用分层的思想，通过 SDN 将数据与控制进行分离。在控制层，逻辑中心化和可编程的控制器可掌握全局网络信息，方便运营商和科研人员管理配置网络和部署新协议等。在数据层，交换机仅提供简单的数据转发功能，可以快速处理匹配的数据包，适应流量日益增长的需求。两层之间采用开放的统一接口(如 OpenFlow 等)进行交互。控制器通过标准接口向交换机下发统一标准规则，交换机仅需按照这些规则执行相应的动作即可。因此，SDN 技术能够有效降低设备负载，协助网络运营商更好地控制基础设施，降低整体运营成本，成为最具前途的网络技术之一。SDN 的控制和转发分离、集中控制的理念，将影响 5G 网络架构的设计及网元形态的重构。

2009 年 SDN 被 MIT 列为"改变世界的十大创新技术"之一。SDN 相关技术研究迅速开展起来，成为近年来的研究热点，众多标准化组织已经加入到 SDN 相关标准的制定当中。专门负责制定 SDN 接口标准的著名组织是开放网络基金会(ONF)，该组织制定的 OpenFlow 协议已成为 SDN 接口的主流标准，许多运营商和生产厂商根据该标准进行研发。互联网工程任务组(IETF)的 ForCES 工作组、互联网研究工作组(IRTF)的 SDNRG 研究组以及国际电信联盟远程通信标准化组织(ITU-T)的多个工作组同样针对 SDN 的新方法和新应用等展开了研究。标准化组织的跟进促使了 SDN 市场的快速发展。

13.2　SDN 的典型架构

近年来，许多国际组织以及学术科研机构针对 SDN 的网络架构及关键技术进行了研究。这其中，ONF 于 2012 年率先提出 SDN 架构，并得到了学术界和产业界的广泛认可。

该架构主要由三层构成，从上往下分别为应用层、控制层和数据层，图 13-1 所示为 ONF 提出的 SDN 网络架构。

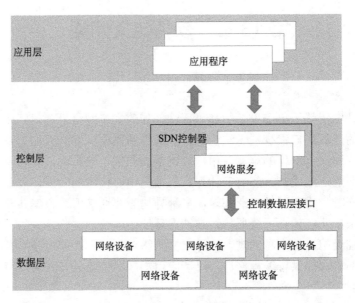

图 13-1　SDN 网络架构

  SDN 应用层包括各类用户业务及应用。通过调用应用层与控制层之间的应用程序接口（API），应用层共性及用户定制化应用软件可实现各类网络服务，如用户访问控制、路由决策、策略管理、流量工程等。SDN 控制层包含各类 SDN 控制器，通过南向接口与数据平面接口，控制器可与基础设施层设备进行交互，通过接收基础设施层设备上报的信息，可获取设备状态信息，从而产生全局网络拓扑视图；通过向基础设施层设备发送控制信息，进行策略制定和表项下发，从而实现统一控制功能。经过北向接口与应用平面接口，控制层将抽象的底层网络设备资源信息通过 API 提供给上层应用。SDN 基础设施层包含各类数据转发设备，通过开放标准的接口为控制层提供服务。底层转发设备通过接收控制器下发的控制指令，可实现对用户数据分组的转发、丢弃或修改等操作，而无须运行网络相关及应用相关的各种复杂信令协议，因而可极大地简化网络设备复杂性。SDN 架构中，通过集中式的网络智能配置和管理，在极大简化传统网络设备配置的复杂度及工作量的同时，可实现对网络的灵活配置、管理、安全加固、资源优化等。由于 SDN 基础设施层可采用工业标准化的通用转发设备，因此减少了新业务部署对厂商设备的依赖程度，有利于加速网络和应用创新及实现网络功能虚拟化。

  由于服务器（包括有限数量的内存、计算和存储容量）可以分布在多个域上，而且域间链路容量也是有限的，因此，这些资源的管理必须是有活力的以及具有可扩展性的，从而实现规模经济。SDN 资源管理平台强调的是资源管理能力，即在整合 SDN 网络控制能力的前提下，实现对计算、存储、网络等多类型资源的统一管控，以满足云计算等业务场景中的资源按需交付的需求。本质上讲，在资源管理平台中整合 SDN 交付的网络控制能力，是为了满足云计算资源调配自动化的需求，云计算具有的按需提供服务的特点，对服务在交付过程中的动态性、扩展性提出了非常高的要求，特别是当服务承载于具有复杂结构的基础设施上时，相关的资源和服务配置都务必做到精确。而如果这些大量繁杂的工作全凭人工完成，无论是较低的工作效率，还是更容易出现的人为失误，都将是不足以支持高效可靠的云计算服务交付的重要原因。

对于资源管理平台而言，那些由标准步骤构成的工作流程通常是适合自动化实现的。例如，网络的配置与变更管理、虚拟机生命周期管理、中间件和数据库管理、路由器和交换机的交付与管理，以及其他一些会在多个业务流程实例中反复出现的元素等。对于这类流程的自动化实现，资源管理者可以采用开发专用脚本的方式，将流程操作相关的手工输入过程进行整理并进行自动重放；同时，它们也可以利用商业化的工具，实现SDN、DHCP、IP地址管理等网络服务，而SDN的提出和引入则能够更好地改善资源管理平台对网络资源的控制，实现管理的自动化。

SDN架构将控制平面从分散部署的网络设备中抽取出来，并以集中化的控制器的方式对全网进行控制。控制器能够从全局上检测SDN网络的资源容量和网络需求，网络的配置信息、连接方式甚至分配什么样的功能和容量都能够被动态控制。资源管理平台只需要通过调用控制器的北向接口，以软件程序的方式自动实现网络资源的调度和分配，进而将网络资源与计算资源、存储资源一起分解成可消耗的资源配置交付给云计算服务即可。资源管理平台的核心在于基于SDN控制器北向接口编排资源管理流程，使得它能够及时有效地将上层云计算业务的资源需求反馈给控制器并对网络设备和链路进行调配。考虑到云计算等典型业务通常需要计算、存储、网络等多种类型资源的协同交付，因此对SDN控制能力的调用需要被封装为独立组件，并与相应计算资源控制组件、存储资源控制组件，以及其他一些功能组件共同工作。在资源管理平台的主要功能中，对SDN架构底层网络设备的配置控制是一个重要方面，同时它还需要具备更完善的管理功能，如性能管理、故障管理、安全管理等，它们都将是单独的流程，需要在合适的地方调用SDN控制器的北向接口。一般而言，资源管理平台的网络管控组件通过远程调用基于REST API的控制器接口，在架构上实现与控制器的松耦合，使系统部署更方便，更具有扩展性。

13.3　SDN 的关键技术

SDN所涉及的关键技术主要包括层间交互协议、网络控制器、架构可扩展性等，以下分别进行简要介绍。

1. SDN 控制器

控制器是一个运行在独立服务器上的程序，由多种语言实现。广义的控制器支持多种协议，OpenFlow只是其中一种，也遵守控制和转发分离的SDN原则，但是也可以通过其他的南向协议来控制转发设备。目前OpenDaylight开发的就是这样的控制器，狭义的控制器就是只支持OpenFlow协议的控制器。

SDN控制器负责整个网络的运行，是提升SDN网络效率的关键。SDN交换机的智能化、OpenFlow等南向接口的开放，产生了很多新的机会，使得更多人能够投身于控制器的设计与实现中。当前，业界有很多基于OpenFlow控制协议的开源的控制器，如NOX、

Onix、Floodlight 等，它们都有各自的特色设计，能够实现链路发现、拓扑管理、策略制定、表项下发等支持 SDN 网络运行的基本操作。虽然不同的控制器在功能和性能上仍旧存在差异，但是已经可以从中总结出 SDN 控制器应当具备的技术特征，从这些开源系统的研发与实践中得到的经验和教训将有助于推动 SDN 控制器的规范化发展。另外，用于网络集中化控制的控制器作为 SDN 网络的核心，其性能和安全性非常重要，其可能存在的负载过大、单点失效等问题是 SDN 领域中亟待解决的问题。当前，业界对此也有很多探讨，从部署架构、技术措施等多个方面提出了很多有创见的方法。

单一的集中式的控制器会带来很多问题——安全攻击、高可用性、稳定性等，所以控制器一定是分布式部署的(Onix)，所有基于 Onix 的控制器都采用内存数据库的概念来用于状态管理。每个控制器只控制部分设备。并且只发送汇聚后的信息到逻辑控制服务器。逻辑控制服务器了解全网拓扑，从而达到分布控制的目的。

主要的控制器有 Floodlight(Big Switch 公司 Big Netwrok 控制器的开源版本)、Ryu(日本的 NTT 实验室发起的开源项目)、Pox、Opentrail (Juniper 公司)、Open Daylight 等。

2. OpenFlow 交换机

SDN 控制器通过南向接口和交换机按照 OpenFlow 协议进行通信，交换机成为 OpenFlow 交换机，负责数据转发功能，主要技术包括流表、安全信道和 OpenFlow 协议。

每个 OpenFlow 交换机的处理单元由流表构成，每个流表由许多流表项组成，流表项则代表转发规则。进入交换机的数据包通过查询流表来取得对应的操作。为了提升流量的查询效率，目前的流表查询通过多级流表和流水线模式来获得对应操作。流表项主要由匹配字段、计数器和操作这三部分组成。匹配字段的结构包含很多匹配项，涵盖了链路层、网络层和传输层大部分标识。随着 OpenFlow 规约的不断更新，VLAN、MPLS 和 IPv6 等协议也逐渐扩展到 OpenFlow 标准当中。由于 OpenFlow 交换机采取流的匹配和转发模式，因此在 OpenFlow 网络中将不再区分路由器和交换机，而是统称为 OpenFlow 交换机。另外，计数器用来对数据流的基本数据进行统计，操作则表明了与该流表项匹配的数据包应该执行的下一步操作。

安全通道是连接 OpenFlow 交换机和控制器的接口，控制器通过这个接口，按照 OpenFlow 协议规定的格式来配置和管理 OpenFlow 交换机。目前，基于软件实现的 OpenFlow 交换机主要有两个版本，都部署于 Linux 系统：基于用户空间的软件 OpenFlow 交换机操作简单，便于修改，但性能较差；基于内核空间的软件 OpenFlow 交换机速度较快，同时提供了虚拟化功能，使得每个虚拟机能够通过多个虚拟网卡传输流量，但实际的修改和操作过程较复杂。

OpenFlow 协议用来描述控制器和交换机之间交互所用信息的标准以及控制器和交换机的接口标准。协议的核心部分是用于 OpenFlow 协议信息结构的集合。OpenFlow 协议支持三种信息类型：Controller-to-Switch、Asynchronous 和 Symmetric，每一个类型都有多个子类型。Controller-to-Switch 信息由控制器发起并且直接用于检测交换机的状态。Asynchronous 信息由交换机发起并通常用于更新控制器的网络事件和改变交换机的状态。Symmetric 信息可以在没有请求的情况下由控制器或交换机发起。

OpenFlow 交换机必须支持三种类型的 OpenFlow 端口：物理端口、逻辑端口和保留端口。其中物理端口对应于一个交换机的硬件接口。例如，以太网交换机上的物理端口与以太网接口一一对应。在某些部署中，OpenFlow 交换机可以实现交换机的硬件虚拟化。在这些情况下，一个 OpenFlow 物理端口可以代表一个与交换机硬件接口对应的虚拟切片。OpenFlow 交换机定义的逻辑端口可能包括报文封装，可以映射到不同的物理端口。这些逻辑端口的处理动作相对于 OpenFlow 处理来说必须是透明的，而且这些端口必须通过 OpenFlow 处理起作用，像硬件接口一样。物理端口和逻辑端口之间的唯一区别是：一个逻辑端口的数据包可能有一个称为隧道 ID 的额外元数据字段与它相关联；而当一个逻辑端口上接收到的分组被发送到控制器时，其逻辑端口和底层的物理端口都要报告给控制器。而 OpenFlow 的保留端口指定通用的转发动作，如发送到控制器、泛洪，或使用非 OpenFlow 的方法转发，如"正常"交换机处理。某些交换机只支持标记为"Required"的保留端口，至于"Optional"端口可以根据需要选择。

每个 OpenFlow 交换机的流水线包含多个流表，每个流表包含多个流表项。OpenFlow 的流水线处理定义了数据包如何与流表进行交互。OpenFlow 交换机需要具有至少一个流表，并可以有更多的可选择的流表。只有一个单一的流表的 OpenFlow 交换机是有效的，而且在这种情况下流水线处理进程可以大大简化。

OpenFlow 协议把路由器的控制平面从转发平面中分离出来，以软件的方式实现。OpenFlow 提供了一个在 SDN 控制器和网络设备之间通信的标准协议。它允许 SDN 控制器下发转发规则和安全规则到底层网络交换机，从而完成路由决策、流量控制。OpenFlow 协议相当于一种共同的语言，所以 SDN 控制器和交换机都需要实现 OpenFlow 协议，以便能够理解 OpenFlow 消息。

OpenFlow 最初作为 SDN 的原型提出时，主要由 OpenFlow 交换机、控制器两部分组成。OpenFlow 交换机根据流表来转发数据包，代表着数据转发平面；控制器通过全网络视图来实现管控功能，其控制逻辑表示控制平面，如图 13-2 所示。

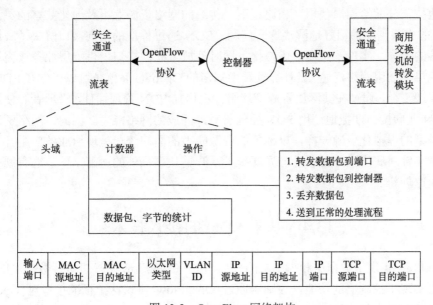

图 13-2　OpenFlow 网络架构

3. SDN 北向接口

每个控制器都有面向用户应用程序的编程接口，称为北向接口。应用的千变万化，决定了北向接口也很难标准化，如 CLI、SNMP。目前最流行的北向接口是 REST API 接口。

SDN 北向接口是通过控制器向上层业务应用开放的接口，其目标是使业务应用能够灵活方便地调用底层的网络资源。北向接口是直接为上层业务应用服务的，其设计要求能够满足业务应用的各种需求，而且还应具有多样化的特征。同时，北向接口的设计应该合理，使用起来灵活方便，以便能被业务应用广泛调用。因此，和南向接口方面已有 OpenFlow 等国际标准不同，北向接口方面还缺少业界公认的标准，成为当前 SDN 领域竞争的焦点，不同的参与者或者从用户角度出发，或者从运营角度出发，或者从产品能力角度出发提出了很多方案。虽然北向接口标准当前还很难达成共识，但是充分的开放性、便捷性、灵活性将是衡量接口优劣的重要标准，例如，REST API 就是上层业务应用的开发者比较喜欢的接口形式。部分传统的网络设备厂商在其现有设备上提供了编程接口，供业务应用直接调用，也可视为北向接口之一，其目的是在不改变其现有设备架构的条件下提升配置管理灵活性，应对开放协议的竞争。

4. 应用编排和资源管理技术

SDN 网络的最终目标是服务于多样化的业务应用创新。因此，随着 SDN 技术的部署和推广，将会有越来越多的业务应用被研发，这类应用将能够便捷地通过 SDN 北向接口调用底层网络能力，按需使用网络资源。

SDN 可以被广泛地应用在云数据中心、宽带传输网络、移动网络等各种场景中，其中为云计算业务提供网络资源服务就是一个非常典型的案例。在现在的云计算业务中，服务器虚拟化、存储虚拟化都已经广泛应用，它们将底层的物理资源进行池化共享，进而动态地按需分配给用户使用。相比之下，传统的网络资源远不及池化共享的灵活性，而 SDN 的引入则能够很好地解决这一问题。SDN 通过标准的南向接口解决了底层物理转发设备的差异，实现了资源的虚拟化，同时开放了北向接口，供上层业务按需进行网络配置并灵活调用网络资源。云计算领域中知名的 OpenStack 就是可以工作在 SDN 应用层的云管理平台，通过在其网络资源管理组件中增加 SDN 管理插件，管理者和使用者可利用 SDN 北向接口便捷地调用 SDN 控制器对外开放的网络能力。因此，网络资源可以和其他类型的虚拟化资源一样，以抽象的资源能力的面貌统一呈现给业务应用开发者，开发者无须针对底层网络设备的差异耗费大量开销从事额外的适配工作，这有助于业务应用的快速创新。

13.4 基于 SDN 的接入技术

OpenFlow 实现了数据层和控制层的分离，其中 OpenFlow 交换机进行数据层的转发，而控制器实现了控制层的功能。控制器通过 OpenFlow 协议这个标准接口对 OpenFlow 交换机中的流表进行控制，从而实现对整个网络的集中控制。控制器的所有功能都要通过运行 NOX 来实现，因此 NOX 就像是 OpenFlow 网络的操作系统。在控制器中，网络操作系统(NOS)实现控制逻辑功能，这里的 NOS 指的是 SDN 概念中的控制软件，通过在 NOS 上运行不同的应用程序能够实现不同的逻辑管控功能。

在基于 NOX 的 OpenFlow 网络中，NOX 是控制核心，OpenFlow 交换机是操作实体。NOX 通过维护网络视图来维护整个网络的基本信息，如拓扑、网络单元和提供的服务，运行在 NOX 之上的应用程序通过调用网络视图中的全局数据，进而操作 OpenFlow 交换机来对整个网络进行管理和控制，流表的匹配过程如下。

OpenFlow 交换机在接收一个数据包时，按图 13-3 处理。交换机开始执行一个查找表中的第一流表，数据匹配字段从数据包中提取，数据包匹配字段中的值用于查找匹配的流表项。如果流表项字段具有值，它就可以匹配包头中的所有可能的值。如果交换机支持任意的位掩码对特定的匹配字段，这些掩码可以更精确地进行匹配。数据包与表进行匹配，此时与选择流表项相关的计数器也会被更新，选定流表项的指令集也被执行。如果有多个匹配的流表项具有相同的最高优先级，所选择的流表项被定为未定义表项。如果处理前，交换机配置包含 OFPC_FRAG_REASM 标志，IP 碎片需要被重新组装。

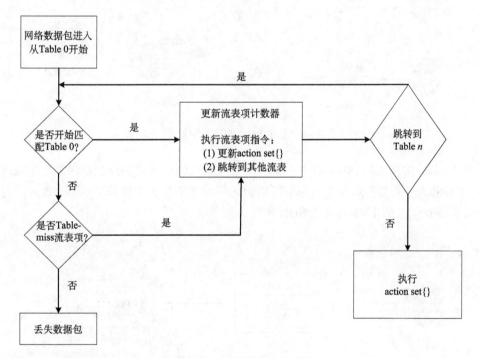

图 13-3　流表的匹配过程

5G 的接入网 C-RAN 都是基于 SDN 架构的[29]。现有固定接入网络业务与接入模式强耦合，配置彼此独立，导致业务部署复杂，业务发放周期长，同时，光纤接入海量的站点管理给网络建设和维护带来新的挑战。复杂的家庭网络导致新业务引入难，故障率高，家庭网关需要不断升级，难以满足云应用时代业务变化、网络管理的需要。总之，希望能够实现智能家庭网关的云化，真正实现与应用的互通。将接入技术与 SDN 结合，构建软件定义的架构，通过接入网转发与控制分离，实现海量接入设备与业务解耦，实现智能灵活、可管/可控的宽带接入网，进而实现接入网与城域网、骨干网等异构网络的智能互通和资源联合调度，能够获得一个简单、敏捷、弹性、可增值的未来接入网络，对于运营商和用户都意义重大。

　　未来架构中接入节点将简化为可编程设备，线路技术换代无须更换硬件；同时，通过统一的接入网控制与管理平面，可真正实现节点零配置、零故障，大幅降低接入网运维费用；引入虚拟化技术，实现软件与硬件的解耦，一方面可更细粒度地划分物理资源，另一方面还可实现物理资源按需分配。基于虚拟化技术还可实现业务的快速部署和动态迁移，提升效率和资源利用率。基于 SDN 的接入网，宽带接入服务器和全业务路由器设备业务功能逐步统一，设备形态开始融合，将形成多业务边缘设备，能够实现集中的业务控制、统一的宽带网络网关池管理，业务调度更加灵活；通过控制和转发的解耦，设备本身将更多关注数据转发能力，业务功能可以通过集中部署的控制器实现，降低新业务的部署成本。图 13-4 为基于 SDN 的接入网示意图。

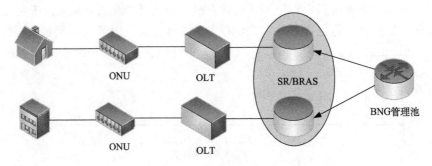

图 13-4　基于 SDN 的接入网示意图

　　基于 SDN 的接入网(SBAN)中，OLT 用来控制边缘应用成为控制器，作为接入应用的 ONU/DSLAM 等受控制器的控制。可以把远端设备看作一个整体，一次配置对所有的远端设备都有效。图 13-5 为基于 SDN 的接入网架构。

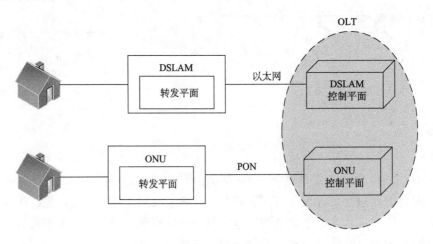

图 13-5　基于 SDN 的接入网架构

13.5　基于 SDN 的负载均衡

负载均衡技术就是通过对网络中的节点的负载均衡化，调整各节点的负载情况，使得每一条链路上承担的流量更为平均，从而避免某些节点因为负载过重而引起整个网络性能的降低，从而降低系统的丢包率，提高系统的吞吐量，提高网络的稳定性与可靠性。ATM 网络时期，主要通过使用流量工程技术来解决拥塞控制问题；随着 IP 网络的快速发展，负载均衡主要通过路由优化得以实现；而面对路由优化的缺点，以标签为决策依据的多协议标签交换技术（MPLS）渐渐得到业内认可。然而，MPLS 控制层管理和实现过于复杂这一难题恰巧被 SDN 解决。

与传统网络相比，SDN 中负载均衡的主要优点是转发决策计算是集中式的，不是分布式的，允许更全面地考虑多个可选链路利用率和流量特性，更好地规划负载均衡策略。控制器通过与交换机的交互来获取全局信息，统计网络节点和链路的实时信息、执行控制功能、完成全局部署。基于 SDN 负载的均衡技术比硬件负载均衡技术成本更低、灵活性更强，可以通过全局信息的掌控更改策略；与基于软件负载的均衡相比，可以获取全局状态，实时对策略进行改变，具有更高的性能。

负载均衡方法主要包括路由策略和流量调度策略。路由策略可以分为静态路由策略和动态路由策略。静态路由策略是指根据网络流量特征，总结出一系列分配流量的规则来制定的路由方案。该策略的优点是容易实施，由于不需要监控整个网络中各链路的状态，所以开销比较少。缺点是制定难度比较大，不能对网络中每条链路上的状态进行实时的反映。动态路由策略可以根据网络的流量状态进行路由决策，尽管动态路由策略具有灵活、适应实时网络统计数据的特性，但是它也带来了监控网络统计数据的额外开销。

在流量调度方面，基于 SDN 的负载均衡算法可以分为静态负载均衡算法和动态负载均衡算法。静态负载均衡算法是指数据流在初始路由时进行负载均衡，而在数据传输过程中不能更改其传输路径。针对现在提出的以流为最小单位进行调度的负载均衡算法——DLB，该算法针对数据中心树拓扑结构，根据网络实时链路状态，采用类似深度搜索的策略，对于网络中每一个新流从边缘交换机开始向上选取负载最轻的链路，直到所需访问的最高层，然后再向下传输到目的节点。由于树拓扑的特性，DLB 只需要搜索向上的路径就可以确定完整的路径，故只考虑了局部的最优解而不是全局最优解。静态负载均衡算法计算出来的路径都是静态的，即不能在数据传输过程中动态改变传输路径。由于数据中心网络中链路的使用情况会在数据传输过程中动态改变，因此静态负载均衡算法不能有效地均衡链路负载，并且可能会增加数据中心网络的排队延时。动态负载均衡算法是根据网络节点设备的负载状态采用动态的策略进行调度，常用的有最少连接算法、最快连接算法、加权算法等，它能够根据新的任务请求按照当前负载最合适的网络设备节点进行动态的调度分配。动态负载均衡算法能够充分利用各网络设备的运算处理能力，当网络流量负载发生突变时，根据系统状态直接或间接地调配任务。这种方式在提高系统性能方面明显好于静态负载均衡算法，但动态负载均衡算法的缺点是有更高的复杂度，在某些特殊情况下会给网络设备带来额外的开销。

Dijkstra 算法是网络路由算法中最为经典的算法之一，基于时延的 Dijkstra 算法是将链路的时延作为节点间的权值，获取时延最短的路径作为两点间的最短路径。在基于时延的 Dijkstra 算法中，首先将所有相连的链路置于同一个簇中，从而使整个拓扑形成一个或多个簇结构，将每一个簇内的交换机形成一个广播树结构从而确保 Dijkstra 算法能够计算簇内任意节点之间的最短路径。随着链路流量的不断变化，链路的时延也会随之发生改变，那么最小路径也会随之而变，这样就能够实现网络流量的负载均衡。

13.6 基于 SDN 的"三朵云"5G 网络架构

中国的 IMT-2020 5G 推进组于 2015 年发布了《5G 网络技术架构白皮书》，提出了基于 SDN 的 5G 网络云架构。该架构主要由无线接入云、控制云和转发云三部分组成，其中，无线接入云支持包括 WiFi、LTE 和 Mesh 网络等多种无线制式的接入，通过融合集中式和分布式无线接入架构，可实现更灵活的网络部署及更加高效的资源管理；控制云在逻辑上实现网络功能集中控制，并支持网络能力开放，从而使业务部署效率得到提高，并满足业务差异化需求；转发云在控制云的统一资源调度和控制下，实现业务数据流高可靠、低时延的传输。基于 SDN 的 5G 云架构基于控制层和数据转发层的分离及控制层的统一管理，可实现灵活、自适应的业务接入、智能开放的网络控制以及高效低成本的数据转发。

控制云是 5G 网络中集中控制功能的核心，由多个虚拟网络控制功能模块组成。在实际的部署中，网络控制功能会被分布到一个或者多个云计算数据中心，而且与无线接口有关的控制功能会被分布到接入网或者接入点。网络控制功能模块通过软件应用程序实现，该功能模块符合 ETSL 定义的 NFV 框架。因此，除了分属于不同供应商的两个模块间的接口，其余的不同功能间的接口都不需要标准化。不同网络控制功能的组合可以应用在不同的场景中。无线接入云也称为 5G 智能接入网络。5G 无线接入云使用了基于集群的集中控制，这主要反映在以下三个方面。

第一，协同资源管理。基于集中接入控制模块，5G 能在基站之间建立更快、更灵活、更有效的合作机制，从而实现了小区之间资源的调度和管理，提高了网络资源的使用率以及用户体验。总之集中接入控制能从以下几个方面提高接入网功能：干扰管理、网络能源效率、多 RAT 协调和基站缓存。

第二，接入网虚拟化。接入网虚拟化能用来实现不同虚拟用户、服务和运营商的多样需求。在智能无线接入网中，无线资源是虚拟化的，可以切片以实现资源的灵活分配及管理，这同样可以实现未来网络功能开发和可编程化的要求。

第三，以用户为中心的虚拟小区。对于多层次的移动网络来说，控制平面与用户平面的完全解耦减少了不必要的切换和信令，集中了无线接入承载资源。同时，基于服务、终端、用户类型和接入点的灵活选择可以建立以用户为中心的虚拟小区，提升用户体验。

13.7 SDN 的发展挑战

随着 SDN 的持续发展，传统网络将与 SDN 长期共存。为了使 SDN 设备与传统网络设备兼容，节约成本，大多数设备生产厂商选择在传统设备中嵌入 SDN 相关协议，这样造成传统网络设备更加臃肿。采用协议抽象技术确保各种协议安全、稳定地运行在统一模块中，从而可减轻设备负担，这成为兼容性研究的趋势之一。中间件在传统网络中扮演着重要角色，例如，网络地址转换（NAT）可以缓解 IPv4 地址危机，防火墙可以保证安全问题等。然而中间件种类繁多，且许多设备都被中间件屏蔽，无法灵活配置，造成 SDN 与传统网络无法兼容。建立标签机制，统一管理中间件，将逻辑中间件路由策略自动转换成所需的转发规则，以实现对存在中间件的网络的高效管理。

可扩展性决定 SDN 的进一步发展，OpenFlow 协议成为 SDN 普遍使用的南向接口规范，然而 OpenFlow 协议并不成熟，版本仍在不断更新中。由于 OpenFlow 对于新应用支持力度不足，需要借助交换机的软硬件技术增强支持能力，为接口抽象技术和支持通用协议的相关技术带来发展契机。然而，应用的差异性增加了通用北向接口设计的难度，需要考虑灵活性与性能的平衡。提供数学理论支持的抽象接口语言成为一种研究趋势。分布式控制器结构避免了单点失效的问题，提升了单一控制时网络的性能。然而，分布式控制器带来的同步和热备份等相关问题还需要进一步加以探索。

SDN 具有集中式控制、全网信息获取和网络功能虚拟化等特性，利用这些特性，可以解决数据中心出现的各种问题。例如，在数据中心网络中，可以利用 SDN 通过全局网络信息消除数据传输冗余，也可利用 SDN 网络的功能虚拟化特性达到数据流可靠性与灵活性的平衡。可见，SDN 在数据中心提升性能和绿色节能等方面仍然扮演着十分重要的角色。

传统的网络设备是封闭的，然而开放式接口的引入会产生新一轮的网络攻击形式，造成 SDN 的脆弱性。由控制器向交换机发送蠕虫病毒、通过交换机向控制器进行 DDoS 攻击、非法用户恶意占用整个 SDN 网络带宽等，都会导致 SDN 全方位瘫痪。安全的认证机制和框架、安全策略的制定（如 OpenFlow 协议的传输层安全 TLS）等，将成为 SDN 安全发展的重要保证。

鉴于 SDN 的种种优势，大规模部署 SDN 网络势在必行。传统网络向 SDN 网络的转换可以通过增量部署的方式完成。大规模部署 SDN，需要充分考虑网络的可靠性、节点失效和流量工程等问题，以适应未来网络的发展需求。此外，大规模 SDN 网络还存在跨域通信问题，如果不同域属于不同的经济利益实体，SDN 将无法准确获取对方域内的全部网络信息，从而导致 SDN 域间路由无法达到全局最优。因此，SDN 跨域通信将是亟待解决的问题之一。

第14章 网络功能虚拟化

14.1 NFV 产生背景

传统的电信设备较为封闭，不同厂商的设备平台种类繁多，软件与硬件紧紧绑定，不支持跨网元、跨厂商的硬件共享。为提供不断新增的网络服务，运营商必须不断增加新的专有硬件设备，造成通信网络中包含越来越多的各类专用硬件设备，基于专用硬件的网络设备通常非常昂贵，部署维护也非常复杂，而专有的硬件设备存在生命周期限制，这大大限制了运营商在整合业务功能及快速尝试新业务方面的能力。更严重的是，随着通信领域的技术和服务创新的需求，硬件设备的可用生命周期变得越来越短，这影响了新的电信网络业务的运营收益，也限制了在一个越来越依靠网络连通世界的新业务格局下的通信技术创新。面对上述这些问题，网络功能虚拟化(NFV)应运而生[69-75]。NFV 最初由一些领先的运营商提出，他们认为如果能将网络服务与具体的硬件分离开，就能够展开虚拟化的部署，这样的部署方式能够支持包括服务器、存储甚至其他网络在内完全的虚拟化基础设置。这一新型网络技术旨在通过通用硬件以及虚拟化技术来承载相关网络功能，能够随时随地根据需要来部署网络功能，不再受到专用的设备或者网络拓扑结构的限制，从而降低网络成本并提升业务开发部署能力。NFV 将 IT 领域的虚拟化技术引入 CT 领域，利用标准化的通用设备实现网络设备功能。他们希望降本增效，通过快速地推出有价值的服务，提升网络价值。

在 2012 年 10 月于德国举行的全球软件定义网络(SDN)暨 OpenFlow 大会上，7 家全球主流运营商(AT&T、英国电信(BT)、德国电信、Orange、意大利电信、西班牙电信和 Verizon)联合发布了 NFV 的技术白皮书。2012 年 11 月，网络功能虚拟化行业规范组(NFV ISG)正式成立，隶属欧洲电信标准化协会(ETSI)，目前已经开展的工作主要是网络功能虚拟化在电信网络中的需求和架构方面，聚集在架构开放性、接口标准化、加速技术、安全及可靠性上，旨在创建开放、可互操作的 NFV 生态系统并促进 NFV 行业变革，加速运营商网络创新。目前已发布 3 版白皮书、8 个框架性文档。2014 年 9 月，由 Linux 基金会发起的 OPNFV 项目启动，这是一个基于开源的、运营级的集成平台，实现由 ETSI 规定的 NFV 架构与接口提供运营级的综合开源平台，以加速新产品/服务的引入，目标是使 NFV 相关的新产品和新服务能够尽快形成产业。通过利用开源社区中积累的资源，使 ETSI ISG 所提出的参考标准能够落地。ETSI ISG 和 OPNFV 将密切合作，共同推动 NFV 概念和技术的发展[6]。而 IETF 聚集业务链(SFC)的实现，包括 SFC 架构框架、路由转发、协议及报文格式等。

网络功能虚拟化(NFV)旨在通过使用 x86 等通用硬件以及虚拟化技术来承载很多功能，从而降低网络昂贵的设备成本。其技术本质是通过软硬件解耦及功能抽象，使网络设备功能不再依赖于专用硬件，资源可充分灵活共享，实现新业务的快速开发和部署，并基于实际业务需求进行自动部署。NFV 的最终目标是通过基于行业标准的 x86 服务器、存储和交换设备来取代通信网的私有专用的网元设备。NFV 强调网络功能的软硬件解耦能力，实现网络价值由硬件向软件的迁移形式：采用通用硬件实现网络功能的装载，打破传统封闭网络设备的壁垒，提升网络扩展能力、业务快速部署能力、网络运营管理水平。图 14-1 所示为传统网元与虚拟网元技术对比图。

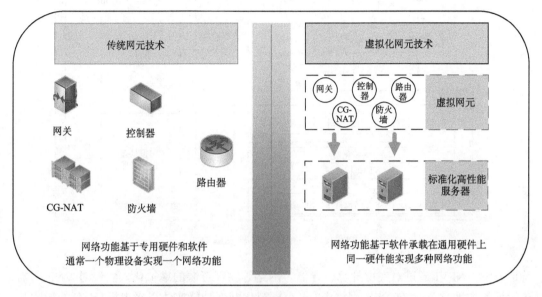

图 14-1   传统网元与虚拟网元技术对比图

14.2   NFV 的参考架构

ETSI 作为 NFV 的发起标准组织，于 2015 年初发布了两横三纵 NFV 参考架构，如图 14-2 所示。

同传统网络架构相比，NFV 在纵向和横向上进行了解耦，其中，横向包括业务网络(NS)域和管理编排(MANO)域。NS 域纵向由 NFV 基础化设施(NFVI)层、虚拟化网络功能(VNF)层和运营支撑层组成。这样，框架大体分为 4 个部分。

第一部分的 NFVI 类似于一个用于托管和连接虚拟功能的云数据中心，负责底层物理资源的虚拟化，包含物理硬件和虚拟硬件以及虚拟化层。物理设备主要包括 COTS 服务器、交换机、存储设备等。COTS 服务器主要指标准的 x86 服务器；交换机主要为了实现服务器之间以及服务器与外网的互联；存储设备主要满足网络数据存储需求。目前常用的NFVI虚拟化技术包括KVM、XEN、Hyper-V等，其中，以基于内核的虚拟化(KVM)技术为代表。KVM 是一个集成到 Linux 内核环境下的开源虚拟化模块，属于硬件支持下的一款全虚拟化解决方案。在虚拟环境下，Linux 内核集成管理程序将其作为一个可加载的模块，完成 CPU 调度、内存管理以及与硬件设备交互等虚拟化功能。由于完全基于 Linux 内核以及硬件虚拟化的技术主流，KVM 受到越来越多开源组织的欢迎。在 NFV 基础设施建设中，基于 KVM 的 OpenStack 架构已逐渐成为电信运营商 NFV 业务部署的

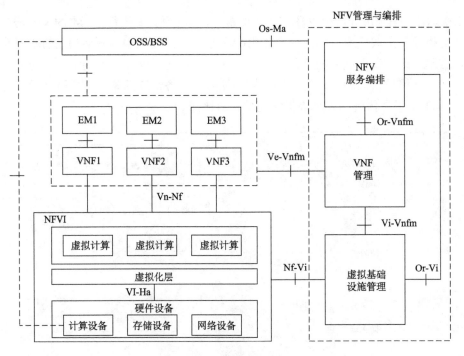

图 14-2　ETSI NFV 标准框架

首选方案。NFVI 通过对底层计算、存储、网络等物理资源的虚拟化，实现对 VNF 所需各元素的物理承载。在 NFV 网络中，多个虚拟化网络功能实体以虚拟机(VM)的形式共享物理硬件，使得原有大部分物理组件均被虚拟机替代，因此虚拟机服务质量的好坏直接决定了 NFV 网络的总体性能。NFVI 的核心是虚拟化，与传统的云计算虚拟化技术相比，NFVI 面临的是更为复杂的拓扑组网需求，尤其是大型数据中心的网络架构。另外，NFVI 不仅要求具备同时为一个或多个 VNF 实例提供基础设施资源的能力，还需要实现不同 VNF 资源的动态配置。因此，NFVI 层性能的关键在于虚拟资源是否可以全面且灵活地支撑上层模块的灵活调用。

第二部分的 VNF 在 NFVI 基础上进一步将物理网元映射为虚拟网元，实现业务网络的虚拟化。网元管理系统(EMS)可以管理 VNF，统一管理虚拟化和非虚拟化的网元运营支撑层主要是在目前 OSS/BSS 基础上进行虚拟化调整。目前，VNF 软件主要是实现核心网包括 EPC 和 IMS 的虚拟化，并利用云化系统将 NFVI 提供的虚拟化资源整合为虚拟设备，然后在虚拟设备的上安装 Guest OS 以及相应的功能软件。对应 VNF，传统的基于硬件的网元可称为 PNF、VNF 和 PNF 可以单独组网或混合组网，提供特定场景下所需的 E2E 网络服务。NFV、VNF 看似相似，实则含义截然不同。NFV 是一种虚拟化的网络架构，解决了将网络功能垂直部署在通用服务器上的问题；而 VNF 则是一种网络服务，VNF 作为 NFV 架构中的虚拟网络功能单元，可以理解为对电信业务网络中现有物理网元进行功能虚拟化的过程，以软件模块形式部署在 NFVI 提供的虚拟资源上，从而实现网络功能的虚拟化。VNF 制造商负责研发相应的虚拟功能单元，网络运营商则会关注部署和在其网络功能虚拟化设施上运营虚拟网络功能的效率；服务提供商关注的是基于虚拟网络功能提供给终端用户业务的实施性、可靠性以及相关计费方面的问题。由于不同的 VNF 单元可以来自不同制造商，即使 VNF 层虚拟网元间的交互遵循的是相同的协议和接口标准，但是受 NFVI 层标准化程度的影响，不同虚拟网元对 NFVI 层物理网元的映射方法也往往存在一定的差异。要确保 NFV 发挥其最大效能，网络自身需要 VNF 具备动态和可编程的能力。软件定义网络(SDN)因其可编程和自动配置的能力，完美契合了快速变化的 NFV 应用对网络的需求。因而在 NFV 实际部署中，通常将 SDN 控制器运行于 NFVI 的虚拟机(群)上，使其担任 VNF 的角色。通过对 NFVI 层虚拟资源的网络虚拟化以处理 NS 域的网络业务，并可以依据需求动态调整资源配置。

第三部分，运营和业务支持系统(OSS/BSS)是全局管控的角色，负责整个网络的基础设施和功能的静态配置，限制整体上对子网或者服务的资源，是整个网络的总管理模块。同时，需要与 NFV 编排器(NFVO)协同，交互完成网络服务描述、网络服务生命周期管理、虚拟资源故障、性能信息交互以及策略管理等功能。该模块设计可基于已有云管理系统，同时需要与现有 OSS/BSS 进行交互，以保证兼容性，与现有系统协同工作。

第四部分，MANO 作为 NFV 相较于传统网络的新增功能，负责对整个网络服务过程进行管理和编排，将网络服务从业务层到资源层自上而下分解。MANO 包括虚拟基础设施管理(VIM)、虚拟化网络功能管理(VnFm)和 NFV 编排器(NFVO)3 个实体，共同完成对 NFVI、VNF 及整个网络服务的生命周期和调度策略的管理。其向上接入 OSS/BSS，向下可以连接、管理物理设备，中间还可以管理虚拟化设备。在 NFV 架构中，NFVO 控制着各个 VNF、PNF 的协调及配合。基于 NFV 的业务需要面向用户编排和管理不同类型的虚拟资源，编排器服务质量主要涉及对虚拟机和虚拟网络的编排。在 NFV 架构中，NFV MANO 负责编排网络服务过程，将网络服务从业务层到资源层自上而下分解。制定合理的 NFV 编排机制可以提高网络侧业务流程的连贯性，加快业务响应速度，从而优化 NFV 网络的服务效率。同时在对资源进行编排和管理时，为保证良好的用户体验，要确保网络资源合理地分配和协调，以防止资源的过度供应和保持端到端的低延迟。在标准 NFV 架构中，MANO 通过 VIM、VNFM、NFVO 这 3 个实体的交互，共同完成对 NFVI、VNF 和 NS 的编排和管理流程。针对 NFVI 层，通过 NFVO 和 VIM 交互实现对底层 NFVI 资源的调度。当创建 NFV 服务时，NFVO 会调用一系列 VIM，相反也会从底层基础设施中调用必要的资源。针对 VNF 层，每个 VNF 网元由 MANO 中对应的 VNFM 负责其生命周期的管理。VNFM 不仅可以控制 VNF 实例的创建和释放，通过 VIM 收集资源状态信息，还能够对 VNF 实例的资源使用情况进行监控和故障预警等。针对 NS 域的网络服务，由 NFVO 对参与服务的 VNF 实体的网络服务编排以及相关联的 NFVI 基础设施的资源编排共同实现。前者通过网络服务的生命周期管理实现对服务流程的控制，后者通过对 VIM 之间的任务编排实现对底层资源的调用。

NFV 作为一种创新性的网络架构，其自身的特点集中反映了通信运营商对于降低网络成本、提升业务创新速度的需求。运营商可以根据实际业务需求进行资源的自动部署、弹性伸缩以及灵活调用，从而加快了新业务的研发和上线进度。同时 NFV 的新型网络机构，将有利于下一代通信网络的部署。

14.3 基于 NFV 的转发

随着网络通信技术和计算机技术的发展，互联网+、三网融合、云计算服务等新兴产业对互联网在可扩展性、安全性、可控可管等方面提出了越来越高的要求。目前，移动用户的爆发式增长、频率资源紧缺、数据传输速率的几何级数式增长需求、能源的巨大消耗以及网络的优化问题等，都将是 5G 中亟待解决的核心问题。由于频谱资源的稀缺以及空口技术频谱效率的提升空间也受限于香农极限，因此在 5G 系统的研究中，研究人员逐渐认识到网络架构对网络容量提升的重要性。现有的这种垂直封闭的网络体系和耦合私有的网元架构的形式，决定了路由、流量、传输性能等网络行为的不确定性，难以支持 QoS，难以满足扩展性、安全性、可管、可控、可信任等要求。为此，亟须对体系结构进行变革，要求新的网络功能灵活部署、快速升级且易于扩展等。

随着 5G 技术的研究发展，业界对于 5G 架构设计的需求和技术方面已经形成了一些共识。在需求上，设计目标普遍为灵活、高效、支持多样业务、实现网络即服务等；在技术方面，NFV 等成为可能的基础技术，核心网与接入网融合、移动性管理、策略管理、网络功能重组等成为值得进一步研究的关键问题。

根据之前的描述，NFV 的思路是硬件平台采用通用服务器，其上运行虚拟化软件并生成虚拟机，网元以软件的形式运行在虚拟机中。采用这种架构，网络建设者只需维护一个统一的虚拟化平台，新增网元或者网元升级体现为新虚拟机的导入和虚拟机中软件版本的变更[21-23]。由于虚拟化技术屏蔽了底层物理平台的差异性，跨网元、跨厂商的硬件资源共享问题迎刃而解。同时，根据虚拟机的灵活迁移、动态部署等特性，结合对虚拟化平台的智能管理，能够根据业务量的变化实现对网元容量的动态收缩，NFV 使平台成为架构设计的一部分。传统网络的架构设计仅考虑网元功能及网元之间的连接，很少将运行网元的物理平台作为架构设计的一部分，而引入 NFV 后，为了实现 NFV 所带来的诸多优势，需要考虑平台与管理系统之间、平台与网元软件之间的信息交互，网络设计者不得不将平台作为架构设计的一部分。同时 NFV 将改变网元的生成形式。

NFV 可能改变传统的网络机制。例如，EPC 网络中的 MME pool 机制能够实现容灾及负载均衡机制。然而，采用 NFV 技术能够在虚拟层实现容灾及负载均衡，这使得网络设计者在设计网络架构时需要考虑虚拟机的容灾及负载均衡能否取代传统的 pool 机制。同时 NFV 将改变网元的生成形式。NFV 的管理与编排机制能够随时创建、删除与配置网元，设计者可以考虑更加动态、灵活、智能的网络架构，如对网元功能按需生成并重组。网络功能从专用硬件中解耦出来。在网络侧实现网络功能的高度虚拟化，并在网络上构建抽象层，网络功能可以按需灵活部署及快速更新。网络业务编排、网络功能管理及虚拟网络架构管理等将是未来重点的研究方向。在无线侧，一些控制功能能够逻辑集中在无线控制器中，联合优化从而提高用户体验。

在 5G 下 NFV 核心网的演进主要分为两个发展阶段：第一个发展阶段是现有的核心网网元，从传统平台向云化平台演进，根据移动通信设备的实际使用情况以及中国移动网络的总体部署实施演进。第二个阶段需要根据架构分离的相关需求，对 MME、PCRF、HSS/HLR、DRA 以及 SAE-GW 等网元进行论证设计，以便让其技术尽快成熟，推动引入现网。在传统核心网中,其网络系统具有多个网元实体,以便对用户提供服务,并强化对用户的管理。在众多网元实体中,其移动性管理、会话管理、管控策略管理、用户数据管理以及业务能力管理分别是由 MME、CSCF、PCRF、HSS 以及 AS 等负责的。在管理过程中,需要用不同的网元实体组合来对不同用户、业务以及网络分别进行管理,这就使得传统的核心网业务逻辑和管理协调能力都比较弱,网络服务质量也难以得到保障。在 5G 下 NFV 的演进发展需要重新对控制面网元进行构建,对其进行虚拟化改造,以达到资源整合的目的。在重构过程中,要根据 5G 网络的实际业务需求和网络能力,对其进行如下层次的构建。第一,重构业务处理节点,让 NFV 核心网中的媒体接入 GW、SBC 等处理类网元的功能。第二,重构融合控制节点,以便让 NFV 网络系统能够承接MME、CSCF、HSS、PCRF 以及 HSS 等网元,同时增强管理控制类和用户数据类等网元的功能。第三,重构业务能力节点,对核心网进行 AS 业务分层,并根据 NFV 网络系统的承载能力设置和开放网络拓扑,进一步完善 NFV 网络系统功能。在 5G 下,对NFV 核心网进行上述三个层次的重构,便能够极大地增强系统的控制能力,满足移动网络在多样化的业务场景中的应用需求。

14.4 网 络 切 片

由于虚拟化技术屏蔽了底层物理平台的差异性,跨网元、跨厂商的硬件资源共享问题迎刃而解。同时,依赖虚拟机的动态迁移、动态生成等特性,结合对虚拟化平台的智能管理,能够根据业务量的变化实现对网元的动态扩容、缩容,从而实现对硬件资源更高效的利用。NFV 改变了网元的生成形式,通过管理与编排机制能够随时创建、删除与配置网元,使得设计者可以考虑更加动态、灵活、智能的网络架构,如对网元功能按需生成并重组。在流量层面逻辑地划分网络,在现有网络中创建逻辑网段,让用户能够独立于现有的基础设施来移动虚拟机,而不需要重新配置网络。

而 SDN 旨在实现路由转发设备中控制和转发功能的分离,采用全局集中式路由计算,可高效调度全网资源,灵活地提供虚拟网络连接,提升网络虚拟化能力。SDN 控制和转发分离的理念,有助于分组网功能的重构及简化。此外,通过 SDN 集中控制网络连接,可实现网络功能组合的全局灵活调度,包括移动分组网络的功能(移动性管理等)、流量处理能力(视频优化、URL 过滤等),进而实现网络功能及资源管理和调度的最优化,如图 14-3 所示,目前该工作正在 3GPP 进展中。

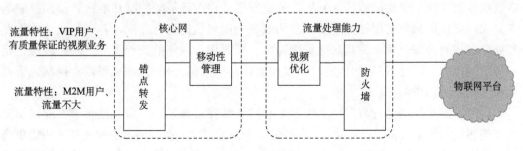

图 14-3 SDN 控制器和网络编排

学术机构提出的 SDN，形成革命性网络建构思维，更关注网络 L1～L3 层，主要应用在网络层面；而运营商主导提出 NFV，通过网元形态改变而实现网络演进，关注网络 L4～L7 层，主要在增值业务、POP 功能领域使用。SDN 与 NFV 两者融合形成创新和新的价值，NFV 为 SDN 软件的运行提供基础架构的支持；按 SDN 控制和数据分离的思路，可增强部署性能并简化互操作性，符合 NFV 减轻运营和维护流程负担的要求；控制软件与专用转发设备分离，进行集中式部署，可以优化网络控制功能的效率；通过控制与转发面间的标准化接口，使得网络和应用的革新速度进一步提升。

网络切片 (NS) 作为 5G 代表性的网络服务能力之一，在未来移动通信中占据重要的地位，给传统的网络架构带来了有力的冲击。NS 是虚拟网络，是一个端到端的逻辑网络。它与虚拟化紧密相连，可提供一种或多种网络服务，是网络共享的一种形式，是按需组网的一种方式[30]。NS 能够满足用户的动态需求，使网络具有动态分配资源的能力，从而提高网络资源利用率。NS 与虚拟化技术息息相关，SDN 与 NFV 是实现 NS 的关键技术支撑。NFV、SDN 和 NS 等关键技术融合，构建一种基于 SDN 与 NFV 的网络切片架构，一方面利用 NS 和 NFV 技术实现网络架构的灵活性以及虚拟资源共享，另一方面采用 SDN 控制器以集中式方法来统一控制各层的模块。可以满足第三方需求而提供多样化和个性化的网络服务，同时实现网络资源的共享与隔离。

NFV 和 SDN 有很强的互补性，尽管两者可以融合，但并不相互依赖，即 NFV 可以不依赖于 SDN 而另行部署。SDN 对网络架构重新定义，对控制面和用户面进行解耦，而 NFV 是对网元设备结构的重新定义，将网络服务从与专用硬件及位置的紧耦合关系中分离出来。两者的互补性体现在 SDN 能增强 NFV 的兼容性、易操作等方面，而 NFV 通过虚拟化及 IT 编排等技术能提高 SDN 的灵活性。控制器作为 SDN 网络的操作系统，是 SDN 网络的关键设备。注意到不同网络环境的控制器不尽相同，控制器的实际使用也有所差别。为了使控制器能更好地服务于网络，需要进一步将控制器虚拟化，从而促进网络的灵活运用。随着网络的规模不断扩展，现有的 SDN 方案中，单一结构集中式控制方式的处理能力将无法满足系统需求。例如，在分布式的控制器中，如果要保证全局状态的一致性，网络性能就会下降；如果要提升网络的性能，减少下发策略的时间，全局状态就很难统一。因此控制器的虚拟化就显得很重要。通过虚拟化技术将多个控制器云化，使控制器的使用变得更加灵活高效，面向 SDN 的网络功能虚拟化的模块化设计图如图 14-4 所示。

虚拟转发平面由虚拟交换机、虚拟网元以及物理交换设备和虚拟平台构成，负责网络数据转发工作。交换机的地址解析、链路发现、路由计算等控制功能被转移到控制器中完成，交换机只负责根据控制器下发的流表规则对数据进行匹配，并进行高速的转发和处理，相对传统设备来说其功能更加简单，同时便于网络的统一管理。网络虚拟化是一种组网技术，通过 NFV 的组网，网络由实体走向虚拟。采用 NFV 可以实现网元虚拟化和网元间连接虚拟化。

虚拟控制平面中运行着网络的控制器和网络编排管理模块。虚拟控制平面通过南向接口的协议管理交换机的转发动作。虚拟控制平面通过北向接口向上层业务和应用提供资源的调用。虚拟控制层动态地为用户提供功能数据，有效地利用网络资源，实现网络资源利用最大化。同时通过对控制器集群的管理，扩大可控网络的规模，提高系统的稳定性。

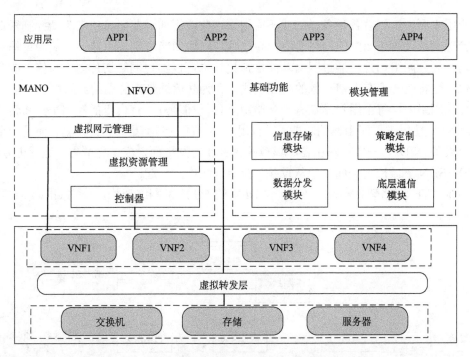

图 14-4　面向 SDN 的网络功能虚拟化的模块化设计图

虚拟控制层基于模块化设计,不同的功能模块协同合作,灵活高效地完成控制器对网络的控制动作。虚拟控制器的功能模块分为基础功能模块和网络编排管理(MANO)功能模块两种类型,基础功能模块主要提供控制器所需基本功能,主要包括模块管理、数据分发、信息存储、策略定制以及底层通信等。当控制器接收线程接收到交换机发来的数据包后,将数据包发送给数据分发模块来进行处理。将处理后的信息存入信息存储模块并发送给策略定制模块。策略定制模块在收到数据信息后将对其进行综合分析,并生成转发策略,生成流表下发给底层通信模块,最后通过底层通信模块转发给虚拟转发层。MANO 模块主要包括网络的编排与管理、虚拟网元管理以及虚拟资源管理,解耦交换机上层软件与硬件功能实现控制器的灵活调用。虚拟控制层各个模块之间的工作协同合作,作为一个整体对网络功能进行处理,具体如图 14-5 所示。

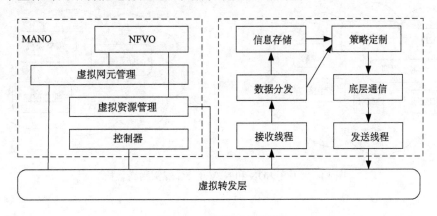

图 14-5　虚拟控制平面图

应用平面中运行着各种各样的业务应用，这些应用通过北向接口来驱动控制器在逻辑上管理基础设施平面中的网络设备，完成各种网络功能与服务。基于 5G 中重构后的网络功能划分网络切片，通过网络功能虚拟化技术可以实现网络切片创建与修改的完全自动化，这将改变现有电信领域的商业模式，并为其运维带来更多的灵活性。

传统网络中，每个用户站点有一台路由器（提供服务），有自己的控制平面和转发平面；而 NFV 使用虚拟路由器的功能，所有用户站点的左侧不是一台路由器，而是一个网络接口设备（NID）——虚拟路由器、虚拟的控制和转发平面，成本更节省、运行更方便；在 NFV+SDN 下，控制平面完全从设备上分离，集中到一起。

传统 LTE 网络架构和基于 SDN 和 NFV 的 5G 蜂窝网络架构，分别如图 14-6 和图 14-7 所示。

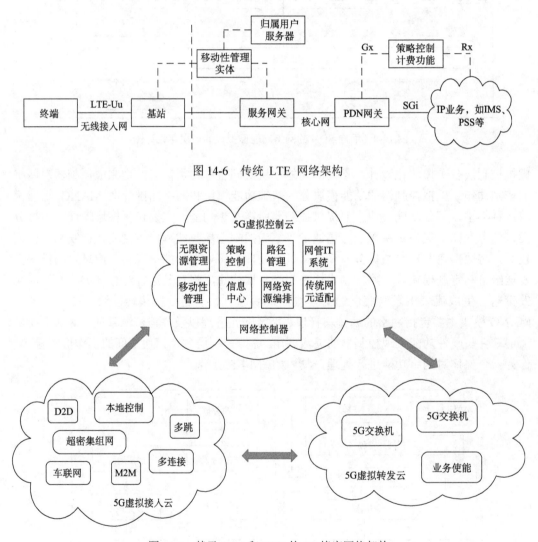

图 14-6　传统 LTE 网络架构

图 14-7　基于 SDN 和 NFV 的 5G 蜂窝网络架构

14.5 NFV 的发展挑战

NFV 的部署将极大地挑战当前的管理系统,并且需要对部署、操作和管理网络的方式进行重大改变。对 NFV 网络的编排和管理,不仅需要考虑不同网络环境下对各种服务的解决方案,还需要考虑由 NFV 自身灵活性带来的一系列问题。NFV 可能会使得提供给客户的服务分散在不同的服务器等设备中。因此,一个很重要的问题就是,NFV 的管理与编排复杂度应适中,确保在每个服务(或用户)所有所需的功能被一致地按照其需求地实例化,与此同时还要保证解决方案仍然是可管理的。

基于 NFV 技术框架,通过特定的管理与编排策略,使得虚拟网络功能(NF)以中间件的形式串接形成业务服务链(SFC,简称业务链)来提供服务,NF 类型和顺序决定了业务链的功能内容。然而,部署电信业务所带来的庞大用户请求和数据流量给 NFV 业务系统带来了巨大压力,从而引发时延增加和吞吐量下降等严重的性能问题,此时单一 NF 功能处理单元往往不能满足数据高效处理的要求,为了保障业务网络的性能,需要将数据在 NF 间进行均匀分发以达到高效处理的目的。因此,在 NFV 系统中部署负载均衡服务至关重要。

消费者对其在隐私、安全等问题上的担忧可能会限制运营商使用 NFV 技术组网。对用户的服务使用虚拟化技术,意味着需要将一些个人可识别的用户信息传送到云端。用户数据在网络中根据功能进行分发的时候,很难知道数据在何处以及谁有权限访问它。这可能会带来隐私泄漏等一系列问题。与此同时,如果将服务部署于第三方的云计算提供商,用户和电信服务提供商都将无法访问数据中心的物理安全系统。即使服务提供商确实指定了他们的隐私和安全要求,但仍然难以确保数据的安全性和私密性。因此在使用第三方云计算平台的问题上,安全隐私问题将是运营商所关注的一个重点。

NFV 的概念是在商用现有服务器上组建通信网,这和传统的专用设备模式不同,VNF 提供商需要确保在商用服务器上可以实现通信网中的各种功能。然而这里就出现了一个问题,就是在商用的一般服务器上运行的性能是否能够和在专用硬件上运行的性能相媲美,以及这些网络功能是否能在不同的服务器之间移植。ETSI 也很关注这个问题,并给出了性能和可移植性最好的实践说明。根据这个说明,在深度报文检测(DPI)、集中无线接入网(C-RAN)、宽带远程接入服务器(BRAS)等使用场景中,使用现有的高端服务器,可以在完全虚拟化的环境中实现高性能,且其性能是可预测的。然而,即使在非虚拟化的环境中,其性能也是一个需要研究的问题,因此合适的硬件加速手段对 NFV 技术也十分重要。已经有研究证明了硬件加速可以提升部分场景中的 NFV 性能。有研究人员指出,目前一些高性能的网络功能很难虚拟化而不降低性能,而硬件加速可以改善这些情况,但是这种专业化的硬件违背了 NFV 的理念,影响了其灵活性。

网络功能虚拟化(NFV)通过虚拟在一般服务器上运行的网络功能来提高网络灵活性和可扩展性,从而提高网络功能利用率。在 5G 网络中,虚拟的网络功能能实现网络的创新和高效率。但是,大量的 VNF 的使用,会导致不同 VNF 实例之间的不兼容问题,这使得运营商难以确定为服务功能链(SFC)选择哪些 VNF,从而会导致 VNF 的重复使用和错误利用,导致资源的浪费,同时无法满足用户的上网需求。因此,VNF 间的兼容性也是不能忽视的问题。

第15章 网络安全

15.1 网络安全概述

在传统通信网络中，网络安全的基石之一在于网络基础架构的安全性，这种安全性在很大程度上得益于传统网络中多数网元实体处于物理硬件上能够相互隔离的状态。4G网络在针对用户数据和语音的保护方面，是一个非常安全的网络，并且经过运营商的不断努力，用户已经对4G网络安全建立起了足够的信任。

虚拟化技术深度融合的5G网络中，不同功能的网元共享通用硬件资源，通过软件实现虚拟单元，网元之间依赖虚拟层实现隔离，因此需要通过可靠的软件设计，实现和补偿物理隔离度的先天不足，降低安全风险。5G网络不仅要保证各类重要的信息在必要的条件下能够被特定的对象及时获取以实现服务功能，同时还必须严格控制重要数据在其获取、传输、存储、处理的每一个可能环节的可见性和被访问性，兼顾多样性、高效性以及安全性。复杂的应用环境，一方面要求不同应用的安全策略方案遵从统一的5G网络安全框架，以使这些方案能够运转起来，并且不会降低5G网络整体的安全性；另一方面又需要针对不同的接入环境，从复杂度、安全级别需求、实现可行性等多个维度进行综合考量，设计安全策略。

随着用户对网络的性能质量和业务的要求与日俱增，5G新的网络架构快速演进和网络融合技术高度发展，5G网络的安全性也发生了相应的变化，5G的三大场景带来的就是更加复杂、严峻的安全问题，如图15-1所示。

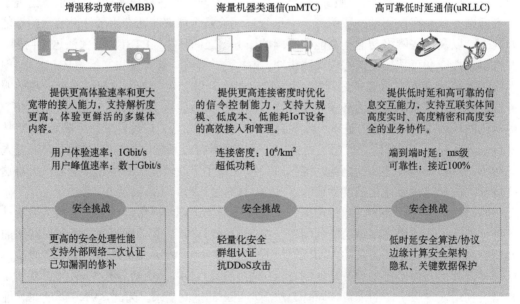

图 15-1 5G 的三大场景所面临的安全问题

5G 需要统一的安全管理机制来保证设备跨界接入技术的网络安全，除了传统设备，5G 还需要面向海量异构物联网设备提供高效接入认证机制，并需要提供合理的措施以避免大规模设备向网络发起的拒绝服务攻击。对增强移动宽带来说，一是它的安全挑战需要更高的安全处理性能，这时用户体验速率已经达到 1Gbit/s；二是它需要支持外部网络二次认证，能更好地与业务结合在一起；三是需要解决目前发现的已知漏洞的问题。对低功耗网络来说，需要轻量化的安全机制，以适应功耗受限、时延受限的物联网设备的需要；需要通过群组认证机制，解决海量物联网设备认证时所带来的信令风暴的问题；需要抗 DDoS 攻击机制，应对由于设备安全能力不足被攻击者利用，而对网络基础设施发起攻击的危险。对于高可靠低时延通信来说，需要提供低时延的安全算法和协议，要简化与优化原有安全上下文的交换、密钥管理等流程，支持边缘计算架构，支持隐私及关键数据的保护。

为了更好地支持 5G 应用场景，5G 把原来 4G 的物理网元重新分解和组合，通过服务与服务编排的方式来提高网络的功能，通过服务总线实现网元之间的逻辑接口。服务总线的开放能力和可兼容性使得网络具有很大的灵活性及可扩展性，可以支持不同的业务，对多无线接入来说，需要统一的认证框架来解决 3GPP 体制和非 3GPP 体制接入的问题，例如，WiFi 接入需要统一认证，在多接入环境下提供安全的运营网络。SDN 和 NFV 这样的技术的引入，可以构建逻辑隔离的安全切片，用来支持不同应用场景差异化的需求，但这对安全设计也会带来新的挑战，需要适应服务化、虚拟化、软件定义的变化，具备安全即服务、软件定义的安全等能力。5G 网络会变得更加开放，相比现有的相对封闭的移动通信系统来说，会面临更多的网络空间安全问题。如 DDoS、蠕虫病毒恶意软件攻击等，而且攻击会更加猛烈，规模更大，影响也会更大。

要提供比 4G 更高，至少和 4G 的安全与隐私保护水平相当的安全保障。具体的需求包括：要对签约、服务网络、设备进行认证和鉴权，对网络切片要进行严格的隔离，甚至对敏感数据的隔离强度应该等同于物理上分隔的网络；要防止降维攻击，能够利用机器学习或人工智能方法检测高级网络安全威胁；安全的能力要能服务化，要能符合和适应网络架构的需要。

15.2　网络安全构架

2G 的安全架构是单向认证，即只有网络对用户的认证，而没有用户对网络的认证，空口的信令和数据只具备加密保护能力；3G 的安全架构则是网络和用户的双向认证，相比于 2G 的空口加密能力，3G 空口的信令还增加了完整性保护，同时核心网也有网络域安全保护；4G 安全架构虽然仍采取双向认证，但是 4G 使用独立的密钥保护不同层面(接入层和非接入层)的多条数据流和信令流，核心网也使用网络域安全进行保护。由于对 5G 提出的高速率、低时延、处理海量终端等要求，5G 安全架构需要从优化保护节点和密钥架构等方面进行演进[76-81]。

5G 传输速度和连接数量大幅提升，通过移动互联网、物联网、车联网和工业互联网等应用，将现实空间与网络空间广泛地连接在一起。在保障接入安全、通信安全和数据安全的基础上，构建可信的网络空间。5G 需要实现网络空间中身份可信、行为可溯；网络可信、安全分级；实体可信、内建免疫。身份可信、网络可信、实体可信称为 5G 网络安全三要素，如图 15-2 所示。

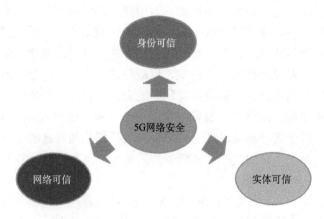

图 15-2　5G 网络安全三要素

在传统接入安全、传输安全的基础上，5G 需要实现网络空间与现实空间的有效映射，提供满足不同应用场景的多级别安全保证，使网络实体自身具备安全免疫能力，构建安全可信的网络空间。

15.2.1　身份可信，行为可溯

建立可信身份，在网络空间中准确识别网络行为主体，是维护网络空间行为秩序、道德规范和法律制度的基础。通过现实空间中人、设备、应用服务等实体向网络空间的身份可信映射，实现网络空间与现实空间身份的可信对应，网络空间活动的主体可以准确地追溯到现实空间中的用户，用户为其网络行为负责。

网络空间可信身份的建立依赖于具有公信力的网络身份基础设施。网络身份基础设施为个人、组织和实体分配网络空间标识，支撑软硬件来源可信、用户网络行为规范。基于网络空间可信身份，可建立与现实社会对应的征信机制，为网络和应用安全多样化服务提供可选择的依据。5G 网络采用可信身份框架，如图 15-3 所示，不泄露用户隐私信息。

网络身份基础设施负责现实空间用户身份与网络空间用户身份的连接和映射，基于现实空间用户身份，生成网络空间身份标识，对网络空间身份进行注册、签发及管理。在网络接入、应用服务连接时，网络身份基础设施支撑对接入的个人、组织、机器、物体等进行身份验证，根据需要实施相应验证。5G 基于连接场景(包括网络连接的大数据、移动设备、传感器、定位系统和社交媒体等)的技术和应用将为身份验证提供重要手段，依托网络身份基础设施，可以建立征信服务平台，从金融、交通、税务等各类应用获取信用信息。

由于单纯依靠云计算这种集中式的计算处理方式将不足以支持 5G 网络背景下以物联网感知为背景的应用程序运行和海量数据处理，而且云计算模型已经无法有效解决数据隐私保护的问题。因此，边缘计算应运而生，与现有的云计算集中式处理模型相结合，能有效解决云中心和网络边缘的大数据处理问题，即能为网络身份认证提供巨大帮助。

由于边缘计算服务模式的复杂性、实时性，数据的多源异构性、感知性以及终端的资源受限特性，传统云计算环境下的数据安全和隐私保护机制不再适用于边缘设备产生的海量数据防护。数据的存储安全、共享安全、计算安全、传播和管控以及隐私保护等问题变得越来越突出。此外，边缘计算的另一个优势在于其突破了终端硬件的限制，使移动终端等便携式设备大量参与到服务计算中来，实现了移动数据存取、智能负载均衡和低管理成本。但这也极大地增加了接入设备的复杂度，由于移动终端的资源受限特性，其所能承载的数据存储计算能力和安全算法执行能力也有一定的局限性。

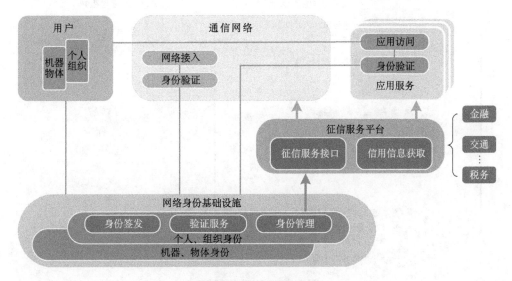

图 15-3 可信身份框架

单一信任域内的身份认证主要用于解决每个实体的身份分配问题，各实体首先要通过授权中心的安全认证才能够获取存储和计算等服务。随着研究的深入开展，设计具有隐私保护特性的身份认证协议是当前的研究重点。适用于不同信任域实体之间的认证机研究还处于初级阶段，尚未形成较为完善的研究脉络和理论方法。在云计算的身份认证研究中，多个云服务提供商之间的身份管理可以看作一种跨域认证形式，这就使一些适用于多云之间的认证标准（如 OpenID 等）以及单点登录认证机制有希望应用于多信任域之间的身份认证。针对结构化 P2P 网络设计的一种基于属性的认证授权框架，以电子医疗（E-health）为背景，提出一种跨域的动态匿名组密钥管理认证系统，这些方法的设计与边缘计算中的底层基础设施互相兼容，这些方法都有可能适用于处理属于不同信任域的边缘数据中心的身份认证机制中。切换认证是解决高移动性用户身份认证的一种认证移交技术，对切换认证技术的研究能够为边缘计算中边缘设备的实时准确认证提供有力保障，同时在认证移交过程中的用户身份隐私问题也是一个研究重点。

当前，国内外研究者对身份认证协议的研究大多是在现有的安全协议基础上进行改进和优化，包括协议的灵活性、高效性、节能性和隐私保护等。在边缘计算中，身份认证协议的研究应借鉴现有方案的优势，同时结合边缘计算中分布式、移动性等特点，加强统一认证、跨域认证和切换认证技术的研究，以保障用户在不同信任域和异构网络环境下的数据与隐私安全，实现用户在各种环境下的身份可信。

15.2.2 网络可信，安全分级

可信网络提供所需即所得的安全通信和应用服务，满足多样化应用场景需求。通过选择合适的网络资源切片，不同用户可获得不同安全保证等级的网络服务。高安全等级的用户甚至可获得类似于物理专网的网络隔离度和实时性保证。可信网络框架如图 15-4所示。

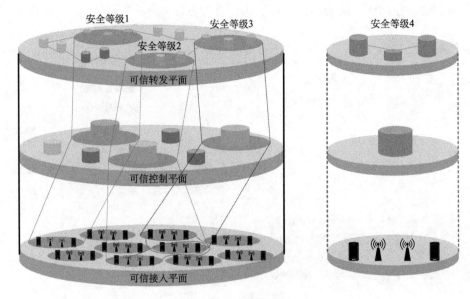

图 15-4　可信网络框架

安全可分级的可信网络通过网络切片技术实现。5G 网络引入 NFV 和 SDN 技术，将网络物理资源虚拟化为多个相互独立、平行的网络切片，根据安全等级和业务需求进行按需编排。运营商/用户首先根据安全等级需求生成网络切片模板，切片模板包括该等级下所需的网络功能和安全功能、各网络功能模块之间的接口以及这些功能模块所需的网络资源。然后网络编排功能根据该切片模板申请网络资源，并在申请到的资源上实例化创建虚拟网络功能模块和接口或者是建立隔离的网络。5G 网络具有智能场景感知和按策略服务的能力。通过对地理位置、用户偏好、终端状态和网络上下文等场景信息的实时感知与分析，根据服务对象和场景动态选取不同的安全策略进行资源配置，对切片采用认证、加密等方式，提供差异化网络服务。

可信计算以一个硬件安全模块——可信平台模块(TPM)作为可信根，为宿主计算机提供平台身份认证、完整性保护和安全存储功能。除个人计算机外，TPM 被集成到服务器上，正变得越来越普遍，如 DELL PowerEdge R530 机架式服务器和 Cisco UCS B200 M4 刀片式服务器，将可信计算技术应用到基于服务器的虚拟计算系统中，可以在云计算、NFV 等场景下，提供基于硬件的可信保护功能。

物联网应用从简单的天气监测到较复杂的远程患者监测等，不应该使用同等的安全标准。安装在数以十亿计的物联网设备和移动电话上的应用程序会生成大量的私密数据。采用统一的保安计划将会导致所有的数据安全级数相等，造成资源浪费和重要的数据安

全无法得到保障的问题，针对这一问题，业界引入多级安全的概念（MLS）。MLS不是一个可以选择抛弃的选项，因为大多数物联网设备都是电源处理受到限制，需要轻量级安全性计划。因此，必须授权功能到网关。此网关与大量设备的通信不能处理所有同样安全级别的请求（来自不同的应用程序）。在这种情况下，可以利用多层交换机实现不同层之间的信息流动方向和访问控制的MLS的优势不言而喻。

根据安全需求利用MLS原理将信息系统分为不同的安全信息子层，再将这些安全信息子层分配到不同的子网中，利用子网来实现对这些信息子层的安全防护。这种概念最终实现的安全子网结构类似于金字塔状，安全级别最低的在最底层，级别最高的在最高层，最高层的用户和用机也是最少的。最底层能访问的资源是最少的，只能访问本层的资源，最高层能访问的特殊资源最多，但是不一定能访问低层所能使用的所有资源。高层能访问低层资源，但是低层不能访问高层资源，这个层可以指某一个网段，利用多层交换机中的各种控制列表就可以达到这一目的，主要是利用TCP访问的方向性来控制，如果有高层发起的TCP回话则允许通过，否则不允许，实现信息的单向流动。端口的绑定实现的功能非常全面，可以具体到使用的何种方式和速度访问的何种资源，利用多层交换机划分子网，减少广播风暴，增加网络安全性。控制访问对信息的传送进行控制，防止信息在整个网络内传送。

15.2.3　实体可信，内建免疫

可信实体是网络和应用安全可靠运行的基石。实体内建可信免疫机制，采用主动方式保证网络和服务正常运行，实现对病毒的主动防御。可信实体框架如图15-5所示，在实体平台上植入硬件可信根，构建从运算环境、基础软件到应用及服务的信任链，依托逐级的完整性检查和判断，实现实体软硬件环境的完整性保护。入网检测认证过程中，对设计、实现的各级可信安全机制进行检测和认证，确保入网软硬件实体可信机制的正确实现。

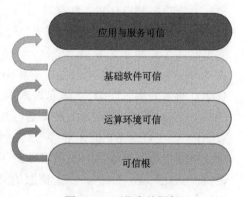

图15-5　可信实体框架

15.3　物理层的链路安全

无线信道在时空领域具有明显的多样性、时变性和私有性，通信双方的信道特征也具有一定的互易性，这就使得针对物理层安全的研究可以从无线通信的物理层特点入手，在信号层面解决无线通信的安全问题。

物理层安全性提供了两个与密码技术相比的主要优点，使其特别适合于5G网络。首先，物理层安全技术不依赖于计算复杂性，这意味着即使计算失效也不会破坏所达到的安全级别。5G网络中的智能设备具有强大的计算能力。这与基于计算的密码学形成了对比。其前提是未经授权的设备对于困难的数学问题没有足够的计算能力。其次，物理层安全技术具有很高的可扩展性。在5G网络中，设备总是以不同的功率和计算能力连

接到分层体系结构的不同级别的节点。

　　未来的 5G 网络将使用全新或向上融合的空口资源进行数据通信，为用户提供高频谱效率、高吞吐率的无线传输技术。为了大幅度提高频谱效率和功率效率，5G 拟在基站使用更大规模的天线阵列技术，这将极大地丰富信道特征的多样性和时变性；而 TDD 模式下信道的互易性和私有性则会更加明显。因此，可以充分利用 5G 无线通信的物理层传输特性，研究安全传输、密钥生成、加密算法和接入认证技术，提出一个分等级的多层多域安全体系架构，突破面向物理层安全的无线传输技术、物理层密钥生成机制、基于物理层安全的加密和认证机制等三类关键技术，为 5G 无线网络的安全传输奠定坚实基础，网络开放还意味着网络的安全保障服务的开放，即网络的安全由第三方负责。

　　异构网络创建了多层拓扑，其中部署了多个具有不同特性的节点，如发射功率、覆盖区域和无线电接入技术，该技术降低了网络的部署成本，也产生了对传统单一无线网络多方面的挑战。在这种趋势下，充分利用多层拓扑提供的机会，如节点的空间建模、移动用户的关联和设备之间的直接连接，是物理层安全性设计的核心组件。异构网络的目标是提供一种频谱效率和能量效率高的解决方案，以满足未来无线应用对数据需求的急剧增长。在异构网络中，部署具有不同发射功率、覆盖区域和无线接入技术的节点以形成多层分层体系结构。

　　在 HetNet 中，部署具有不同发射功率、覆盖区域和无线接入技术的节点以形成多层次分层体系结构。具体而言，具有大无线电覆盖区域的高功率节点(HPN)被置于宏单元层，而低功率节点(LPN)具有较小的无线电覆盖区域，被放置在小型小区层次。小型小区，如微蜂窝和毫微微蜂窝，在宏蜂窝伞下部署，以增加人口密集的建筑物和多租户住宅单元、企业和密集城市、郊区或农村地区的户外覆盖。除了分别支持 HPN-to-device 和 LPN-to-device 通信的宏小区层和小小区层之外，HetNet 还包括装置支持设备到设备(D2D)通信的层。D2D 通信允许地理上紧密的设备彼此直接连接和交互，而无需使用 HPN/LPN，因此它是低延迟和高吞吐量数据应用的强大支持者。在多个功能层中，采用 WCDMA、LTE、WiMAX 和 WLAN 等不同的无线接入技术提供各种通信服务。显然，常规网络中用于直接单用户和多用户传输的物理层安全技术和中继不能容易地应用于该范例。由此可见，HetNet 令人信服的潜力将引发在空间建模、移动关联和设备连接方面来确保多层通信的安全。

　　随着计算机的广泛应用，计算机信息安全成了保证计算机正常运行、发挥效能的不可忽视的重要因素。为了防止计算机信息失密，不少技术人员采取了多种不同方法对其数据和文件进行加密，如代替法、换位法和乘积密码法等，这些方法都较好地保护了计算机的数据。但密码技术的关键是加/解密算法和密钥管理，特别是当采用公开加/解密算法时，密钥管理就显得尤为重要。密钥管理常用方法有多重加密法和分散保管法两种：多重加密法是对大批加密密钥进行层层加密，直到加密的密钥较少时停止加密，将少数密钥交给个别人保管；分散保管法则适合于保护较少的密钥，它是把所要加密密钥按某一分解函数分解成几个不同的子数据交给 n 个保管员保管，只有这 n 个不同的子数据相结合才能恢复数据原形。事实上，多重加密法和分散保管法各有优缺点，它们相互补充。

　　5G 网络既有计算处理能力强的设备，也存在大量计算能力有限的终端，需要与计算能力相适应的密码算法、协议和密钥管理模式以设计效率高、满足安全性要求的通信协议。

考虑到小微蜂窝密集组网等 5G 网络应用模式，网络需要提供群签名、多重签名等新型签名机制和网络协议，支持设备快速在多个小微蜂窝之间切换，支持车联网、D2D等场景网络节点频繁加入和退出时的快速认证和安全认证，减少验证和信令信息开销，保证服务的高效性、连续性和安全性。

15.4 SDN 控制层的安全控制

5G 网络需要解决安全边界、控制转发分离网络架构下的安全问题。支持应用、控制和转发功能的云安全，对网络流量进行镜像、阻断和过滤等安全操作，解决服务拒绝攻击、单点失效等安全问题。

网络集中化控制的控制器是网络的核心，其可靠性和安全性非常重要，存在着负载过大、单点失效、易受网络攻击等问题，如果控制器被攻击，那么控制器覆盖的网络将会瘫痪，因此 5G 网络需要研究新的安全机制和安全协议来保证网络安全，虚拟专用网络 (VPN) 需要使用统一标准规范，简化配置和使用过程，提供符合未来、基于 SDN 的新型架构网络的操作接口。

管理集中性使得网络配置、网络服务访问控制、网络安全服务部署等都集中于 SDN 控制器上。SDN 的集中式控制方式使得控制器存在单点失效的风险。首先，控制器的集中控制方式使得控制器容易成为攻击目标，攻击者一旦成功实施了对控制器的攻击，将造成网络服务的大面积瘫痪，影响控制器覆盖的整个网络范围。其次，集中控制的方式使得控制器容易受到资源耗尽型攻击，如 DoS、DDoS 等；同时，开放性使得 SDN 控制器需要谨慎评估开放的接口，以防止攻击者利用某些接口进行网络监听、网络攻击等。此外，控制器的自身安全性、可靠性也尤为关键。

北向应用程序接口 (API) 的标准化问题已成为 SDN 讨论的热点。由于应用程序种类繁多且不断更新，目前北向接口对应用程序的认证方法和认证力度尚没有统一的规定。此外，相对于控制层和基础设施层之间的南向接口，北向接口在控制器和应用程序之间所建立的信赖关系更加脆弱，攻击者可利用北向接口的开放性和可编程性对控制器中的某些重要资源进行访问。因此，对攻击者而言，攻击北向接口的门槛更低。目前，北向接口面临的安全问题主要包括非法访问、数据泄露、消息篡改、身份假冒、应用程序自身的漏洞以及不同应用程序在合作时引入的新漏洞等。

由于 SDN 的控制器通常部署在通用计算机或服务器上，打破了传统的封闭运行环境，因此 SDN 控制器面临与操作系统相同的风险，且无法防护攻击者针对计算机本身发起的攻击，如数据溢出型攻击。

控制器是 SDN 的核心，它对整个网络的状态和拓扑等信息进行集中管控，一旦控制器受到攻击，会导致 SDN 网络的大面积瘫痪。因此，完善的安全机制对 SDN 控制器而言尤为重要。目前，学术界和商业界已开发出的控制器功能各具特色，种类繁多。按照控制层的基本架构，可将现有控制器分为集中式和分布式两类。其中，集中式控制器主要包括 Floodlight、NOX、POX、Beacon、Maestro、Meridian、MuL、NOX-MT、PANE、ProgrammableFlow、Rosemary、RyuNOS、OpenIRIS、Trema 等，分布式控制器主要包括

Onix、OpenDaylight、ONOS、DISCO、Fleet、HPVANSDN、HyperFlow、Kandoo、NVPController、SMaRtLight、yanc 等。大多数 SDN 控制器在设计和开发之初，主要关注的是网络资源的调度和控制问题，如链路发现、拓扑管理、策略制定和表项下发等方面，基本没有将控制器自身的安全问题作为核心研究内容。随着 SDN 的不断推广，攻击者对控制器的攻击手段和攻击方式逐渐增多，集中式管控带来的扩展性、单点故障等缺点不断凸显。因此，安全控制器的开发和设计逐渐引起了学术界和产业界的广泛关注。目前，在 SDN 安全控制器的设计和开发方面，现有的研究思路可以归纳为两类：演进式安全控制器的开发和革命式安全控制器的开发。

15.5　基于 SDN 的网络安全

SDN 的核心技术 OpenFlow 通过将网络设备控制面与数据面分离，实现了网络流量的灵活控制，为核心网络及应用的创新提供了良好的平台。但是，SDN/OpenFlow 也带来了新的网络安全问题，有人认为，SDN/OpenFlow 实际上降低了网络的安全性，因为它提供了一个可被攻击的可编程路由器。集中式的控制器成为网络中脆弱的部分，一旦控制器被攻破，攻击者就将拥有整个网络的控制权；OpenFlow 交换机与控制器之间的频繁通信在遭受 DoS 攻击时会极大降低网络性能。

引入 SDN 架构后，5G 网络中设备的控制面与转发面分离，5G 网络架构产生了应用层、控制层以及转发层。需要重点考虑各层的安全、各层之间连接所对应的安全(如南北协议安全和东西向的安全)以及控制器本身的安全等。根据 SDN/OpenFlow 的架构，其面临的安全威胁主要可以分为以下几类。

(1) OpenFlow 交换机方面：包括不同租户网络之间的"分片"可能产生的如规则冲突等安全威胁以及 OpenFlow 交换机与控制器进行通信时数据加密对 CPU 资源消耗所可能产生的安全威胁等。

(2) OpenFlow 协议方面：包括 TLS 会话建立过程中的安全威胁以及控制器和OpenFlow 交换机之间的授权协议的安全威胁等。

(3) OpenFlow 控制器方面：包括控制器操作系统的安全威胁、控制器上运行的APP/API 的安全威胁等。

虽然 SDN 为网络引进了包括分离了控制层面和数据层面、简化了底层硬件的实现、简化了网络配置过程、向上层应用提供网络的全局视图等优点，但是，作为一个尚在起步阶段的体系结构，SDN 是一把双刃剑，在简化网络管理、缩短创新周期的同时，也引入了不可低估的安全威胁，具体分析如图 15-6 所示。

SDN 架构通过 SDN 控制器给应用层提供大量的可编程接口，这个层面上的开放性可能会带来接口的滥用，现有的对应用的授权机制不完善，容易安装恶意应用或安装受攻击的应用，使得攻击者利用开放接口实施对网络控制器的攻击；另外，缺乏对各种应用策略的冲突检测机制，OpenFlow 应用程序之间下发的流量策略可以互相影响，从而导致恶意应用对已有的安全防护策略产生影响。

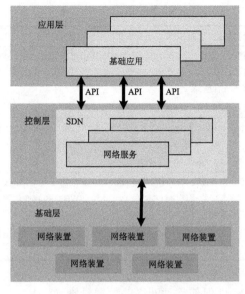

1.控制安全威胁

1)控制器单点失效的风险
(1)易成为攻击目标,APT攻击,获取网络的控制权
(2)能源耗尽攻击
(3)自身稳定性,连续性,可靠性
2)通过计算机或服务器
(1)打破了传统的封闭运行环境
(2)面临与操作系统相同的风险
(3)无法抵御计算机本身受到的攻击

4.南向接口安全威胁

安全通道攻击,如SSL/TLS攻击

应用层

基础应用

API API API

控制层 SDN

网络服务

基础层

网络装置 网络装置 网络装置

网络装置 网络装置

2.应用层安全威胁

(1)开放的可编程接口。应用的授权不完善,容易安装恶意应用或者受攻击的应用
(2)策略冲突。OpenFlow应用程序之间可以互相影响

5.北向接口安全威胁

OpenFlowAPI/APP攻击,如API维权调用

3.基础设施层安全威胁

(1)协议攻击,如OpenFlow等
(2)通信安全,如安全输入可选项伪造控制器

图 15-6　SDN 安全威胁分析

15.6　网络安全的发展挑战

随着 SDN 技术的不断发展,其安全的标准化问题日益突出,已逐渐成为阻碍 SDN 发展的重要因素之一。目前,开放网络基金会(ONF)、欧洲电信标准化协会(ETSI)、互联网工程任务组(IETF)、国际电信联盟(ITU)和中国通信标准化协会等多个标准化组织,以及 ONOS、OpenDaylight、OPNFV 等开源组织均在积极开展 SDN 安全领域的标准化研究工作(表 15-1)。然而,目前在 SDN 安全领域的行业标准和规范制定方面,各个标准化组织的侧重点并不相同。而 SDN 作为一种新型的网络架构,其安全标准又涉及 SDN 架构的安全性、控制器的安全性、南/北向接口协议的安全性、应用程序的安全性等多个方面,因此,到目前为止,国内外尚未有明确的关于 SDN 安全方面的行业标准被正式发布。

表 15-1　SDN 安全的标准化工作进展

组织名称	各个标准化组织在 SDN 安全标准化方面的主要工作	安全标准状态
开放网络基金会(ONF)	(1)设置 SDN 安全组,对 OpenFlow 协议的安全性、SDN 架构的安全能力等问题进行讨论 (2)发布了 SDN 安全相关的一些技术文档和安全方案介绍;OpenFlow 协议各个版本也涉及部分加密和认证操作	已发布相关安全方案的简介,尚无详细、正式的 SDN 安全标准和规范
互联网工程任务组(IETF)	(1)IETF 早期便有与 SDN 思想类似的 FoCES 项目工作组,并召开专门的工作组会议,对路由系统接口与 SDN 安全的关系、SDN 应用与控制器之间的安全需求等问题进行讨论 (2)发布了针对 OpenFlow 协议的安全性分析草案,并陆续公布了一些略提到 SDN 安全注意事项的草案	已陆续发布一些与 SDN 安全相关的草案,尚未公布正式的 SDN 安全标准

组织名称	各个标准化组织在 SDN 安全标准化方面的主要工作	安全标准状态
国际电信联盟标准化组织(ITU-T)	(1) 设置不同的课题组,提出了电信网中实现 SDN 架构的初步思路,并对 SDN 通用功能、通用实体标准制定,以及 SDN 在未来网络、NGN 和云计算等场景中的应用和功能需求进行研究 (2) 开展了与 SDN 安全相关的信令架构、信令需求、QoS 等研究工作	已完成部分与 SDN 安全相关的标准立项,尚未公布正式的 SDN 安全标准
欧洲电信标准化协会(ETSI)	(1) 成立虚拟化标准工作组 NFV ISG,着重从电信运营商的角度,对虚拟化架构、可靠性与可用性、安全性等方面对与 SDN 相关的问题进行研究 (2) 陆续发布了一些与 NFV 相关的行业规范	已发布部分与 NFV 相关的行业规范,尚未发布正式的 SDN 安全标准
中国通信标准化协会(CCSA)	(1) 组织国内运营商、设备商及科研院所开展 SDN 相关标准的研究工作,成立以软件定义为核心的未来数据网络(FDN)特别工作组(SWG3)和软件化智能型通信网络子工作组(SVN) (2) 从网络虚拟化体系和协议架构、OpenFlow 协议、东西向接口协议等方面对 SDN 及相关的安全问题进行研究,已发布部分与 SDN 相关的行业标准	已发布部分与 SDN 相关行业标准,尚未发布正式的 SDN 安全标准

5G 的高速率、大带宽特性促使移动网络的数据量剧增,也使得大数据技术在移动网络中变得更加重要。大数据技术可以实现对移动网络中海量数据的分析,进而实现流量的精细化运营、准确感知安全态势等业务。例如,5G 网络中的网络集中控制器具有全网的流量视图,通过使用大数据技术分析网络中流量最多的时间段和类型等,可以对网络流量的精细化管理给出准确的对策。另外,对于移动网络中的攻击事件也可以利用大数据技术进行分析,描绘攻击视图有助于提前感知未知的安全攻击。

在大数据技术为移动网络带来诸多好处和便利的同时,也需要关注和解决大数据的安全问题。而随着人们对个人隐私保护越来越重视,隐私保护成为大数据首先要解决的重要问题。大量事实已经表明,大数据如果得不到妥善处理,将会对用户的隐私造成极大的侵害;另外,针对大数据的安全问题,还需要进一步研究数据挖掘中的匿名保护、数据溯源、数据安全传输、安全存储、安全删除等技术。

对 5G 系统的低成本和高效率的要求,使得云化、虚拟化、软件定义网络等技术被引入 5G 网络。随着这些技术的引入,原来私有、封闭、高成本的网络设备和网络形态变成标准、开放、低成本的网络设备和网络形态。同时,标准化和开放化的网络形态使得攻击者更容易发起攻击,并且云化、虚拟化、软件定义网络的集中化部署,将导致网络上一旦发生安全威胁,其传播速度会更快、波及范围会更广。所以,云化、虚拟化的安全变得更加重要,其主要的安全问题如下:云化、虚拟化网络引入虚拟化技术,要重点考虑和解决虚拟化相关的问题,如虚拟资源的隔离、虚拟网络的安全域划分及边界防护等;云化、虚拟化网络后,传统物理设备之间的通信变成了虚拟机之间的通信,需要考虑能否使用虚拟机之间的安全通信来优化传统物理设备之间的安全通信。

5G 时代用户使用的业务会更加丰富多彩,对业务的欲望也会更加强烈,移动智能终端的处理能力、计算能力会得到极大的提高,但同时黑客使用 5G 网络的高速率、大数据、丰富的应用等技术手段,能够更加有效地发起对移动智能终端的攻击,因此移动智能终端的安全在 5G 场景下会变得更加重要。保证移动智能终端的安全,除了采用常规的安装病毒软件进行病毒查杀之外,还需要有硬件级别的安全环境,保护用户的敏感信息(如加密关键数据的密钥)、敏感操作(如输入银行密码),并且能够从可信根启动,建立可信→bootloader→操作系统→关键应用程序的可信链,保证智能终端的安全可信。

5G 包含很多不同的技术,针对不同场景需要采用不同的安全机制。5G 有一些新型认证机制。在 5G 移动互联网中,物联网将成为重要的应用场景。物联网主要面向物与物、人与物的通信。5G 网络通信不仅涉及普通个人用户,也涵盖了大量不同类型的行业用户。为了渗透到更多的物联网业务中,5G 应具备更强的灵活性和可扩展性,以适应海量的设备连接和多样化的用户需求。为此,物联网通信中需要对按照一定原则(如同属一个应用、在同一个区域、有相同的行为特征等)组织在一起的大量终端节点提供成组的认证,即通过一次认证就可以完成对所有节点的认证,从而避免传统网络的一对一认证带来的大量信令消耗和时延问题。

另外,5G 系统中 2G、3G、4G、LTE、WiFi 等多种网络共存,这必然产生网络融合的问题。终端设备在多种网络之间漫游时,必然会引起密钥切换、算法协商问题。而且在 5G 网络下,接入网将面临更大的信令与数据压力,所以需要采取更加轻量级的算法协商方案,以提升网络的效率。

总而言之,5G 网络是一个全融合的网络,其安全问题也是连接"移动智能终端、宽带和云"的端到端的安全问题,更是涉及物理安全、传输安全以及信息安全的全方位安全问题,从而产生了如大数据安全保护、虚拟化网络安全、智能终端安全等关键安全问题。此外,在传统安全机制的基础上,新的认证机制和技术中的安全机制可以进一步增强 5G 网络的安全防护能力,使得 5G 网络可以为人们的生产、生活带来更多便利。

第 16 章　人工智能在 5G 中的应用

人工智能技术由于能够在数据处理环节应对更加复杂的数据结构和数据环境,正在越来越广泛地应用在移动互联网领域,不断推动移动互联网自主捕捉信息、适应新变化、智慧分析判断,从而自主提供服务。人工智能中的机器学习(ML)专门研究计算机怎样模拟或实现人类的学习行为,以获取新的知识或技能,重新组织已有的知识结构使之不断改善自身的性能,使设备智能处理复杂环境下的各种应用,从而改善 5G 通信系统的参数配置、路由选择等性能[82-87]。

16.1　机器学习概述

机器学习是人工智能领域的核心,是使机器获取智能的根本途径。具体而言,机器学习是通过各种算法(与学习任务相关)从数据中学习如何完成特定的任务,这个过程称为训练,然后用学到的知识(规律、规则或模型)对真实世界中的事件作出决策或预测。机器学习可大致分为三类:监督学习、无监督学习和强化学习。

在监督学习中,训练样例带有类别标签(简称类标),可以表示成二元对 (x,y),其中, y 是样例 x 的类标。监督学习按照预定的学习准则,如要求均方误差最小或分类精度最高等,以及学习算法调整学习模型 $f(x)$ 中的参数,目的是学到最优模型 $f(x)$。然后用学到的模型 $f(x)$ 来预测新样例 x 的类标 y(或在给定 x 的情况下,输出 y 的概率分布)。模型 $f(x)$ 有多种形式,包括神经网络、支持向量机、决策树、逻辑回归,贝叶斯分类器等。一般,从训练集中学习模型 $f(x)$ 的过程都要用到优化方法或数值分析的方法。例如,在支持向量机中,要用到二次优化方法;在神经网络中,要用到梯度优化方法等。

在无监督学习中,没有监督信息可以利用。无监督学习只处理特征,不操作监督信号,它通常与密度估计相关。例如,学习从数据分布中采样、寻找数据分布的流形、将数据中相关的样本聚类等。无监督学习的任务是寻找数据的最佳表示,对于不同的问题,最佳表示的含义也不相同。例如,在主成分分析中,最佳表示的含义是寻找表示数据的最优投影子空间;而对于流形学习,最佳表示的含义是寻找接近数据真实分布的流形。无监督学习最常见的表现形式是聚类分析,它根据数据集自身的特性,将数据集中的样例划分为若干个簇,簇内的样例之间比不同簇的样例之间更相似。常见的聚类方法包括 K 均值聚类、自组织映射、层次聚类等。在无监督学习中,针对给定的数据集,选择合适的相似性度量至关重要,常用的相似性度量包括基于距离的度量和基于相关性的度量。

强化学习是指通过智能体(Agent)与环境的交互,以环境对智能体的反馈为输入,通过学习选择能达到其目标的最优动作,即学习的结果是一个最优策略。试错搜索和延迟回报是强化学习的两个主要的特征。大多数强化学习方法都是建立在马尔可夫决策过程(MDP)理论框架之上的。根据智能体在学习过程中,是否需要学习 MDP 模型知识,强化学习算法可分为模型无关算法和模型相关算法。在通常情况下,模型无关算法每次选代计算量小且对动态环境适应性好，是强化学习中最主要的学习技术之一。其中，Q-学习算法是最常用的一个模型无关基本算法。机器学习的本质是应用统计学习，统计训练数据的模型得到一系列的规律。线性回归算法描述如何拟合训练数据发现其模式，把该模式推广到新的数据中，从训练数据中学到"知识"，然后把该"知识"应用到新的数据中。大部分机器学习算法需要学习的其实是模型的参数。为了得到该学习的模型一般是最小化一个代价函数，该函数需要求解的未知数就是模型的参数，而该模型的已知变量就是训练数据集。

机器学习可以解决一些人类能够解决的任务，如果是提供一些训练数据和一个任务，机器学习能达到的效果也是接近于人类的。一般，机器学习要做的事情是对于一个样本该如何处理。这个样本可以用特征来表示，也就是说一个样本可以通过一个 n 维的向量来表示。

许多任务都能通过机器学习来解决，如在机器翻译的任务中，给定某种语言的一个文字序列，需要翻译成给定语言，即得到另一个文字序列。例如，中文翻译成英文，现在常用到的一些应用包括 Google 翻译、百度翻译，它们都是机器学习的成果。其实还有许多机器学习任务，如推荐系统、结构输出、聚类、目标检测等。机器学习还可以通过应用分成三大类：一是对于图像的处理，二是对于文本的处理，三是对于语音的处理。对于图像的处理如给图像着色、找出图像中的人脸、找出背景图、识别图片中的物体、描述一幅图像等。对于文本的处理如机器翻译、文本分类、文本的情感分析、文本总结、阅读理解等。对于语音的处理可以是语音识别、生成语音等。

16.2 机器学习在 5G 中的应用

大数据时代已经到来，大数据研究是近几年信息处理领域最热门的研究方向，已经引起了工业界、学术界乃至政府部门的高度关注。大数据之所以备受关注，是因为大数据里面蕴含着巨大的价值。把蕴含在大数据中的价值挖掘出来，为企业或政府部门提供决策支持具有重要的意义。大数据给传统的机器学习带来了许多挑战，这些挑战可以从大数据的 5 个特征或从 5 个不同的角度进行分析。随着网络技术、数据存储技术和物联网技术的快速发展以及移动通信设备的普及，数据正在以前所未有的速度增长，人类已经进入了大数据时代。被广泛接受的是用 5 个特征定义的大数据，即大数据是指具有海量(Volume)、多样(Variety)、高速变化(Velocity)、不精确(Veracity)和低价值(Value)这 5 个特征的数据，这 5 个特征简称大数据的 5V 特征。在这 5 个特征中，价值特征处于核心位置。

样本的数量巨大，使很多问题的分类都有丰富的样本作为支撑，这是大数据的优势，但同时会由此产生很多问题。现在随着硬件技术和编程算法的不断优化，数据的采集和量级已经不再是阻碍大数据研究的主要问题。而数据之间的关系，哪些数据是有用的，哪些是冗余的，哪些数据对其他数据造成干扰，这些数据之间如何作用，这些都是目前大数据所面临的主要挑战。从大数据中获取有价值的信息不是一个简单的任务。要从体量巨大、结构繁多的数据中挖掘出潜藏在数据中的规律和信息，从而使数据发挥最大作用，是大数据技术的一个核心目标。

大规模多输入多输出(MIMO)技术通过基站端天线数量的增加有效提高了频谱效率，降低了传输功率，其成 5G 移动通信系统的一项关键技术。可是随着天线数量的增加，上行链路信号检测算法的复杂度大幅增加，原有检测算法无法实现。基于机器学习和人工智能的主动禁忌搜索(RTS)算法使其在达到原有算法误码率性能的前提下，进一步降低算法复杂度。

主动禁忌搜索(RTS)算法是由 Battiti 和 Tecchiolli 将主动搜索(RS)算法引入禁忌搜索算法中得到的。RTS 算法是一种基于机器学习和人工智能思想的检测算法，具备反馈机制，也是一种启发式算法。相比于同样基于本地邻域搜索的似然上升搜索(LAS)算法，它们的共同点都是从一个初始解向量开始，接着不断尝试从当前解向量的邻域内寻找更优的解。不同点是 LAS 算法容易陷入局部死循环，而 RTS 算法通过利用禁忌表这一反馈机制避免陷入死循环。面对上百根天线的大规模 MIMO 系统，RTS 算法凭借着高检测性能和复杂度低的优势成为业内研究的热点。

适用于大规模 MIMO 信号检测的 RTS 算法从初始解向量开始，这里初始解向量的计算通常还是基于 MIMO 中传统线性信号检测算法。然后根据邻域定义的准则定义初始解

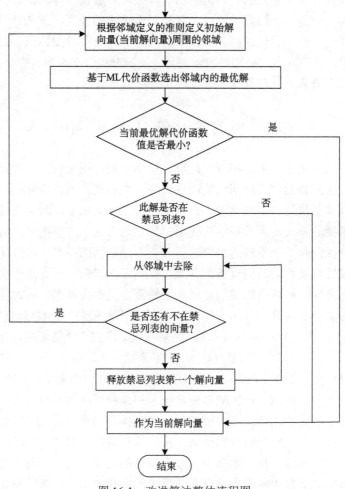

图 16-1　改进算法整体流程图

向量周围的邻域，选出代价函数最小的最优解，即使最佳邻近向量在 ML 代价函数方面表现不如当前解向量，也将当前初始解向量移动到邻域向量中的最佳向量，这一举措达到了算法跳出局部最优解得到全局最优解的目标。经过一定数量的迭代之后，该算法被终止并得到全局最优解向量。改进算法整体流程图如图 16-1 所示。

16.3　深　度　学　习

近年来，深度学习技术为许多任务带来了显著的性能改进。值得注意的是，一些研究证实了深度学习技术在通信领域的可行性。例如，使用神经网络的无线电调制识别优于传统的方案，并且各种深度学习技术已经被应用于信道编码。

机器学习最近 20 年取得了巨大的进步，目前非常火热的深度学习是机器学习的一种特例，它可以看作训练深度模型(如深度神经网络)的一种算法，深度学习在计算机视觉、自然语言处理、音频识别等领域获得了巨大的成功。Google 公司开发的轰动全球的两个围棋程序 AlphaGo Master 和 AlphaGo Zero，都是用深度学习算法训练的。

深度学习的概念源于人工神经网络的研究。含多隐层的多层感知器就是一种深度学习结构。深度学习通过组合低层特征形成更加抽象的高层表示属性类别或特征，以发现数据的分布式特征表示。深度学习的概念由 Hinton 等于 2006 年提出。基于深度置信网络提出非监督贪心逐层训练算法，为解决深层结构相关的优化难题带来希望，随后提出多层自动编码器深层结构。此外 Lecun 等提出的卷积神经网络是第一个真正的多层结构学习算法，它利用空间相对关系减少参数数目以提高训练性能。

深度学习是机器学习中一种基于数据表征学习的方法。观测值(如一幅图像)可以使用多种方式来表示，如每个像素强度值的向量，或者更抽象地表示成一系列边、特定形状的区域等。而使用某些特定的表示方法更容易从实例中学习任务(例如，人脸识别或面部表情识别)。深度学习的好处是用非监督式或半监督式的特征学习和分层特征提取高效算法来替代手工获取特征。深度学习是机器学习研究中的一个新的领域，其目的在于建立模拟人脑进行分析学习的神经网络，并模拟人脑机制来解释数据，如图像、声音和文本。同机器学习方法一样，深度机器学习方法也有监督学习与无监督学习之分。不同的学习框架下建立的学习模型是不同的。例如，卷积神经网络(CNN)就是一种深度的监督学习下的机器学习模型，而深度置信网就是一种无监督学习下的机器学习模型。把学习结构看作一个网络，则深度学习的核心思路如下：无监督学习用于每一层网络的预学习；每次无监督学习只训练一层，将其训练结果作为其高一层的输入；用自顶而下的监督算法调整所有层。

对于深度学习来说，其思想就是堆叠多个层，也就是说这一层的输出作为下一层的输入。通过这种方式，就可以对输入信息进行分级表达。在 20 世纪长期研究的基础上，提出了逻辑回归、决策树、支持向量机和神经网络(NN)等多种算法。作为一种新的属于 NN 的突出算法，DL 最初是从模拟生物神经系统方案的神经元模型中导出的，如图 16-2 所示。带有偏置的几个输入的加权和被输入一个激活函数 $\sigma()$，以获得一个输出 y。然后，通过将多个神经元群连接到一个分层的体系结构中来建立一个 NN。最简单的神经网络称为感知器，它包括一个输入层和一个输出层。必须建立一定的损失函数，如平方误差或交叉熵，以便感知器尽可能地产生接近预期值的值。梯度下降(GD)用于训练最佳参数（即权值和偏差），使损失函数最小化。

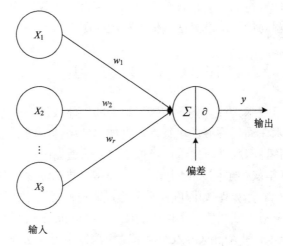

图 16-2　神经元的数学模型

　　一个基本的 DL 模型是一个完全连通的前馈神经网络(图 16-3)，其中每个神经元连接到相邻的层，并且在同一层中不存在连接。这里提出了一种基于 GD 的网络优化训练方法——反向推进算法。然而，隐藏层和神经元数量的增加也决定了其他几个参数的存在，从而使网络的实现变得盲目。在训练过程中可能会遇到许多问题，如渐变消失、收敛速度慢、陷入局部极小值等。为了解决梯度消失问题，引入了新的激活函数，如线性单元(Relu)，它是 maxout 的一个特殊特征，代替经典的 Sigmoid 函数。为了达到更快的收敛速度和降低计算复杂度，将经典 GD 调整为随机 GD，每一次随机选取一个样本计算损失和梯度。训练中的随机性会引起严重的波动。因此，采用小型批处理随机 GD(一批同时计算的样本)作为典型 GD 和随机 GD 之间的折中。然而，这些算法仍然收敛于局部最优解。

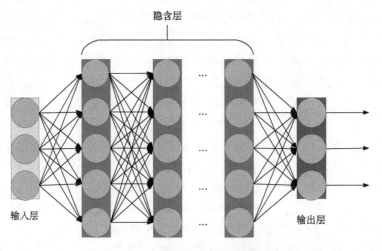

图 16-3　完全连接的前馈 NN 结构

其中相邻层之间的所有神经元都完全连接。深度神经网络(DNN)在输入层和输出层之间使用多个隐藏层来提取有意义的特征。

DL 作为一种替代,一般的经典通信系统体系结构被构造为一个块结构,如图 16-4 所示,它包括信源编码/解码、信道编码/解码、调制/解调、信道估计和检测以及射频收发。这些信号处理模块被单独优化,以实现源和目标目的地之间的可靠通信。

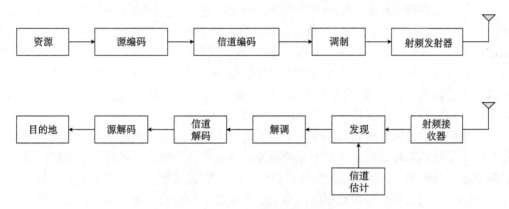

图 16-4　典型的通信系统框图

在长期的研究中,基于专家知识的多个算法被开发出来,对其中的每个处理块进行优化。以前的研究尝试利用传统的 ML 方法,如支持向量机和小前馈 NNS,作为独立任务的替代算法。

16.4　深度学习在 5G 中的应用

16.4.1　无线物理层深度学习

机器学习(ML)已广泛应用于无线通信系统的上层,如认知无线电和通信网络的部署。然而,它在物理层的应用受到复杂的信道环境和传统 ML 算法学习能力的限制。近年来,深度学习以其良好的表达能力和方便的优化能力,在计算机视觉、自然语言处理等领域得到了广泛的应用。由于未来通信的新特点,如信道模型未知、速度快、处理要求准确等,DL 在物理层的潜在应用也得到了越来越多的重视,这些特点对传统通信理论提出了挑战。

现有的传统通信理论在充分利用复杂的大数据量和超高速通信要求方面存在一些固有的局限性,具体表现在以下几个方面。

(1)复杂场景中的信道建模:通信系统的设计显著依赖于实际信道条件,或者基于信道模型,隐式地描述真实环境的数学模型。这些模型在复杂的场景中存在许多缺陷和非线性,尽管它们可以捕获传统信道中的一些特征。例如,在大量 MIMO 系统中,天线数目的增加已经改变了信道特性,并且相应的信道模型仍然未知。即使结合带外和传感器信息来获得毫米波信道状态信息,其效果也待证实。

(2)对有效和快速信号处理的需求:使用低成本硬件,如低能耗模/数转换器,引入了额外的非线性缺陷,需要使用高鲁棒性的接收处理算法(如 AlgRoi)进行信道估计和检测。然而，使用这些算法可能会增加计算复杂度。传统算法，如 MIMO 数据检测算法，是迭代重建方法，实时形成计算瓶颈，而实时大数据处理能力对于高级系统(如大规模 MIMO、毫米波和 UDN)是必要的。因此，相应的算法需要并行信号处理架构来实现有效性和准确性。

(3)有限块结构通信系统：传统的通信系统是以一种分叉的方式构造的，它由一系列定义的信号处理模块组成，如编码、调制和检测；这些系统解决了通信问题。不完善信道的 EMS 独立地优化每个块。尽管通信的基本问题依赖于可靠的消息，但研究人员一直试图优化每个处理模块的算法，并在实践中取得了初步成功。在发送方发送消息后，接收方进行恢复并遍历信道。这个过程不需要块结构，因此，如果通过优化端到端性能来代替每个模块的子优化，则性能有望进一步改善。机器学习(ML)是近年来在计算机视觉、自动语音识别和自然语言处理等领域深入学习(DL)的成功应用。

识别的目的是区分接收到的噪声信号的调制方案，这对于促进不同通信系统之间的通信，或干扰和监视军用敌人具有重要意义。调制识别的研究已经进行了多年，使用的传统算法分为两类，即决策理论和模式识别方法。DL 以其令人印象深刻的学习效果而闻名，它的引入增强了从原始数据中用自动学习优化端到端的性能，而且随着信噪比的提高，分类器的性能得到了提高。

基于 ML 的解码器出现在 20 世纪 90 年代，因为神经网络直接应用于信道解码。DL 算法除了为复杂计算提供固有的并行实现之外，具有可实现训练方法的多层体系结构，还为 DL 提供了优秀的学习能力。研究表明，可将 DL 引入迭代算法和有限的码字来解决维数问题。

随着性能、容量和资源(如大规模 MIMO 和毫米波)的增值通信系统的应用日益增多，可用的通信场景或通信信道正变得越来越复杂，从而增加了信道模型和相关应答检测算法的计算复杂度。传统的(迭代)检测算法在实时实现中形成了计算瓶颈，与之相比，DL 方法具有功能更强大的参数优化能力，可用于非折叠 SPECIC 迭代检测算法(类似于信道解码)的检测，并可利用灵活的层结构在精度和复杂度之间进行权衡。数据检测成为一种简单的前向通过网络，并可实时进行。

DL 是一种新的通信体系结构，尽管它的性能很好，但基于 DL 的算法常常被提议作为经典块结构通信系统的一个或两个处理块的变更元件。一个通信系统必须能够在非常复杂的情况下实现，才能成为通用的通信架构，例如，通过干扰信道进行多用户通信。以自动编码器在双用户场景中的应用为例，其中两个基于自动编码器的发射机-接收机对试图在同一干扰信道上同时通信。整个系统经过了训练，以便在接收端达到与干扰相冲突的目标(图 16-5)，也就是说，每个发射机-接收机对的目的是优化系统，从而自动传播它们自己的消息。

自动编码器通信系统被扩展到 MIMO 信道，考虑两种常用的 MIMO 通信方案，即无信道状态信息反馈的开环系统和带 CSI 反馈的闭环系统。与以前使用的 AWGN 信道模型不同，在信道网络块中添加噪声之前，随机生成 $\{r×t\}$ MIMO 信道响应 H。

然而，在实际应用中，CSI 误差存在估计不准确、压缩不准确、反馈传播不可靠等问题。因此，本书将一种量化的 CSI 方案引入自动编码器中，以代表实际情况，该方案与前 MIMO 信道自动编码器的唯一不同之处在于，在与发送端的消息 s 连接之前，实值

H 被另一个 NN 压缩成 b 位矢量 H_B 来表示 $2b$ 模式，如图 16-6 所示。

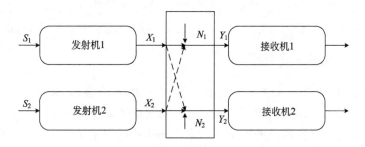

图 16-5　有干扰信道的双用户场景

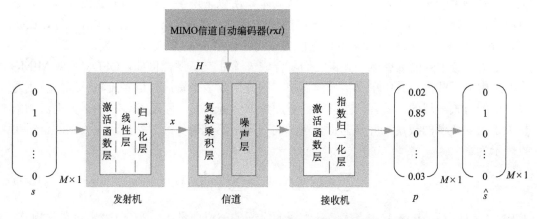

图 16-6　通用 MIMO 信道自动编码器结构

　　虽然最近提出的基于 DL 的通信算法表现出竞争性能，但它们缺乏理论推导和分析的坚实基础，训练所需的性能边界和最小数据集也缺乏关联证实。此外，鉴于 DL 在无线通信系统物理层中的应用尚处于起步阶段，学习策略的规则尚不清楚，值得进一步探索。其中，数据集通常被表示为像素值，通信域中的系统设计依赖于实际的信道条件，并且信号被认为是可靠传播的判断依据。因此，DL 通信系统的最优输入和输出表示仍然是未知的。在先前的研究中，输入被表示为二进制或一个矢量，但不限于这两个方案，也不验证最优性。损失函数的选择和训练策略，以及在固定 SNR 或一定范围内对 DL 系统的训练，提出了许多值得研究的课题。

　　基于 DL 的无线通信系统物理层设计算法仍处于仿真阶段，在实现这些算法之前，仍然需要对这些算法进行改进。首先，真实的通信系统或在实际物理环境中的原型平台必须为所有的重新搜索者提供真实数据集，以帮助他们在常用测量数据上训练他们的 DL 体系结构，并客观地比较不同算法的性能。另外，仿真中的通信信道通常是由某些模型生成的。因此，DL 系统以其逼真的表现能力实现了可复用的性能。然而，不同的物理信道场景在现实中更为复杂，并且随时间变化。考虑到当前的 DL 系统主要是对 IN 进行训练，必须保证其泛化能力，设计专门针对特定场景的通用系统或动态适应的通用系统也是必要的，必须开发硬件的 DL 工具，如现场可编程门阵列，以在硬件上部署 DL 方法并快速实现。

　　基于 DL 的算法具有良好的表达能力和方便的优化性能，具有较低的复杂度和延迟性，在未来通信系统中具有潜在的应用前景。DL 在无线通信系统物理层中的应用，为无线通信系统的研究提供了一个前景尚不成熟的领域。必须进行进一步的研究，包括坚实的理论分析，并提出新的基于 DL 的架构，以便在实际的通信场景中实现基于 DL 的思想。

16.4.2 深度学习辅助的 SCMA

稀疏码多址接入（SCMA）是一种很有前途的 NOMA 方案，SCMA 的性能在很大程度上取决于码本设计。因此，最佳码本设计一直是深入研究的主题，其中星座点的相位和星座之间的距离都是要考虑的因素。然而，码本中的码字不是正交的，而是由多维复值组成的，考虑到在不同的环境中必须使用不同的代码字，例如，在资源数量不同的情况下，必须手动构造所有可能的环境的代码本，所以采用手工制作的方式设计码本是不可取的。此外，SCMA 的解码具有很高的计算开销，限制了 SCMA 的实时运行，由于 DNN 具有处理非线性特征的多维值的能力，可用于解决上述 SCMA 问题。

考虑 J 个独立的数据流，并将它们复合成 K 个正交资源，例如，OFDMA 或 MIMO 空间层中的子载波，其中单个信号流可被多路复用为多个资源。信号流与资源的复用是以稀疏的方式实现的，只有一些信号被叠加到单个资源中。假设 $K<J$，使得数据流的数量大于正交资源的数量，并且非正交资源的分配是不可避免的。然后，接收到的信号可以表示为

$$y = \sum_{j=1} \mathrm{diag}(h_j)x_j + n = \sum_{j=1} \mathrm{diag}(h_j)f_i(r_j) + n_1 \qquad (16\text{-}1)$$

其中，$h_j = (h_{1j}, h_{2j}, \cdots, h_{kj})^{\mathrm{T}}$ 是信号流 j 和资源之间的信道向量；$\mathrm{diag}(\cdot)$ 表示对角化矩阵；$x_j = (x_{1j}, x_{2j}, \cdots, x_{kj})^{\mathrm{T}}$ 是信号 j 的 SCMA 码字；r_j 是输入数据符号；n 是零均值和方差 σ^2 的加性高斯噪声。SCMA 的编码器（码本）表示为 $f(R)$。在图 16-7 中，描述了一个 6 信号流和 4 资源 SCMA 系统的因子图的例子。

在此，信号流 J 和资源 K 之间的每个连接边缘可视为星座映射 $f_{kj}(R_j)$。

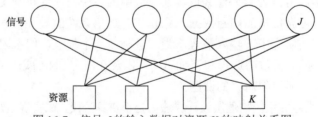

图 16-7　信号 J 的输入数据对资源 K 的映射关系图

16.4.3 基于深度学习的网络流量预测

在移动互联网流量总量中，一个基本类型的核心网络级信息就是网络流量具有强烈的昼夜模式。与此同时机器学习和时间序列分析已经日渐成熟，并开始广泛应用于生产当中，因此，在实际中利用深度学习和时间序列分析来建模和预测网络流量同样是一种准确高效的方法。在用于深度学习的数据分析中，高质量数据集是必不可少的，而且通常很难获得。

图 16-8 显示了使用的基本体系结构。RNN 作为深度学习模型，现阶段是多任务回归阶段与特征提取阶段，下一阶段是特征提取和输出值到多任务回归部分。从输入 X_1, $X_2,\cdots, X_n$ 通过几层非线性特征变换，上阶段包括回归层以及输出值对于多个任务 $Y_1,Y_2,\cdots$ Y_n，相关的联合培训任务可能会提高整体预测结果，因此，三个高度相关的任务——最大值、平均值、在接下来的一个小时里网络移动流量的最小值是一起训练的。

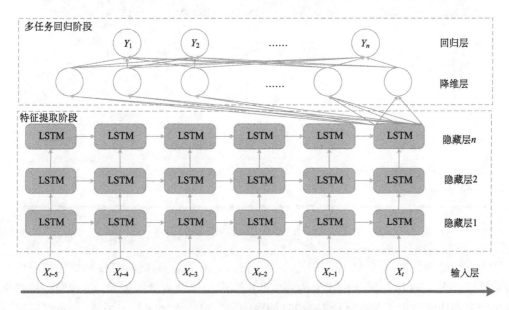

图 16-8　多任务学习结构的举例

在网络中引入了 3D CNN 在时域来提取特征，出于同样的原因，在一个架构中引入并评估了 CNN 和 RNN 的组合，该体系结构是一个深层次的特征提取器，在空间域中进行 CNN 学习，在时域中进行 RNN 学习，该模型已成功应用于活动识别和视频描述中。图 16-9 描述了 RNN 和 CNN 的组合结构：多个 CDR 输入(这里为 6 个：$X_{t-5}\sim X_t$)通过 CNN，依次到 RNN 阶段。在 CNN 中卷积层中的内核数量从{32,64,128,256,512,1024}中选择。卷积和池化层中的内核与步幅大小定义为 (k,k)，其中 k 与空间域相关，值从 1~6 中选择。池化策略从平均池化中选择。在 RNN 中，LSTM 单元是默认单元，并且每层从 {32,64,128,256,512,1024}中搜索单元的数量。RNN 中的层数从 1~4 中选择。

16.5　人工智能应用于 5G 的发展挑战

人工智能已经悄然深入到 5G 各个方面，AI 与深度结合的 5G，在 10 年、20 年甚至更长远的时间，作为一种基础设施能力，将对人类的生活带来更加长远的变化。AI 与 5G 的互促式发展，也已经成为业界共识，而两者是如何产生相互影响的呢？

AI 与人类处理信息的方式类似，为了加快处理速度，终端将"听"和"看"到的海量信息在边缘进行一次加工和提炼，然后到 AI 控制中心进行统一处理。但是受制于体积、功耗和成本，终端的处理能力有限，这些信息会在边缘数据中心利用云端更加强大的计

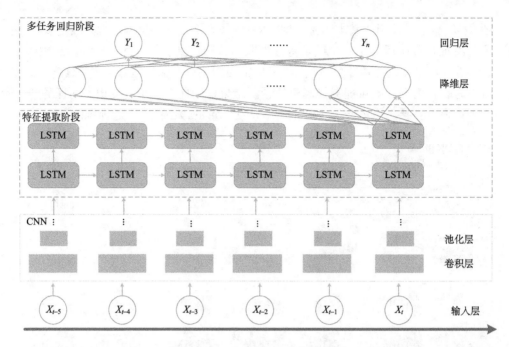

图 16-9　RNN 和 CNN 的组合结构

算能力进行处理，再送往 AI 控制中心。为了带来更好的业务体验，5G 网络将与应用和云端紧密结合。5G 核心网分布式架构完美匹配应用延伸到边缘的需求，边缘网关将信息直接转发到边缘应用，帮助 AI 将应用延伸到边缘。自动驾驶就是一个 AI 的典型应用，将车联网应用服务器和网关一起部署在边缘数据中心，随着车辆的移动，汽车将会从一个边缘数据中心的服务区域，移动到另外一个边缘数据中的控制区域。为了保证服务的连续性，核心网能够快速自动地与终端和应用之间进行协同，保证在高速的移动过程中数据不丢失，因而自动驾驶车辆能够实现超低时延（1ms 超低时延）的极致体验。未来，随着 AI 应用被嵌入到设备、网络边缘和云，5G 将承载和传输海量的人工智能数据，带动端到端及全面智能升级，让智能无处不在。

AI 时代多种多样的应用对网络提出了不同的需求：智慧城市需要海量的连接、智慧交通需要超低的时延、智慧家庭需要超大带宽。每个 AI 的应用都需要一个专属的网络，根据应用需求实时动态地进行调整，满足快速变化的业务需求。而 5G 核心网构建逻辑隔离的网络切片，能提供网络功能和资源按需部署的能力，满足未来这些行业多样化的业务需求，为每个 AI 的应用打造一个私人定制的网络。

5G 为 AI 技术连接提供了低时延、大带宽和超大规模连接等极致体验的能力。AI 技术也将应用在 5G 核心网中，帮助核心网实现运营、运维和运行自动化。事实上，传统的建网方式需要半年甚至更长的时间，5G 核心网将以切片的形式呈现，在运营商的网络会运行数十个甚至上百个切片，传统依靠人工的运维模式完全不能满足 5G 网络切片的建设。因此，5G 网络切片的建设是以 AI 为核心构建一个自动化的运维体系，对网络运行状态进行实时监控，对网络行为进行精准预测，对故障进行自动恢复，并且可以实现切片分钟级上线，满足快速变化的市场需求。不仅如此，AI 在为 5G 注入自知能力的同时，也为产业链打开了新的成长空间。在未来 5G 时代，基于数据训练的 AI 能够通过分析形成精准洞察力，自主设计出最能满足商业目标的网络和服务，灵活地适应智慧城市、智能制造、医疗、交通等多领域的需求。

虽然，目前产业链在这方面仍处于积极探索阶段，尚没有成熟的解决方案。不过，这个方向并没有错，从实际应用来看，电信运营商对自动化网络的需求非常强劲。随着技术能力的提升和应用规模的扩大，AI 在 5G 网络运营运维领域的巨大潜力将进一步释放。

第 17 章　5G 的应用场景

17.1　应用场景概述

和传统的移动通信技术相比，5G 将进一步提升用户体验。在容量方面，5G 的单位面积移动数据流量将比 4G 增长 1000 倍；在传输速率方面，单用户典型数据速率将提升 10～100 倍，峰值传输速率可达 10Gbit/s（相当于 4G 网络速率的 100 倍）；端到端时延缩短 5 倍；在可接入性方面：可联网设备的数量将增加 10～100 倍；在能耗方面：低功率机器型设备电池续航时间将增加 10 倍[88-92]。

基于上述特征，国际标准化组织 3GPP 定义了 5G 的三大场景。其中，eMBB 指 3D/超高清视频等大流量移动宽带业务，mMTC 指大规模物联网业务，URLLC 指如无人驾驶、工业自动化等需要低时延、高可靠连接的业务，如图 17-1 所示。

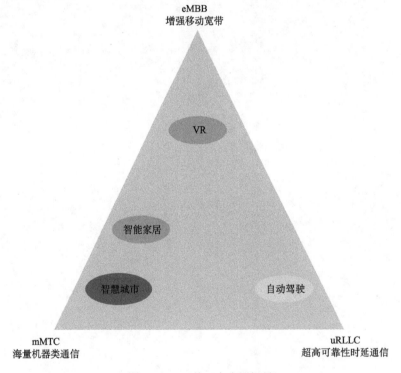

图 17-1　5G 的三大应用场景

（1）eMBB（增强移动宽带）：该场景在保证用户移动性的前提下，为用户提供无缝的高速业务体验，并且提供极高的连接密度。与传统的 4G 相比，5G 需要将用户的峰值速率从 1Gbit/s 提高到 10Gbit/s；对应的 5G 也要求提供 0.1～1Gbit/s 的用户体验速率。为了达到这一速率要求，需要将现有的频谱效率提升至 3～5 倍，降低流量的单位成本。为达到增强移动宽带场景的要求，5G 将在很大程度上以 4G LTE 为基础，充分利用或对现有的先进技术进行创新改进。eMBB 针对的大流量应用场景有 3D/4K 等格式的超高清视频传输、AR/VR、高铁或露天集会场等。

(2)eMTC(海量物联网)：满足大规模终端接入的物联网业务，是由如今的物联网发展而来的。虽然目前的物联网设备在通信设备中所占的比例不高，但是物联网设备的增长速度非常的迅速。物联网通信设备成本低廉、待机时间长，对传输速率的要求比较低，能够忍受较高的传输时延，这些特性将会为今后物联网的大规模发展提供可能。eMTC 场景主要是以传感和数据采集为目标，如森林防火、环境检测等应用。这类终端也对网络提出了新的要求，由于终端分布范围广、数量大，因此需要网络具备超千亿连接的能力。

(3)uRLLC(可靠低时延)：为无人驾驶、工业自动化、远程医疗等需要低时延、高可靠连接的业务提供支撑。uRLLC 在 5G 标准下满足特殊场景作业需求，该场景中用户层面的时延须控制在 1ms 之内。这一类应用场景主要集中在工业控制和车联网方面。这类业务均需要网络终端能对发送的信号立刻作出反应，否则容易造成非常严重的后果。因而需要网络中端到端的时延能够达到毫秒级。错误的信息同样会导致严重的错误，因此这个场景还需要保证接近 100%的可靠性。

通过 3GPP 的三大场景定义可以看出，对于 5G，世界通信业的普遍看法是尽管高速度依然是它的一个组成部分，但 5G 不仅应具备高速度，还应满足低时延这样更高的要求。从 1G 到 4G，移动通信的核心是人与人之间的通信，个人的通信是移动通信的核心业务。而 5G 的通信不仅包括人的通信，而且物联网、工业自动化、无人驾驶等业务被引入，通信从人与人之间通信，开始转向人与物的通信，直至机器与机器之间的通信。

5G 的三大场景显然对通信提出了更高的要求，不仅要解决一直需要解决的速度问题，把更高的速率提供给用户，而且对功耗、时延等提出了更高的要求，一些方面已经完全超出了对传统通信的理解，更多的应用能力被整合到 5G 中，这就对通信技术提出了更高的要求。

17.2　4G 演化的增强移动宽带应用

17.2.1　VR

电子屏幕发展多年，从电影院到电视，从计算机到手机，从手机到头显，屏幕离用户越来越近，这就是趋势。如同用户与屏幕的距离，VR 离用户也越来越近。VR 是虚拟现实 Virtual Reality 的英语缩写。虚拟现实技术是一种可以创建和体验虚拟世界的计算机仿真系统，它利用计算机生成一种模拟环境，是一种多源信息融合的交互式的三维动态视景和实体行为的系统仿真，使用户沉浸到该环境中。

VR 的内容具有高分辨率及高帧率的特点，其海量数据对无线网络传输带宽能力(实时传输速率)有非常高的要求。为了能够避免其较大延迟所带来的眩晕感，无线网络传输系统需要将端到端时延有效控制在 10ms 以内。在 5G 环境下，用相关 VR 设备下载或者在线观看一部蓝光级别、标准长度的电影只需要 1min，VR 还将改善视听体验的尴尬现状。首先，VR体验受限于画面质量和视场角。画面质量问题可以通过4K或8K分辨率解决。但是，宽带速率和流量是高质量流媒体视频的门槛。而对于常说的视场角，就是显示器边缘与观察点(眼睛)连线的夹角，视场角的大小直接决定了VR体验的效果。用户佩戴头盔体验时，视场角越大，就可获得越大的沉浸感和深度视角。目前VR头显的视场角基本都在110°左右，而只有达到200°，用户才能极致体验VR。目前的4G网络速率不能满足VR对于画面质量和视场角的要求，只能等待超高速的5G网络到来。另外，VR的3D计算机图形处理、3D音效等，都要消耗大量的数据流量，4G网速不够，还得5G来解决。

同时，VR在移动环境中提供高清视频和3D成像，但这受限于头显装置的处理能力、存储容量和电池容量等。为了克服这个问题，需要引入云处理，一些复杂的计算将在网络侧完成，然后再将数据流传送到终端。这需要高带宽和低时延的5G网络来解决，5G网络会将部分内容从核心网下沉到基站，让用户就近访问，降低时延，并引入移动边缘计算(MEC)和雾计算等技术。

17.2.2 高铁动车组的无线通信

高铁作为高速、远距离出行的重要公共交通工具，具有载客量大、旅客密度较高等特点。由于近年来如笔记本电脑、智能手机、智能手表等移动设备的普及，乘客在高铁上使用移动设备作为休闲、娱乐方式的时间逐渐增加，对高铁移动网络的使用需求日渐增长。然而，"复兴号"动车组列车的运行速度高达350km/h，为无线通信带来了巨大的挑战。铁路动车组WiFi运营服务系统运用先进的现代化信息技术，为列车上的旅客提供车内的局域网服务以及互联网接入服务。高铁场景下的移动通信用户越来越多，对数据业务的要求也越来越高。原有的GSM-R系统已经满足不了快速发展的高铁通信业务的多样性和高质量通信需求。

为满足高速运动车辆(如高铁、动车)内用户的通信需求，在网络架构中引入新的网元——移动飞蜂窝。移动飞蜂窝融合了移动中继和飞蜂窝的特点，部署在车厢箱体内部，为车内用户提供通信服务，而大规模天线部署在厢体外部与室外基站实施通信，大规模天线系统再通过电缆与车厢内的飞蜂窝接入点连接，移动飞蜂窝可看成室外基站的一个用户单元，而移动飞蜂窝的接入点又可看成车厢内用户的归属基站。其特点是，短期内基础设施建设成本高，但从长远考虑，却能有效改善蜂窝平均吞吐量、频谱效率、能量效率和数据速率。

由于铁路动车组通信运营服务系统是通过接入铁路沿线三大运营商的3G/4G网络为乘客提供服务的，因此蜂窝网络的质量极大程度上影响着通信运营服务质量。高速列车运行速度高达350km/h，因此会面临多普勒效应、基站频繁切换等问题。由于列车乘客较多，乘客之间也会存在大量用户竞争。

在高铁列车高速移动过程中，车厢天线接收到的信号频率与基站发送出的信号频率会产生偏移，这称为多普勒频移。多普勒频移使得基站与车载移动终端之间通信信号发生频移，误码率较高，无法正确接收信号，从而导致网络带宽进一步受到影响。

蜂窝基站都呈蜂窝状结构覆盖，并且覆盖范围相对较小，即使在郊区等空旷地带，基站覆盖半径也只有千米左右。而铁路是典型的带状覆盖，列车在大约97.2m/s的高速行驶过程中，大约 10s 切换一次网络。LTE 采用先断开再连接的切换策略，每次切换都会造成网络服务暂时不可用，如此频繁地切换基站给网络服务质量带来巨大挑战。

高铁作为一种公共交通方式，其乘客流量大、密度高。在提供铁路动车组通信运营服务系统之后，有大量旅客使用该系统，造成网络竞争，所有用户共享有限的带宽，使服务无法满足每个用户的使用需求。

长期演进(LTE)是专门针对移动高带宽应用设计的无线通信标准，是中国拥有核心自主知识产权的国际通信标准技术，在 20MHz 频宽下，下行峰值速率为 100Mbit/s，上行峰值速率为 50Mbit/s，能够为 350km/h 高速移动用户提供不小于 50Mbit/s 的接入服务。具有更好的高速移动适应性、更大的数据传输带宽、更低的空口接入时延和更稳定的网络漫游切换性能的 5G 通信将完美地适用于高铁无线通信。

17.3 低时延高可靠的车联网

车联网是指装载在车辆上的电子标签通过无线射频等识别技术在信息网络平台上对所有车辆的属性信息和静、动态信息进行提取与有效利用，并根据不同的功能需求对所有车辆的运行状态进行有效的监管及提供综合服务。车联网可以实现车与车之间、车与建筑物之间以及车与基础设施之间的信息交换，它甚至可以帮助实现汽车和行人、汽车和非机动车之间的联系。就像互联网把每台计算机联结起来，车联网能够把独立的汽车联结在一起，如图 17-2 所示。

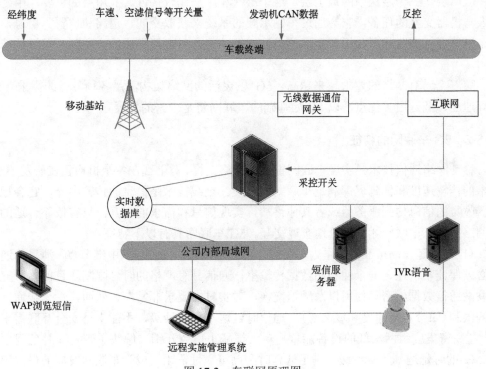

图 17-2 车联网原理图

车联网当中的网络节点以车辆为主，这就决定了车联网的高动态特性。车联网当中的汽车节点移动速度更快、拓扑变化更频繁、路径的寿命更短。车联网对网络的安全性、可靠性以及稳定性要求更高。因此低时延、高可靠是车联网的关键所在。车联网的应用过程中不能够像互联网一样出现一些不安全、不可靠的事件，否则可能会造成巨大的生命财产损失，引起车辆行驶混乱。

17.3.1　车联网的结构组成

车联网是移动互联网的一个领域，而移动互联网是互联网的一个领域。所以车联网也属于互联网，车联网和其他互联网方式不同，它的交互节点是车载计算机，车载系统通过无线网络进行连接并处理数据。车联网是智能交通领域最重要的组成部分。车联网属于物联网领域，有着物联网类似的属性。其结构组成和物联网没有太大的差别，和物联网一样，拥有感知层、网络层和应用层三个层次。

感知层主要是对交通信息和机动车本身信息的感知与获取，通过无线网络、RFID、GPS 来获取车辆、交通和道路状况、实时位置信息等，实现车与车、车与人和道路的互联，为系统提供可靠的、全面的信息采集功能。

网络层的责任是处理感知层收集的数据，然后把信息传送到应用层，实现三个层次的数据互通的功能。网络层包含两部分，它们是接入网络和承载网络。接入网络一般指无线通信网络，还包括 WLAN 和 RFID 等网络技术。承载网络包括运营商的电信网，还有广播网和交通信息网等。

应用层是三个层次中的最上层，这个层次和用户比较接近。应用层的主要作用是实现人与机器交互的任务，它会通过车辆承载的系统来获取交通、道路和位置等信息，实现车辆管理、道路状况分析和交通信息获取等功能，对智能交通的实现起着关键的节点作用。

随着交通对网络的要求越来越高，5G 以灵活的网络架构满足各种各样的需求。5G 有高速度、低延迟等优点，以 5G 为基础的车联网将是未来的发展方向。

17.3.2　5G 车联网的特征

移动网络通信技术是实现车联网重要的网络支撑。对于现在各个机构正在研发的 5G 技术的传输速度和低延迟都满足车联网的发展。无线技术是信息的传输中介，它会把传感器收集的信息传到服务器或者其他终端，实现信息和需求的交互。只有依靠合适的无线网络技术，车联网才能充分地实现交互。5G 车联网具有以下特征。

(1)低时延与高可靠性。作为车联网信息的发送端、接收端和中继节点，消息传递过程必须保证私密性、安全性和高数据传输率，通信具有严格的时延限制。目前，研究的车联网通信数据的密集使用以及频繁交换，对实时性要求非常高，然而，受无线通信技术的限制(如带宽、速度和域名等)，通信时延达不到毫秒级，不能支持安全互联需求。5G 超高密集度组网、低的设备能量消耗大幅减小信令开销，解决了带宽和时延问题，且 5G 的时延达到了毫秒级，满足低延时和高可靠性需求，成为车联网发展的最大突破口。

(2)频谱和能源高效利用。频谱和能源的高效利用是 5G 用户体验的一个重要的特征。

5G 通信技术在车联网的应用，将解决当前车联网资源受限等问题。在 5G 通信中，D2D 通信方式通过复用蜂窝资源实现终端直接通信。5G 车载单元将基于 D2D 技术实现与邻近的车载单元、5G 基站、5G 移动终端的车联网自组网通信和多渠道互联网接入。通过这种方式提高车联网通信的频谱利用率，与车联网 V2X 通信方式相比，减少了成本的支出，节约了能源。5G 移动终端设备使用全双工通信方式，允许不同的终端之间、终端与 5G 基站之间在相同频段的信道可同时发送并接收信息，使空口频谱效率提高一倍，从而提高了频谱使用效率。同时，认知无线电技术是 5G 通信网络重要的技术之一。在车联网应用场景中，车载终端通过对无线通信环境的感知，获得当前频谱空洞信息，快速接入空闲频谱，与其他终端高效通信。这种动态频谱接入的应用满足了更多车载用户的频谱需求，提高了频谱资源的利用率。另外，车载终端利用认知无线电技术可以与其他授权用户共享频谱资源，从而解决无线频谱资源短缺的问题。

(3)优越的通信质量。5G 车联网 V2V 通信最大距离大约为 1000m，车辆自组网通信中短暂、不连续的连接问题需要优先解决，特别是通信过程中遇到大型物体遮挡的 NLOS 环境下。5G 车联网为 V2X 通信提供高速的下行和上行链路数据速率(最大传输速率为 1Gbit/s)。从而使车与车、车与移动终端之间实现高质量的音频和视频通信。5G 车联网支持速度更快的车辆通信，其中，支持最大车辆行驶速度约为 350km/h。车联网正在改变人类的交通和通信方式，促使车辆向网络化、智能化发展。车联网将彻底改变人类的出行模式，重新给出汽车的定义。实现车联网的未来城市交通将告别红绿灯、拥堵、交通事故和停车难等一系列问题，并实现驾驶自动化。

车联网国外典型项目如欧洲的 Drive C2X(2010~2014 年)。实验选择了车联网的三大维度——安全、交通效率、信息娱乐，其中，基于 C2C 通信完成车与车之间安全信息的交互，基于欧盟的 CEN 技术标准的 C2I 完成车与骨干网之间的信息交互，如交通信号灯信息等。2014 年 7 月 16 日在德国柏林公布的实测结果显示该方案前景良好。而车联网通信关键技术——短距离专用无线通信技术 DSRC，主要技术标准是 IEEE 802.11p/1609.x，5.9GHz 频段，75MHz 带宽。建立基于大数据和机器学习的车联网成为未来无线网络优化框架和技术的侧重点。

17.4 低功耗大连接的窄带物联网

窄带物联网技术作为物联网通信技术的重要组成部分，其现代化和创新性受到了业界的高度关注，逐渐成为物联网通信领域中的重点研究课题。窄带物联网技术的合理使用有助于短距离通信传输和广域网通信传输，是 3GPP 标准组织中提出的一种新型窄带蜂窝通信技术。在制定 3GPP 标准的过程中，首先要成立一个 SI 来增加新的技术，在不断的实践与研究过程中编制技术报告，根据技术报告中记录的研究成果成立相关的工作项目，最终确定一项新的技术，窄带物联网技术在发展的过程中也遵循了这一基本流程。

窄带物联网技术与传统的物联网通信技术相比，具有强大的兼容性，在蜂窝物联网无线技术的基础上构建新的技术形式，在使用过程中能够有效解决室内覆盖范围的问题，支持各种分辨率的设备接入，对于低时延的现象比较敏感，有效降低了物联网通信网络建设的设备成本，进一步优化物联网通信网络的架构，确保物联网通信技术低功耗的优势。目前，窄带物联网技术在实际发展过程中还存在着各种各样的问题，还需要针对不同场景对窄带物联网技术的应用情况进行仿真，明确窄带物联网技术的使用特性，进一步推动中国物联网通信技术领域的有序发展。NB-IoT(窄带物联网)具有四个很重要的特性：超强覆盖、超低成本、超低功耗、超大连接。

(1)超强覆盖：NB-IoT通过空口重传和超窄带宽，专门为物联网特别是LPWA连接设计，相比GSM有20dB+增益，意味着更少站点可以覆盖更广区域和具有强穿透性，可穿透楼层到达地下室，这将使隐蔽位置的设备如水电表，以及要求广覆盖的宠物跟踪等业务得到应用。

(2)超低成本：NB-IoT的芯片是专门为物联网设备设计的，只针对窄带、低速率，并针对物联网需求只支持单天线、半双工方式，另外简化了信令处理，大幅降低了终端芯片价格。

(3)超低功耗：针对小包、偶发的物联网应用场景，NB-IoT设计终端在发送数据包后，立刻进入一种休眠状态，不在进行任何通信活动，等到有上报数据的请求时，它被唤醒，随后发送数据，然后进入睡眠状态。按照物联网终端的行为习惯，将会有99%的时间处于休眠状态，功耗会非常低，实现了设备超低功耗。

(4)超大连接：由于NB-IoT的终端便宜，能够支持大批量部署，特别是各类仪表行业。在同一基站的情况下，NB-IoT可以比现有无线技术提供50～100倍的接入数。一个扇区能够支持10万个连接，支持低延时敏感度、超低的设备成本、低设备功耗和优化的网络架构。举例来说，受限于带宽，运营商给家庭中每个路由器仅开放8～16个接入口，而一个家庭中往往有多部手机、笔记本、平板电脑，未来要想实现全屋智能、上百种传感设备需要联网就成了一个棘手的难题。而NB-IoT足以轻松满足未来智慧家庭中大量设备联网的需求。

NB-IoT的基站是基于物联网的模式设计的。物联网的话务模型和手机不同，它的话务模型是终端很多，但是每个终端发送的包小，发送包对时延的要求不敏感。当前的2G/3G/4G基站是设计保障用户可以同时做业务并且保障时延，基于这样的方式，用户的连接数目或者接入数目控制在1000左右。NB-IoT对业务时延不敏感的特点，使得网络能够保存更多的用户上下文，设计更多的用户接入，这样可以让100000作用的终端同时在一个小区，大量终端处于休眠态。由于上下文信息由基站和核心网维持，一旦有数据发送，可以迅速进入激活态。NB-IoT因为基于窄带，调度颗粒小很多，在同样的资源情况下，资源的利用率会更高。在同样覆盖增益要求下，重传次数少或者没有，频谱效率也更高。

窄带物联网的网络架构同样是基于分层的网络架构，如图17-3所示。南向终端设备通过NB-IoT基站向上发送服务数据给网络层，网络层再将接收到的数据处理后上传给物联网平台，最后上报给上层应用；同样北向应用的命令也是通过此架构下发给南向设备。

窄带物联网在架构设计上，包含了自平台至终端的全过程环节，在无线侧区域，主要是基于窄带物联网进行网络平台的搭建；在核心网络运行层面，可以实现多重模式支持，对窄带物联网实现有效升级操作。目前，无线网络的搭建层面存在诸多模式，如LTE、GSM、4G等，因此对窄带物联网的部署显得至关重要。

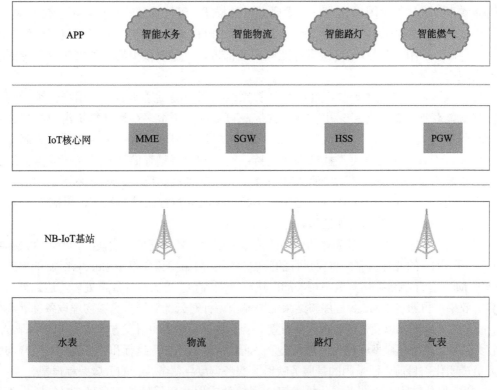

图 17-3　窄带物联网的架构

NB-IoT 支持基于目前 LTE 制式的平滑演进，并根据不同的运营商的需求，支持灵活的频段部署。NB-IoT 构建于蜂窝网络，可采取带内、保护带或独立载波等三种部署方式，与现有网络共存，支持 SingleRAN 的平滑演进。其只消耗大约 180kHz 的频段，可直接部署于 GSM 网络、UMTS 网络或 LTE 网络，以降低部署成本，实现平滑升级。NB-IoT 支持单独的频带独立部署、LTE 保护带部署、LTE 载波资源块的带内模式三种部署方式，NB-IoT 仍然属于授权频道，NB-IoT 技术为物联网领域的创新应用带来勃勃生机，给远程抄表、安防报警、智慧城市、智能电网等诸多领域带来了创新突破。NB-IoT 的演进显得十分重要，只有 NB-IoT 等基础建设完整，5G 才有可能真正实现。

17.5　基于云处理的业务应用

1961 年，著名的美国计算机科学家、"图灵奖"得主麦卡锡在麻省理工学院（MIT）的百年纪念活动中提出了像使用其他资源一样使用计算资源的想法，即云计算的初步想法来源。目前云计算中的云主要指在移动互联网上计算的载体，也是计算的实现场所，在云计算中计算的内容主要是指在计算机所能提供的一切资源。

目前，云计算还没有一个较为一致的定义，主要有三种描述方法：一是在维基百科中，云计算主要是指采取服务方式向用户提供信息技术方面的有关能力，在用户了解不深的基础上，充分利用互联网资源满足相应的服务需求。二是在中国云计算网中，云计算主要是指以分布式计算、并行计算和网格计算相关技术的发展为基础，是这几个概念的商业实现。三是美国国家标准与技术研究院的描述，云计算是一种按使用量付费模式，这种模式通过互联网提供便捷的访问一个可定制的 IT 资源共享池(IT 资源包括网络、服务器、存储、应用、服务)，这些资源能够快速部署，只需要很少的管理工作或很少的与服务供应商的交互。

云计算技术的特点主要体现在：云计算系统为用户提供透明服务，用户无须了解具体机制就能获得所需服务；采用冗余方式提高可靠性，由很多商用计算机组成集群将数据处理服务提供给用户；计算机数量明显增多，错误率显著提高；采用软件方式确保数据可靠性，无须专用硬件可靠性部件的支持；充分利用海量存储和高性能计算能力，云可提供较高水平的服务；自动检测失效节点，并将其彻底排除，避免对系统正常运行产生不良影响；用户通过简单学习，可在云系统上编写并执行云计算程序，以满足需求。

云计算主要涉及以下四种技术。

(1)编程模型。它是一种简化的分布式编程模型和高效的任务调度模型，用于大规模数据集(大于 1TB)的并行运算。将要执行的问题分解成 Map(映射)和 Reduce(化简)的方式，先通过 Map 程序将数据切割成不相关的区块，分配(调度)给大量计算机处理，达到分布式运算的效果，再通过 Reduce 程序将结果汇整输出。针对云计算平台底层物理设备部署离散性、能力封装标准化以及资源管理集中性等特点，基于云环境的研发方式与传统的编程方法有较大区别，其编程模型应较为简单，从而保证后台复杂的并行执行和任务调度对用户与编程人员透明化。目前广泛采用的是服务映射—服务调度—服务执行的云境编程模型。

(2)虚拟化技术。通过虚拟化技术可实现软件应用与底层硬件相隔离，它包括将单个资源划分成多个虚拟资源的裂分模式，也包括将多个资源整合成一个虚拟资源的聚合模式。虚拟化技术根据对象可分成存储虚拟化、计算虚拟化、网络虚拟化等，计算虚拟化又分为系统级虚拟化、应用级虚拟化和桌面虚拟化。网络中的计算基础设施一般有两种形态：①大型计算中心，主要使用集群技术将其虚拟为一个大型对称多处理系统 (Virtual SMP)，并通过运行多个虚拟机(VM)的方式为使用方提供定制的计算能力；②分散在网络中不同物理位置的独立计算设施，将其抽象为单个的计算资源，以整体计算能力的形式接入云计算体系使用。

(3)海量数据管理技术。云计算需要对分布的、海量的数据进行处理、分析，因此，数据管理技术必须能够高效地管理大量的数据。它把所有数据都作为对象来处理，形成一个巨大的表格，用来分布存储大规模结构化数据。

(4)海量数据分布存储技术。云计算系统由大量服务器组成，同时为大量用户服务，因此云计算系统采用分布式存储的方式存储数据，用冗余存储的方式保证数据的可靠性。主服务器存储文件系统所有的元数据，包括名字空间、访问控制信息、块的当前位置。主服务器定期与每一个块服务器通信，给块服务器传递指令并收集它的状态。客户与主服务器的交换只限于对元数据的操作，所有数据方面的通信都直接和块服务器联系，这大大提高了系统的效率。存储虚拟化技术将不同规格结构的存储设施(直连存储 (DAS)、网络连接存储(NAS)和存储局域网(SAN))等归纳为一种统一的抽象拓扑，建立虚拟网络存储空间，实现存储设施的一致性整合和标准化使用，通过虚拟化数据存储服务向外提供存储资源服务。

(5)云计算平台管理技术。云计算资源规模庞大，服务器数量众多并分布在不同的地点，同时运行着数百种应用，如何有效地管理这些服务器，保证整个系统提供不间断的服务是巨大的挑战。云计算系统的平台管理技术能够使大量的服务器协同工作，方便地进行业务部署和开通，快速发现与恢复系统故障，通过自动化、智能化的手段实现大规模系统的可靠运营。

（6）面向服务的架构（SOA）相关技术。为实现云计算模式的可扩展性、可靠性、安全性、敏捷性、可维护性与效率等特点，在 PaaS 和 SaaS 层上，基于统一的全局服务总线（ESB），将使用不同硬件平台、操作系统和编程语言的功能单元联系起来，采用独立的接口约定，保证不同功能单元间以标准方式进行通信，将底层技术与业务应用解耦。

云计算基础架构提供按需、简单、可扩展的方式访问可配置资源的共享池，而不必担心资源管理。蜂窝移动通信包含了云，对通信系统可以提供好处。未来 5G 网络架构将包括接入云、控制云和转发云三个域：接入云支持多种无线制式的接入，融合集中式和分布式两种无线接入网架构，适应各种类型的回传链路，实现更灵活的组网部署和更高效的无线资源管理。5G 的网络控制功能和数据转发功能将解耦，形成集中统一的控制云和灵活高效的转发云。控制云实现局部和全局的会话控制、移动性管理与服务质量保证，并构建面向业务的网络能力开放接口，从而满足业务的差异化需求并提升业务的部署效率。转发云基于通用的硬件平台，在控制云高效的网络控制和资源调度下，实现海量业务数据流的高可靠、低时延、均负载的高效传输。

如图 17-4 所示，基于"三朵云"的新型 5G 网络架构是移动网络未来的发展方向。未来的 5G 网络与 4G 相比，网络架构将向更加扁平化的方向发展，控制和转发将进一步分离，网络可以根据业务的需求灵活动态地组网，从而使网络的整体效率得到进一步提升。5G 网络服务具备更贴近用户需求、定制化能力进一步提升、网络与业务深度融合以及服务更友好等特征，其中代表性的网络服务能力包括网络切片、移动边缘计算、按需重构的移动网络、以用户为中心的无线接入网和网络能力开放。

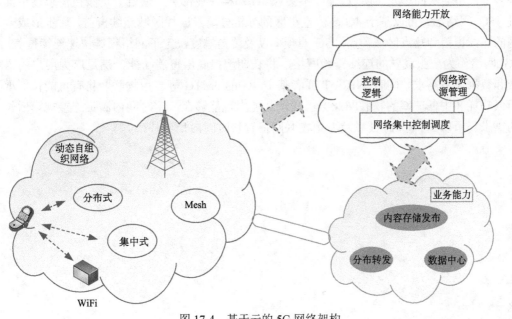

图 17-4　基于云的 5G 网络架构

17.6 5G业务应用的发展挑战

在通信技术与物联网技术的结合发展中，5G通信技术具备了更加无限的发展空间，当5G通信技术正在加紧部署应用场景的同时，也会面临相应的挑战。

承载网络对5G发展的重要性不言而喻。由于5G网络架构和业务特征相对于3G/4G有了较大变化，因此对5G承载网提出了挑战性的需求。5G由于引入了大带宽和低时延的应用，因此需要对传统的无线接入网（RAN）体系架构进行改进。5G核心网必须满足5G低时延业务处理的时效性需求，核心网下移成为一种趋势，特别是针对uRLLC等时延敏感型业务。3GPP已经将核心网下移纳入讨论范围，并推动移动边缘计算（MEC）的标准化。5G网络带宽相对4G预计将有数十倍增长，承载网带宽急剧增加以及uRLLC业务提出的1ms超低时延要求需要站点合理布局，微秒量级超低时延性能等都对5G承载网在带宽容量、时延和组网灵活性等方面提出了新的需求。如何利用一张统一的承载网来满足5G不同业务的承载需求是承载网所面临的巨大挑战。

5G由于有高带宽、低时延和多连接等不同的业务需求，将推动基站结构发生变化，BBU功能被重构为CU和DU两个功能实体。CU集成了核心网的部分功能，构成控制单元；BBU的基带部分更靠近用户，部分物理层功能移至RRU。DU和CU可以根据业务场景和传输资源匹配情况灵活部署，传输资源充分，可集中部署DU，传输资源不足，可分布部署DU。当遇到低时延场景时，DU可与AAU集成部署，同时还可以DU/CU/AAU集成部署。网络结构的变化对传输也提出了新的挑战，在网络规划时，需要提前分析部署场景和资源情况，这样才能更好地制定网络建设方案。

考虑到4G网络、窄带物联网等已经较为成熟和完善，5G业务会有一个逐步发展的过程，例如，eMBB业务主要是大包业务，这样的业务多集中在VR/AR以及高清视频等领域，不会瞬间爆发。所以，5G不会像4G那样快速部署，适合分场景按需求逐步推进，5G网络部署可以基于4G高流量小区的分析分场景成片区域连续覆盖，逐步形成全网的连续覆盖和热点区域覆盖。5G的频率以及覆盖难度决定了网络很难快速连续覆盖，4G网络作为一张成熟的连续覆盖网络，将长期承担底层覆盖功能，满足广大用户的语音和数据业务需求。同时NB-IoT或者基于4G的eMTC等专用物联网将有可能长期承担低功耗和中低速率的物联网业务，其承载能力也能够在一定时间内满足连接规模增长的需求。所以5G将与4G以及专用物联网在较长时间内长期共存。

第 18 章　系 统 方 案

18.1　总 体 框 架

ITU-T 定义了 5G 的三类场景(eMBB(增强移动宽带)、mMTC(大规模机器类通信)、uRLLC(超高可靠低时延通信))和八大指标(体验速率、峰值速率、流量密度、连接密度、网络能效、频谱效率、移动性、时延),5G 多样化的业务需求对网络提出了严峻的挑战。3GPP 标准第一个商用版本 R15 于 2018 年 6 月完成,主要满足 eMBB 和部分 uRLLC 业务场景的需求。目前国际上多数主流运营商计划在 2020 年正式开展 5G 网络的商用。

其中,eMBB 场景是指在现有移动宽带业务场景的基础上,着眼于 2020 年及未来的移动互联网业务需求,提供更高体验速率和更大带宽的接入能力,进一步提升用户体验等性能,追求人与人之间极致的通信体验。mMTC 则是物联网的应用场景,支持大规模、低成本、低能耗物联网(IoT)设备的高效接入和管理,具体包括智慧家居、智慧城市、智能农业、智能停车、环境监测等以传感和数据采集为目标的应用场景。uRLLC 主要面对可靠性及时延有着极高要求的应用场景,如车联网、远程工业控制、远程医疗等垂直行业的特殊应用场景,5G 提供低时延和高可靠的信息交互能力,支持互联实体间高度实时、高度精密与高度安全的业务协作[93-96]。

如图 18-1 所示,5G 网络空口至少支持 20Gbit/s 速率,用户 10s 就能够下载一部超高清电影。具体包括 $0.1\sim1$Gbit/s 用户体验速率、数十 Gbit/s 的峰值速率、数十 Tbit/(s·km^2)的流量密度、100 万/km^2 的连接密度、毫秒级的端到端时延以及百倍以上的能效提升和单位比特成本降低。物联网有望基于大量异构设备之间的无缝交互提供丰富的新服务,组成大规模物联网彻底改变社会的生活和工作方式。5G 的超可靠、低延迟通信(uRLLC)也将成为未来辅助、自主驾驶的重要设备。数十亿具有不同应用需求的异构智能设备将连接到网络,并将生成大量的聚合数据,这些数据将在分布式云基础设施中进行处理。因此,5G 不仅需要开发新的无线电接口或波形来应对预期的流量增长,还需要将异构网络与分布式云资源集成,以交付物联网和移动服务。

基于 NFV,将网络中的专用电信设备的软硬件功能(如核心网中的 MME、无线接入网中的数字单元 DU 等)转移到虚拟机(VM)上,在通用的商用服务器上通过软件来实现网元功能。5G 网络通过 SDN(软件定义网络)连接边缘云和核心云的 VM(虚拟机),SDN控制器执行映射,建立核心云与边缘云之间的连接,网络切片也由 SDN 集中控制。SDN、NFV 和云技术使网络从底层物理基础设施分开,变成更抽象灵活的、以软件为中心的构架,可以通过编程来提供业务连接。

需求各异的 5G 应用场景,例如,高带宽、广覆盖的 eMMB,低功耗、大连接的 IoT,uRLLC。这些场景的需求差异极大,已经很难用一张统一的网络来满足所有业务需求,因此引入了网络切片技术。网络切片就是一个按需求灵活构建的、提供一种或多种网络服务的端到端独立逻辑网络。用户使用何种业务,就接入提供相应业务的网络切片。

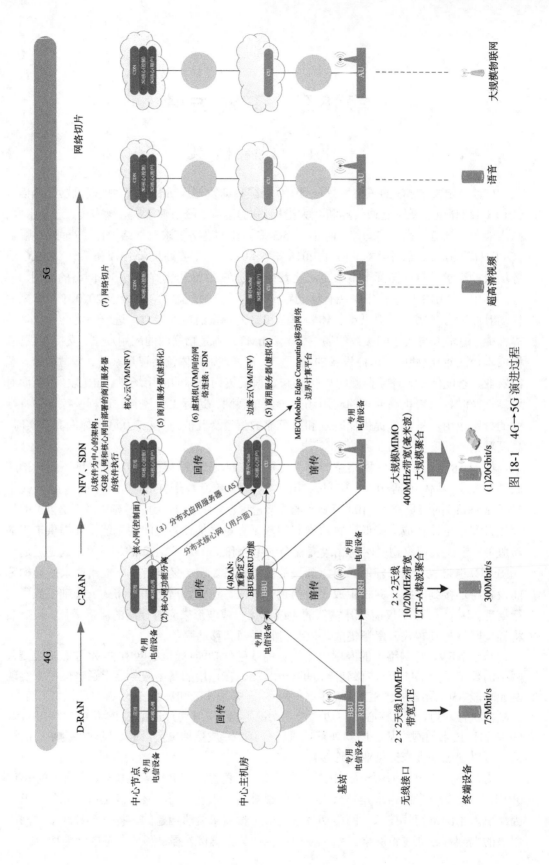

图 18-1 4G→5G 演进过程

核心网功能分离，核心网用户面部分功能下沉至中心主机房，从原来的集中式的核心网演变成分布式核心网，这样，核心网功能在地理位置上更靠近终端，减小了时延。分布式应用服务器部分功能下沉至中心主机房，并在中心主机房部署 MEC（移动网络边界计算平台）。MEC 类似于 CDN（内容分发网络）的缓存服务器功能，它将应用、处理和存储推向移动边界，使得海量数据可以得到实时、快速处理，以减少时延、减轻网络负担。重新定义 BBU 和 RRU 功能。将 PHY、MAC，或者 RLC 层从 BBU 分离下沉到 RRU，以减小前传容量，降低前传成本。面向超高清视频一类的大容量移动宽带业务的虚拟网络，需引入 CDN 技术，在中心主机房配置缓存服务器，并将核心网部分用户面功能下沉至中心主机房。

总体来看，核心网的演进策略建议分为三个阶段实施，首先进行 5G 商用的现有分组域核心网进行演进，其次引入初期的 5G 核心网并商用，最后 5G 核心网部署至中后期，5G 核心网与 EPC 融合演进。在第一阶段需要布局电信云数据中心，尽快推动现有分组域核心网云化，网关 C/U 分离，用户面按下沉部署，采用分步骤下沉方式，逐步下沉至各地。在第二阶段需要将 EPC 升级为 EPC+，并开始部署 5G 核心网。在第三阶段，5G 核心网与 EPC 融合演进，实现统一核心网。同时，5G 还将满足网络灵活部署和高效运营维护的需求，大幅度提高频谱效率、节能效率、成本效率，实现移动通信网络可持续发展。

18.2 仿 真 平 台

ITU-R 为 IMT-2020 系统的开发提出了关键的技术性能要求，系统级仿真作为主要工具为各种应用场景的进行性能评估，综合评价系统吞吐量、小区平均分组吞吐量、UE 平均分组吞吐量、小区频谱效率、小区边缘用户频谱效率、分组重传号、丢包率、延时、切换率、公平性等网络性能。目前，系统级模拟已广泛应用于规范开发、设备验证、网络规划和学术研究。

用于评估 4G 网络系统级模拟器 WiSE，支持 LTE R4，包括全尺寸多输入多输出增强的关键功能，波束形成的信道状态信息参考信号（CSI-RS）传输，32 个天线端口的 A 类预编码器和先进的 CSI 反馈。最近，WiSE 已经扩展到包括 5G 新无线电（NR）中引入的关键设计。WiSE 实现了报告 ITU-R M.[IMT-2020]中定义的所有测试环境，即室内热点、密集的城市、乡村和城市宏观测试环境与相应的 3D 通道模型。在 5G 信道模型中，支持高达 100GHz 的频率和三维信道建模，能够捕获新的传播特性，并考虑了水平和垂直空间特性。此外，WiSE 实现了指定的额外通道特性，该模型用于支持高级模拟，例如，具有非常大阵列和大带宽的模拟、受氧吸收影响的模拟、具有空间一致性的模拟、移动的模拟和阻塞效果的模拟。此外，WiSE 还支持 NR-MIMO 场景的仿真，其中通过平面天线阵列和背对背板结构实现了波束扫描与混合波束形成技术。如图 18-2 所示，与 3GPP 结果相比，WiSE 曲线与其他 3GPP 公司的曲线非常吻合。这些校准结果验证了 WiSE 5G 功能的正确性和 WiSE 仿真结果的可靠性。

在 3.7GHz 频率下进行大规模 MIMO 仿真的研究，该研究的分集方案针对终端的遮挡导致的快衰落。研究中天线已经集成到商用智能手机中，并在隆德大学 MaMi（LuMaMi）测试

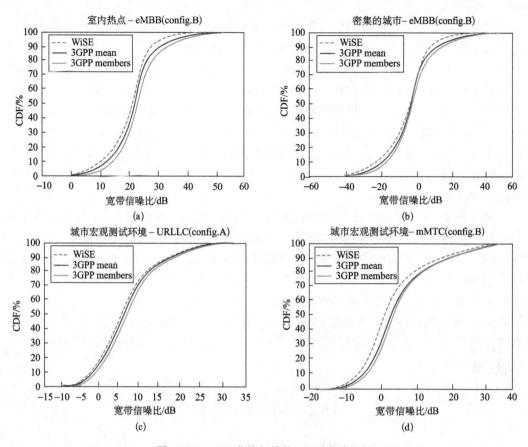

图 18-2　WiSE 曲线与其他 3GPP 曲线比较

平台使用 3.7GHz 频带进行调优。将仿真框架提供的结果与 LuMaMi 测试平台中使用相同终端得到的测量结果进行比较。在相同的负载条件下，与隆德大学的大型 MIMO 测试平台进行通信时，测试结果具有良好的终端性能。通过对远场天线模式的比较，得出了不同的分集方案。仿真结果与实测结果接近，可用于实际的大规模 MIMO 系统中终端的天线评估。大规模 MIMO 是提高未来无线通信系统容量和效率的关键技术之一。最近的预测表明，在信道和系统配置合理的假设下，MaMi 测试平台可以以将能源效率提高几个数量级，而光谱效率至少提高一个数量级。此项研究推导了一个模拟框架，用于在一个预先编码的 MaMi 测试平台系统中，从多天线终端测量远场天线模式的评估。通过调整三个环境参数来匹配模拟和测量的 MaMi 测试平台通道矩阵。结果表明，对于天线终端，所选择的上行导频传输策略可以在预编码下行链路中获得较大的信噪比增益。通过测试具有不同天线的第二终端来评估环境参数的通用性，得到了第一个原型的环境设置。最后，将模拟的信噪比增益和功率与实测值进行比较。

　　用于仿真毫米波技术的 ns-3 模拟器，该模拟器拥有许多详细的统计通道模型，以及合并真实测量或天线追踪数据的能力。具有模块化和高度可定制的物理与介质访问控制层，使其易于集成算法或比较正交频分复用数字。例如，毫米波模块与 LTE 模块的核心网络相连接，用于端到端连接的全堆栈模拟，还可以使用双连通性等高级体系结构特性。ns-3 是开源的，来自工业界和学术界的研究人员用几个模块充实了模拟器的基本核心，

ns-3 现在可以用来模拟各种无线和有线网络、协议及算法。ns-3 的网站上有完整的关于模型的文档，包括模型的设计以及用户可以对模型做什么的说明。毫米波通信是 5G 蜂窝无线系统的关键技术，可以实现未来网络所需的大吞吐量，毫米波已经成为 3GPP NR1 项目目前正在开发的重点项目。毫米波信号具有独特的传播特性，能够比以前实现更具方向性的波束传输，所以在毫米波通信中的许多工作都集中在信道建模、波束成形和其他物理层过程上。为了能够充分利用毫米波链接的高吞吐量、低延迟能力的端到端蜂窝系统的设计，不仅需要在物理层上进行创新，还需要跨通信协议栈的所有层进行创新。毫米波仿真工具是在广泛使用的 ns-3 网络模拟器中开发的一个新模块。ns-3 是一个开源平台，目前在 C++中实现了广泛的协议，使其对跨层设计和分析非常有用。新的毫米波模块基于 LTE LENA 模块，实现了所有必要的服务接入点(SAP)，以利用 LENA 提供强大的 LTE/ EPC 协议套件。代码(在 GitHub 上可以公开获得，以及示例和测试配置)是高度模块化和可定制的，可以帮助研究人员设计和测试新的 5G 协议。毫米波模块可以与 ns-3 LTE 模块的高层协议和核心网络模型进行交互，以实现端到端连接的全堆栈模拟，并通过直接执行代码来模拟真实的应用程序。

而 MathWorks 推出用于支持无线设计开发的 5G 库，5G 库是 LTE 系统工具箱的扩展组件，可以提供：信道模型(如 TDL 和 CDL)、新的无线电波形(如 F-OFDM)、新的编码方案(如 LDPC 码)和链路级仿真参考设计。另外，5G 库为 5G 技术开发补充了一系列 MATLAB 和 Simulink 功能，其中包括：模拟大规模 MIMO 天线阵列和设计混合波束成形架构；对射频系统架构、功率放大器和数字补偿进行建模，以实现毫米波频率下的更高数据速率；自动化 FPGA 实现，用于快速开发 5G 硬件测试平台。该 5G 库提供功能和链路级参考设计，可帮助无线工程师探索 3GPP 新型无线电技术的行为和性能。借助 5G 库，无线工程师可以进行仿真，评估 5G 技术及其对整个 5G 系统设计的影响。5G 库有助于无线系统工程师在标准定稿之前探索和应用 5G 新技术。通过采用该库中可靠的 5G MATLAB 算法和 38.901 信道模型，工程师可以快速评估新的波形与编码方案的性能特性，并开发接收算法。开发 5G 新标准产品的无线工程师面临着巨大的变化以及高度的复杂性。5G 库借助可靠、可定制、高度文档化的软件降低了 5G 新技术的学习曲线，因此工程师可以创建和验证符合 5G 规范和性能目标的设计。如图 18-3 所示，无线工程师使用 5G 库研究 3GPP 新型无线电技术。

Mininet 是由一些虚拟的终端节点、交换机、路由器连接而成的一个网络仿真器，采用轻量级的虚拟化技术，可以很方便地创建一个支持 SDN 的网络：host 就像真实的计算机一样工作，使用 ssh 登录，启动应用程序，程序向以太网端口发送数据包，数据包会被交换机、路由器接收并处理。可以灵活地为网络添加新的功能并进行相关测试，然后轻松部署到真实的硬件环境中。能够简单、迅速地创建一个支持用户自定义的网络拓扑，缩短开发测试周期。在 Linux 上运行的程序都可以在 Mininet 上运行，如 Wireshark。Mininet 支持 OpenFlow，在 Mininet 上运行的代码能移植到支持 OpenFlow 的硬件设备上，在 PC、服务器或者云(如 Amazon EC2)上运行，在 Mininet 虚拟机上执行操作即可创建自定义的网络拓扑，如图 18-4 所示。

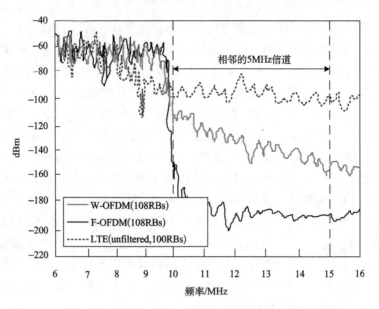

图 18-3　使用 5G 库研究 3GPP 新型无线电技术

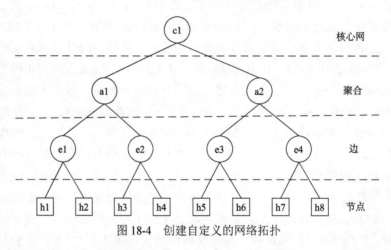

图 18-4　创建自定义的网络拓扑

　　另外，基于 SDN 开发控制器框架 ODL，其具有模块化、可扩展、可升级、支持多协议的特点。北向接口可扩展性强，REST 型 API 用于松耦合应用，OSGI 型用于紧耦合应用。引入 SAL 屏蔽不同协议的差异性。南向接口支持多种协议插件，如 OpenFlow1.0、OVSDB、LISP、PCEP 和 SNMP 等。底层支持传统交换机、纯 OpenFlow 交换机、混合模式的交换机。ODL 控制平台采用了 OSGI 框架，实现了模块化和可扩展化，为 OSGI 模块与服务提供了版本与周期管理。ODL 靠社区的力量驱动发展，支持工业级最广的 SDN 和 NFV 使用用例。

18.3　5G 外场测试

　　2018 年 6 月 5G SA 标准确定，全球第一版 5G 标准 R15 发布，R16 标准制定开启。中国 5G 技术研发试验第三阶段测试进展情况成为业界关注的焦点。

第一个 5G 标准（3GPP R15 版本）在 2018 年 6 月冻结，完整的 5G 标准（3GPP R16 版本）预计将于 2019 年年底冻结。其中 R15 又分为两个阶段：第一阶段在 2017 年年底完成 5G 新空口非独立组网（Option3），第二阶段在 2018 年中期完成 5G 新空口独立组网标准（Option2）和其他 NSA 标准（Option4 和 Option7 预计会延期到 2018 年年底完成），如图 18-5 所示，其中，Q1、Q2、Q3、Q4 分别代表第一、二、三、四季度。

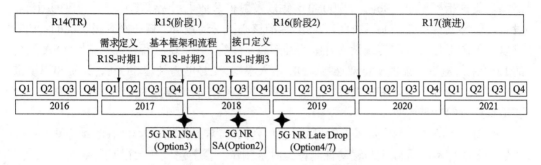

图 18-5　3GPP 5G 核心网标准进展

5G 无线接入网设计的主要目标是超高数据率、海量连接、超低延迟、高可靠性，以及支持多种使用场景的超柔性空中接口设计。为了实现这些目标，国内外学术界和业界都提出并研究了包括新波形、新信道编码、非正交多路接入以及大规模天线技术在内的先进的无线电传输新技术。中国 5G 研发从 2016 年开始，是由工业和信息化部指导，IMT-2020（5G）推进组负责全面组织实施。根据计划，在 2016～2018 年主要进行 5G 技术研发试验，2019～2020 年将进行 5G 产品研发试验。目前，中国已经在 MTNet 实验室和怀柔外场建设了超过 100 个基站，建设成全球最完整的 5G 室内外一体化试验网络。

在 2018 年 7 月 17 日召开的 5G 和未来网络战略研讨会上，IMT-2020（5G）推进组组长王志勤表示，5G 技术研发试验第三阶段测试（以下简称第三阶段测试）已经进入中期，目前部分企业完成基于非独立（NSA）组网标准室内测试项目。根据计划，在 2018 中国国际信息通信展前后（9 月），全部参与测试厂商会完成 NSA 的外场测试和独立（SA）组网的室内测试，部分领先厂商会完成室外测试项目，2018 年年底完成第三阶段测试的所有测试项目，进行面向商用化的产品的小规模组网验证，基于 3GPP R15 标准进行互操作测试，并进行 5G 典型应用融合试验，还有一些企业会验证和评估 R16 等新功能新特性，持续支撑国际标准验证。与此同时，第三阶段试验组网模式会进行基于 NSA 和 SA 两个标准进行测试，而第三阶段测试将遵循"先单设备、后互操作，先室内、后外场"的原则，根据测试计划，在通信展前后所有厂商会完成独立组网的室内测试，部分领先厂商会完成室外测试项目；2018 年底所有厂商将完成第三阶段测试的所有测试项目。在实际试验过程中，除了在技术和产品方面，业界发现 5G 在技术标准的定义十分复杂，需要满足多种场景、多种需求，参数比 4G 要复杂得多。因此，为防止不同运营商的 5G TDD 网络间干扰，加快 5G 研发产业进程，推进组确定第三阶段试验采用统一帧结构。根据综合评估，决定使用 2.5ms 双周期帧结构，后续所有系统厂商、终端厂商均将基于这个帧机构进行开发。同时，对于第三阶段试验规范体系，会紧跟 3GPP 标准，制定完善的 5G 规范。

目前，第三阶段 NSA 测试已经完成室内测试，主要验证物理层基本功能、RRC 协议基本功能、物理信道、链路自适应与调整、EC-DC 双连接测试、多天线技术、CU-DU 分离架构、射频测试、NSA 核心网测试。在基站基本功能测试方面，各系统厂商研发了 3.5GHz 预商用 5G 基站，基本支持 64 通道、192 子帧、200W 功率，同时厂商采用自研测试终端或第三方终端模拟器，总体测试结果良好；在射频发射机方面，全部测试厂商能满足测试指标要求，3640～4200MHz 频段发射机杂散采用无线电管理局制定的指标，设备均能够支持；在核心网方面，NSA 标准核心网是通过 4G 核心网升级实现的，EPC 可以基于虚拟化平台和传统设备升级两种形态。目前，各系统厂商完成了支持 NSA 架构的 EPC 系统测试，能够支持双连接、NR 接入限制、UE 能力处理、QoS、计费和用量报告、网关选择等功能。总体来看，测试结果良好，但是要继续完善 QoS 参数协商、计费和用量报告等功能[16]。

目前，大部分厂商完成了 NSA 标准室内测试内容，测试了单小区吞吐量、单用户吞吐量、多小区动态吞吐量与移动性测试、时延测试、覆盖测试和上行增强测试。与此同时，基于 NSA 标准的互操作研发测试也正在进行，华为与英特尔、大唐与展讯、大唐与高通分别展开了互操作测试。此外，IMT-2020（5G）推进组也在积极开展 5G 新技术/业务探索，包括 5G 使能 AI 校园和 uRLLC 使能 V2X。现在华为、爱立信、大唐、上海诺基亚贝尔系统厂商基于预商用硬件平台研发了支持 NSA 模式的 5G 系统产品，符合 NSA 组网模式的主要功能，包括双连接、大带宽、大规模天线技术、高阶调制以及核心网功能等，但在部分功能和性能方面需要完善。

第三阶段 NSA 方面的室外性能测试，中国华为与韩国领先的移动网络运营商 LG U+ 宣布完成面向 5G 三大商用场景（eMBB、uLLC、mMTC）的外场测试，根据测试结果，小区峰值速率突破 31Gbit/s，端到端时延小于 0.5ms，单小区超过 75 万超大连接数，这标志着双方使 5G 技术性能的验证和研究从实验室走向外场，为即将到来的 5G 商用部署携手迈出了重要一步。显示厂商具备提供端到端产品的能力、硬件工程安装能力（商用易部署）、产品外场环境中的性能指标与异厂商的 IODT 对接测试完备度等。本次测试华为使用 C-Band 基站和终端，借助已经在怀柔部署的华为 5G 承载试验网络和核心网，对 NSA 进行了最全面的场景验证，其中包含小区吞吐率、用户体验速率、移动性、网络时延、5G 关键解决方案以及关键业务流程等测试内容。在本次测试中，华为使用 5G 端到端商用系统，小区容量突破 10Gbit/s。

面向未来多样化的业务需求，5G 不仅要满足超大宽带的 eMBB 业务，还将使能面向智能驾驶和物联网等应用的 uLLC 低时延和 mMTC 大连接业务。在本次系列测试中，华为和 LG U+ 也进行了 5G NR 相关关键技术验证，通过 short TTI 和 f-OFDM 技术的结合，网络端到端时间降低到 0.5ms，并通过 SCMA 使单小区的连接数量成倍增加，超过 75 万。

尽管 5G 标准化仍处于早期阶段，但由大学、研究机构、供应商、运营商和 5G 相关论坛开发的 5G 原型、试验台和试验技术已经进行了数年。早期 5G 商业部署已经由各运营商宣布。已经开发了 6GHz 以下的大规模 MIMO 的试验台，并成功地证明了在实时现实场景中实现理论研究预测的增益是可能的。Argos 试验台为基于 96 个独立天线和射频链的全数字解决方案铺平了道路。隆德大学大规模 MIMO 试验台包括 100 个基于软件定

义的国家仪器无线电单元的独立 TRF 链路，首次演示了基于互易性的实时大规模 MIMO
操作，后来还演示了在用户移动速度高达 50km/h 的移动场景中基于互易性的操作。布里
斯托尔大学的试验台采用了同样的结构，共包含 128 条射频链。隆德大学和布里斯托尔
大学的研究人员在一个同时有 22 名用户的 20MHz 单一无线电频道上演示了
145.6（bit/s）/Hz 的频谱效率。Facebook 在 Aries 项目中开发了一个 96 个天线的大规模
MIMO 测试平台，旨在为农村地区提供无线连接。此外，欧洲计算机会议正在基于 Express
MIMO2 PCIe 卡开发 64 个天线 LTE 兼容测试台。2018 年韩国冬奥会上提供了 5G 服务，
如增强现实（AR）、虚拟现实（VR）、高质量的交互式多人视频游戏。前期准备中通过在
客户端设备和网络中采用最先进的多无线电接入技术（RAT），提出了革命性的试验台体
系结构，其设计灵活、成本高、节能，提供毫米波无线回程。该测试平台重点开发了以
下三种主要功能：第一个是提供高效端到端系统性能的新体系结构方法；第二个是两个
不同的接入网之间的互操作和无缝连接；第三个是主流的毫米波、6GHz 5G 无线接入网、
核心网和卫星通信技术的融合。爱立信和 NTT DoCoMo 宣布在 5G 技术的联合户外试验
中实现了 20Gbit/s 的累计数据吞吐量，使用 15GHz 频段，同时连接两个移动设备，每个
下行比特率超过 10Gbit/s。在另一项试验中，两家公司在距离基站约 70m 的距离上也实
现了超过 10Gbit/s 的数据吞吐量。此外，在距离基站约 120m 的距离上，测试达到了超
过 9Gbit/s 的数据传输。

18.4 5G 标准进展

国际电信联盟（ITU）早在 2015 年就发布了 5G 愿景和需求定义，并于 2016 年正式将
下一代移动蜂窝通信系统命名为"IMT-2020"，2018 年底启动 5G 技术评估及标准化，旨
在 2020 年第一季度完成技术评估并最终决定技术方案。

18.4.1 频谱进展

如图 18-6 所示，根据全球移动设备供应商协会（Global Mobile Suppliers Association，
GSA）2018 年 1 月 15 日发布的报告，全球已经有 17 个国家/地区发布了 5G 频谱拍卖或
5G 商用牌照发放计划。涉及频段主要包括 3.5GHz、4.9GHz 附近的中频段以及 26GHz、
28GHz 附近的高频段。5G 可用新频谱主要集中在中高频段，但频段越高，传播损耗越大，
难以快速建立一个 5G 连续覆盖网络，覆盖因素和建网成本成为制约。初期建网需要考

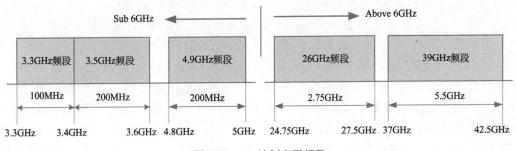

图 18-6 5G 计划商用频段

虑 LTE 存量频谱，并通过上下行解耦、载波聚合、天线阵列化、波束赋形等多种技术手段提高频谱效率和上下行覆盖范围。

欧洲是 3G/4G 标准化的领导者，但是 4G 的发展偏慢，在 5G 的发展上也趋于稳健，目前更多的是希望能继续在 5G 时代主导推进标准。欧盟在 2017 年 9 月公布了 5G 行动计划：2017 年底制定完整的 5G 部署路线图，2018 年开始预商用测试，2020 年各个成员方至少选择一个城市提供 5G 服务，2025 年各个成员方在城区和主要公路、铁路沿线提供 5G 服务。同时，欧盟也已确定 6GHz 以下和 6GHz 以上的频率划分，以支持高低频融合的 5G 网络部署。美国联邦通信委员会(FCC)在全球率先颁布 5G 频率，均为 24GHz 以上，共 11GHz 带宽，包括授权频段 3.85GHz 带宽(28GHz、37GHz、39GHz)和非授权频段 7GHz 带宽(64GHz 和 71GHz)。

中国政府也已明确积极推进 5G 于 2020 年商用，工业和信息化部从 2015 年 9 月至 2018 年底主导 5G 关键技术试验，三阶段试验包含关键技术验证、技术方案验证和系统验证。3 个运营商在近期都公布了自己的实验室、外场和部署计划，逐步推动产业成熟，实现 2020 年商用或试商用。不过受国内高频器件产业弱势的限制，中国更重视 6GHz 以下频率的 5G 应用，首发的 5G 应用频段很可能为 3.5GHz 和 4.8GHz 频段。中国工业和信息化部于 2017 年 11 月 15 日发布了《工业和信息化部关于第五代移动通信系统使用 3300～3600MHz 和 4800～5000MHz 频段相关事宜的通知》，明确指出 5G 频谱中相关频谱的使用，而毫米波待定。在 2018 中国国际信息通信展期间，中国电信和中国联通各获得 3.5GHz 的各 100MHz 频谱资源，中国移动获得 4.8GHz 频段的 100MHz 资源。

18.4.2 5G 传输标准进展

5G 传输技术涉及多个标准组织，包括 ITU-T、OIF(光互联论坛)、IEEE(电气电子工程师协会)等。ITU-T SG15 主要研究 5G 传送的需求和解决方案；切片分组网(SPN)/灵活以太网(FlexE)主要在 OIF 相关会议中确定完成；移动优化的光传送网(M-OTN)/灵活光传送网(FlexO)和超高精度时间同步均在 ITU-T SG15 提出，具体性能和实现方法仍在进一步讨论；TSN(时延敏感网络)主要由 IEEE802.1 提出并完善，目前 TSN 大部分标准制定已接近尾声。随着 5G 需求的明确和 3GPP 5G 标准的完成，5G 传输的标准化工作已全面开展。

3GPP 5G 标准工作主要集中在 R15 和 R16，包括无线接入网及核心网。5G 技术的标准化分为两个阶段。这种分阶段标准化方法的目标是完成初始规范，以便在 2020 年的时间框架内进行部署。第一阶段于 2018 年 9 月完成第 15 版。第二阶段包含更多的功能，以扩展 5G 的功能，逐步支持更多的服务、场景和更高的频带(如 40GHz 以上)。第二阶段将在 2019 年底完成第 16 版。NR(新无线电)是 3GPP 开发的 5G 无线接入新技术。关于 NR 的技术工作在 2016 年春天开始，第一个版本在 2017 年底完成 NR 3GPP 15 的一部分，但仅限于非独立的 NR 操作，设备在初始访问和移动性上依赖于 LTE。第一个完整的 5G 标准计划 R15 在 2018 年 6 月冻结，作为基础版本 R15 能够实现新空口技术框架的构筑，具备站点储备条件，支持行业应用基础设计，支持网络切片(核心网)，主要面向 eMBB 场景；而计划于 2019 年底冻结的 R16 则致力于为 5G 提供完整竞争力，持续提升 NR 竞争力，支持 D2D、V2X、增强实时通信等功能，满足 uRLLC 及 mMTC 增强场景。独立组网和非独立组网的区别主要是影响更高层次与核心网络的接口，在这两种情况下，基本的无线电技术是相同的。

如图 18-7 所示，截至 2017 年底，R15 完成了第一个基于非独立组网的空口标准，业务需求、网络架构及基本流程也已确定，安全及计费相关内容启动较晚，接口及应用协议仍在进一步讨论中。为确保 R15 按期完成，部分 R16 工作已暂时搁置。5G NSA 新空口标准的提前冻结使 3GPP 5G 标准向前迈出的实质性一步，它将有利于尽快开展 5G NR 验证及建设工作。该模式下，5G 需要依托现有 LTE 网络，将控制面锚定在 LTE 网络上，用户面根据覆盖情况由 5G NR 和 LTE 共同承载，或者由 5G NR 独立承载，该方案支持双连接、QoS 和计费增强。

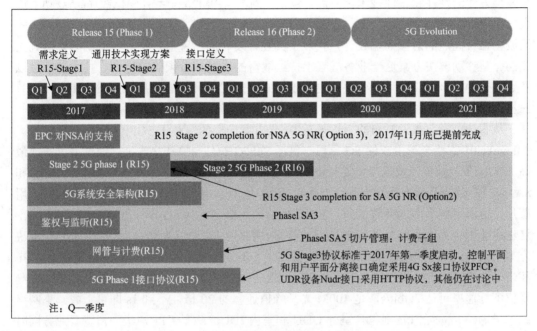

图 18-7　5G 标准发展进程

18.5　5G 商用的发展挑战

面向 2020 年及未来数据流量的千倍增长，千亿设备连接和多样化的业务需求不仅对 5G 系统设计提出严峻挑战，同时 5G 系统的商用部署也会遇到许多实际困难。随着大数据及万物互联时代的到来，新业务、新应用对移动通信网络提出了更高要求，正推动移动通信技术由目前的后 4G 时代逐步向 5G 时代演进。移动互联网和物联网是未来移动通信发展的两大主要驱动力，将为 5G 提供广阔的前景。移动互联网的进一步发展将带来未来移动流量超千倍增长，推动移动通信技术和产业的新一轮变革。物联网扩展了移动通信的服务范围，从人与人通信延伸到物与物、人与物智能互联，使移动通信技术渗透至更加广阔的行业和领域。

2018 年第五代移动通信技术独立组网标准(5G NR)正式发布，再加上 2017 年 12 月完成的非独立组网的 NR 标准，5G 已经完成第一阶段全功能标准化工作。这也是整个通信行业进入全面冲刺 5G 的"发令枪"。5G 的商用将与 3GPP 的 5G 标准发展对应,在 2020 年左右首先启动 eMBB 业务场景的商用,而后再逐步支持更为丰富的业务场景。

高通于 2016 年就推出了全球首款发布的 5G 调制解调器系列——骁龙 X50,不仅支持在 6GHz 以下和多频段毫米波频谱运行,还能够通过单芯片支持 2G/3G/4G/5G 多模功能,并将支持于 2019 年商用推出的 5G 智能手机和网络。近期披露的进展是,AT&T、爱立信、NTT DoCoMo、Orange、高通、SK 电讯、Sprint、Telstra、T-Mobile 美国、Verizon 和沃达丰共同演示了符合 3GPP 标准的 5G 新空口多厂商互通,其中所使用的就是高通的 5G 新空口终端原型机。高通是首个向手机终端厂商提供完整调制解调器到天线系统级解决方案的硬件和软件技术供应商,包括全新的 QPM26xx 系列砷化镓(GaAs)功率放大器模组(PAMiD)(含双工器)、包络追踪器、天线调谐器、天线开关以及独立和集成式滤波模组。高通的射频前端设计,代表了其在开发和商用覆盖、从数字调制解调器到天线的完整移动解决方案这一业务战略上持续取得的进展。射频前端对 5G 技术的演进以及 5G 在 2019 年的商用,均至关重要。CES 2018 期间的最新消息是,Google、HTC、LG、三星、索尼移动等领先型 OEM 厂商,均已经采用了高通的 RFFE 产品[33]。

从芯片上看,华为发布的 Balong5G01 是首款商用的、基于 3GPP 标准的 5G 芯片。Balong5G01 支持全球主流的 5G 频段,包括 Sub6GHz(低频)和毫米波,理论上可实现最高 2.3Gbit/s 的数据下载速率,支持 NSA(5G 非独立组网,即 5G 网络架构在 LTE 上)和 SA(5G 独立组网)两种组网方式。Balong5G01 作为 5G 标准冻结后第一时间发布的商用芯片,标志着华为率先突破了 5G 终端芯片的商用瓶颈,为 5G 产业发展做出重大贡献,这也意味着华为成为首个具备 5G 芯片-终端-网络能力、可以为客户提供端到端 5G 解决方案的公司。而从终端产品上看,华为推出了 5G CPE,该产品分为低频(Sub6GHz)CPE 和毫米波 CPE 两种。华为 5G 低频 CPE 重 2kg,体积仅为 3L,可在室内随意摆放,实测峰值下行速率可达 2Gbit/s,是 100M 光纤峰值速率的 20 倍,不到 1s 即可下载一集网络剧。华为 5G 高频 CPE 则包含室外 ODU 和室内 IDU。除了 CPE,华为消费者业务同时对外发布了面向 5G 时代的终端战略,将基于 5G 高速率、广连接、低时延三大特点分别推出 Mobile WiFi 和智能手机、连接物的 5G 工业模块、连接车的 5G 车载盒子。CES 历来为全球消费电子业界所瞩目,5G 时代的消费电子终端设备给人无限遐想。

部分移动通信运营商均透露了 2019 年推出 5G 商用服务的计划,如 Verizon 执行副总裁卫翰思在 CES 2018 发表演讲时首次对外披露,Verizon 的 5G 将不仅仅局限于"5G 固定无线接入",也包含"移动 5G"。此外,克里斯蒂安诺·阿蒙在 CES 2018 分析指出,相信在包括美国、中国、欧洲、日本、韩国等在内的多个市场中,都在为 2019 年早期 5G 的部署做准备,其中,美国与中国的进展都很快。

5G 网络部署是一个漫长的过程,5G 不会独立存在,5G 和 4G 等技术的演进关系和融合组网都很重要,尤其对于终端测试而言,测试仪表与 4G 等技术的融合显得格外重要,5G 和 4G 的频谱组合场景非常复杂。5G-NR 构造了全新的 5G 灵活空中接口,eMBB 需要更高的传输带宽,uRLLC 需要更低的时延,还要兼顾到未来的 5G 毫米波的高带宽,5G 终端测试会更加复杂。

参 考 文 献

[1] Agiwal M, Roy A, Saxena N. Next generation 5G wireless networks: a comprehensive survey[J]. IEEE Communications Surveys & Tutorials, 2017, 18(3): 1617-1655.

[2] 尤肖虎, 潘志文, 高西奇, 等. 5G 移动通信发展趋势与若干关键技术[J]. 中国科学(信息科学), 2014, 44(5): 551-563.

[3] Andrews J G, Buzzi S, Wan C, et al. What will 5G be[J]. IEEE Journal on Selected Areas in Communications, 2014, 32(6): 1065-1082.

[4] Parkvall S, Dahlman E, Furuskar A, et al. NR: The new 5G radio access technology[J]. IEEE Communications Standards Magazine, 2017, 1(4): 24-30.

[5] Erik D, Stefan P. NR-The new 5G radio-access technology[C]. 2018 IEEE 87th Vehicular Technology Conference(VTC Spring), 2018: 1-6.

[6] Paulo V K, Muhammad A I, Oluwakayode O, et al. A survey of machine learning techniques applied to self-organizing cellular networks[J]. IEEE Communications Surveys & Tutorials, 2017, 19(4): 2392-2431.

[7] Asadi A, Wang Q, Mancuso V. A survey on device-to-device communication in cellular networks[J]. IEEE Communications Surveys & Tutorials, 2014, 16(4): 1801-1819.

[8] 钱志鸿, 王雪. 面向 5G 通信网的 D2D 技术综述[J]. 通信学报, 2016, 37(7): 1-14.

[9] 姚骏. D2D 通信的无线资源管理技术研究[D]. 北京: 北京交通大学, 2014.

[10] 董自强, 刘灿灿. 基于邻近服务的 D2D 节点发现技术综述[J]. 微型机与应用, 2016, 35(16): 60-62.

[11] 王磊, 高露露, 蒋国平, 等. D2D 中基于社交关系的按需用户发现策略[J]. 信号处理, 2015, 31(9): 1173-1179.

[12] 周瑾. 基于部分频率复用的 D2D 资源调配方案研究[D]. 武汉: 湖北工业大学, 2017.

[13] Larsson E G, Edfors O, Tufvesson F, et al. Massive MIMO for next generation wireless systems[J]. IEEE Communications Magazine, 2014, 52(2): 186-195.

[14] Wang L, Ngo H Q, Elkashlan M, et al. Massive MIMO in spectrum sharing networks: Achievable rate and power efficiency[J]. IEEE Systems Journal, 2017, 11(1): 20-31.

[15] Ye Q, Bursalioglu O Y, Papadopoulos H C, et al. User association and interference management in massive MIMO hetnets[J]. IEEE Transactions on Communications, 2016, 64(5): 2049-2065.

[16] Puglielli A, Townley A, Lacaille G, et al. Design of energy and cost-efficient massive MIMO arrays[J]. Proceedings of the IEEE, 2016, 104(3): 586-606.

[17] Zhang C, Qiu R C. Massive MIMO as a big data system: random matrix models and testbed[J]. IEEE Access, 2017, 3: 837-851.

[18] 张中山, 王兴, 张成勇, 等. 大规模 MIMO 关键技术及应用[J]. 中国科学(信息科学), 2015, 45(9): 1095-1110.

[19] Zhang Z, Long K, Vasilakos A V, et al. Full-duplex wireless communications: challenges, solutions, and future research directions[J]. Proceedings of the IEEE, 2016, 104(7): 1369-1409.

[20] Yadav A, Dobre O, Ansari N. Energy and traffic aware full-duplex communications for 5G systems[J]. IEEE Access, 2017, 5: 11278-11290.

[21] 张丹丹, 王兴, 张中山. 全双工通信关键技术研究[J]. 中国科学(信息科学), 2014, 44(8): 951-964.

[22] Li L, Dong C, Wang L, et al. Spectral-efficient bidirectional decode-and-forward relaying for full-duplex

communication[J]. IEEE Transactions on Vehicular Technology, 2016, 65（9）: 7010-7020.

[23] Pi Z, Khan F. An introduction to millimeter-wave mobile broadband systems[J]. IEEE Communications Magazine, 2011, 49（6）: 101-107.

[24] Rappaport T S, Sun S, Mayzus R, et al. Millimeter wave mobile communications for 5G cellular: It will work![J]. IEEE Access, 2013, 1（1）: 335-349.

[25] Rappaport T S, Xing Y, MacCartney G R, et al. Overview of millimeter wave communications for fifth-generation （5G） wireless networks-with a focus on propagation models[J]. IEEE Transactions on Antennas & Propagation, 2017, 65（12）: 6213-6230.

[26] Sulyman A I, Alwarafy A, MacCartney G R, et al. Directional radio propagation path loss models for millimeter-wave wireless networks in the 28, 60, and 73GHz bands[J]. IEEE Transactions on Wireless Communications, 2016, 15（10）: 6939-6947.

[27] Vu T K, Bennis M, Debbah M, et al. Ultra-reliable communication in 5G mmWave networks: a risk-sensitive approach[J]. IEEE Communications Letters, 2018, 22（4）: 708-711.

[28] Sybis M, Wesolowski K, Jayasinghe K, et al. Channel coding for ultra-reliable low-latency communication in 5G systems[C]. IEEE Vehicular Technology Conference, 2017: 1-5.

[29] Richardson T, Kudekar S. Design of low-density parity check codes for 5G new radio[J]. IEEE Communications Magazine, 2018, 56（3）: 28-34.

[30] Ankan E, Hassan N, Lentmaier M, et al. Challenges and some new directions in channel coding[J]. Journal of Communications and Networks, 2015, 17（4）: 328-338.

[31] 解国强. 下一代无线通信系统中波形技术的研究[D]. 成都: 电子科技大学, 2017.

[32] Lien S Y, Shieh S L, Huang Y, et al. 5G new radio: waveform, frame structure, multiple access, and initial access[J]. IEEE Communications Magazine, 2017, 55 （6）: 64-71.

[33] Zhang L, Ijaz A, Xiao P, et al. Multi-service system: an enabler of flexible 5G air interface [J]. IEEE Communications Magazine, 2017, 55（10）: 152-159.

[34] Farhang-Boroujeny B, Moradi H. OFDM inspired waveforms for 5G[J]. IEEE Communications Surveys & Tutorials, 2016, 18（4）: 2474-2490.

[35] Zhang L, Ijaz A, Xiao P, et al. Filtered OFDM systems, algorithms, and performance analysis for 5G and beyond[J]. IEEE Transactions on Communications, 2018, 66（3）: 1205-1218.

[36] Liu Y, Chen X, Zhong Z, et al. Wave form design for 5G networks analysis and comparison[J]. IEEE Access, 2017, 5: 19282-19292.

[37] Lin I C, Han S F, Xu Z K, et al. New paradigm of 5G wireless internet[J]. IEEE Journal on Selected Areas in Communications, 2016, 34（3）: 474-482.

[38] Zilberman N, Watts P M, Rotsos C, et al. Reconfigurable network systems and software-defined networking[J]. Proceedings of the IEEE, 2015, 103（7）: 1102-1124.

[39] Levanen T A, Pirskanen J, Koskela T, et al. Radio interface evolution towards 5G and enhanced local area communications[J]. IEEE Access, 2014, 2: 1005-1029.

[40] Chen Y, Bayesteh A, Wu Y, et al. Toward the standardization of non-orthogonal multiple access for next generation wireless networks[J]. IEEE Communications Magazine, 2018, 56（3）: 19-27.

[41] Islam S M R, Avazov N, Dobre O A, et al. Power-domain non-orthogonal multiple access （NOMA） in 5G systems: potentials and challenges[J]. IEEE Communications Surveys & Tutorials, 2017, 19（2）: 721-742.

[42] 毕奇, 梁林, 杨姗, 等. 面向 5G 的非正交多址接入技术[J]. 电信科学, 2015, 31（5）: 14-21.

[43] Dai J, Niu K, Dong C, et al. Improved message passing algorithms for sparse code multiple access[J]. IEEE Transactions on Vehicular Technology, 2018, 6: 747-759.

[44] Wu Z, Lu K, Jiang C, et al. Comprehensive study and comparison on 5G NOMA schemes[J]. IEEE

Access, 2018, 6: 18511-18519.

[45] Dai J, Niu K, Si Z, et al. Polar-coded non-orthogonal multiple access[J]. IEEE Transactions on Signal Processing, 2018, 66(5): 1374-1389.

[46] Jaber M, Imran M A, Tafazolli R, et al. 5G backhaul challenges and emerging research directions: a Survey[J]. IEEE Access, 2017, 4: 1743-1766.

[47] Zuo J, Zhang J, Yuen C, et al. Energy efficient user association for cloud radio access networks[J]. IEEE Access, 2016, 4: 2429-2438.

[48] Checko A, Christiansen H L, Yan Y, et al. Cloud RAN for mobile networks-a technology overview[J]. IEEE Communications Surveys & Tutorials, 2014, 17(1): 405-426.

[49] Taleb T, Samdanis K, Mada B, et al. On multi-access edge computing: a survey of the emerging 5G network edge architecture & orchestration[J]. IEEE Communications Surveys & Tutorials, 2017, 19(3): 1657-1681.

[50] Chia S, Gasparroni M, Brick P. The next challenge for cellular networks: backhaul[J]. IEEE Microwave Magazine, 2009, 10(5): 54-66.

[51] Aliu O G, Imran A, Imran M A, et al. A survey of self organisation in future cellular networks[J]. IEEE Communications Surveys & Tutorials, 2013, 15(1): 336-361.

[52] 李建东, 滕伟, 盛敏, 等. 超高密度无线网络的自组织技术[J]. 通信学报, 2016, 37(7): 30-37.

[53] Peng M, Liang D, Wei Y, et al. Self-configuration and self-optimization in LTE-advanced heterogeneous networks[J]. IEEE Communications Magazine, 2013, 51(5): 36-45.

[54] Imran A, Zoha A, Abu-Dayya A. Challenges in 5G: how to empower SON with big data for enabling 5G[J]. IEEE Network Magazine, 2014, 28(6): 27-33.

[55] Liu D, Wang L, Chen Y, et al. User association in 5G networks: a survey and an outlook[J]. IEEE Communications Surveys & Tutorials, 2016, 18(2): 1018-1044.

[56] Najam U, Waleed E, Naveed E, et al. Network selection and channel allocation for spectrum sharing in 5G heterogeneousnetworks[J]. IEEE Access, 2016, 4: 980-992.

[57] Chen Z, Li T, Fan P, et al. Cooperation in 5G heterogeneous networking: relay scheme combination and resource allocation[J]. IEEE Transactions on Communications, 2016, 64(8): 3430-3443.

[58] Zhang H, Jiang C, Cheng J, et al. Cooperative interference mitigation and handover management for heterogeneous cloud small cell networks[J]. IEEE Wireless Communications, 2015, 22(3): 92-99.

[59] Peng M, Li Y, Zhao Z, et al. System architecture and key technologies for 5G heterogeneous cloud radio access networks[J]. IEEE Network, 2015, 29(2): 6-14.

[60] Zhuang B, Guo D, Michael L, et al. Energy-efficient cell activation, user association, and spectrum allocation in heterogeneous networks[J]. IEEE Journal on Selected Areas in Communications, 2016, 34(4): 823-831.

[61] Jo M, Maksymyuk T, Batista R, et al. A survey of converging solutions for heterogeneous mobile networks[J]. IEEE Wireless Communications, 2014, 21(6): 54-62.

[62] Cox J H, Chung J, Donovan S, et al. Advancing software-defined networks: a survey[J]. IEEE Access, 2017, 5: 25487-25526.

[63] Chen T, Matinmikko M, Chen X, et al. Software defined mobile networks: concept, survey, and research directions[J]. IEEE Communications Magazine, 2015, 53(11): 126-133.

[64] Granelli F, Gebremariam A A, Usman M, et al. Software defined and virtualized wireless access in future wireless networks: scenarios and standards[J]. IEEE Communications Magazine, 2015, 53(6): 26-34.

[65] 徐川, 马宏宝, 赵国锋, 等. 软件定义无线网络研究进展[J]. 重庆邮电大学学报(自然科学版), 2015, 27(4): 453-459.

[66] 王燚, 罗凤娅, 孙国林. 面向 5G RAN 的网络切片技术[J]. 电信科学, 2018, 34(3): 124-131.

[67] Sun S, Gong L, Rong B, et al. An intelligent SDN framework for 5G heterogeneous networks[J]. IEEE Communications Magazine, 2015, 53(11): 142-147.

[68] Yan Q, Yu F R, Gong Q, et al. Software-defined networking (SDN) and distributed denial of service (DDoS) attacks in cloud computing environments: a survey, some research issues, and challenges[J]. IEEE Communications Surveys & Tutorials, 2016, 18(1): 602-622.

[69] Abdelwahab S, Hamdaoui B, Guizani M, et al. Network function virtualization in 5G[J]. IEEE Communications Magazine, 2016, 54(4): 84-91.

[70] ETSI. NFV White Paper 5G[EB/OL]. [2018-9-3]. http://portal.etsi.org/NFV/NFV_White_Paper.

[71] Wood T, Ramakrishnan K K, Hwang J, et al. Toward a software-based network: integrating software defined networking and network function virtualization[J]. IEEE Network, 2015, 29(3): 36-41.

[72] 邵维专, 吕光宏. 网络功能虚拟化资源配置及优化研究综[J]. 计算机应用研究, 2018(2): 321-326.

[73] Mijumbi R, Serrat J, Gorricho J L, et al. Network function virtualization: state-of-the-art and research challenges[J]. IEEE Communications Surveys & Tutorials, 2017, 18(1): 236-262.

[74] Liang C, Yu F R. Wireless network virtualization: a survey, some research issues and challenges[J]. IEEE Communications Surveys & Tutorials, 2015, 17(1): 358-380.

[75] Ibrahim A, Tarik T, Samdanis K, et al. Network slicing and softwarization: a survey on principles, enabling technologies, and solutions[J]. IEEE Communications Survey & Tutorials, 2018, 20(3): 2429-2453.

[76] Zou Y, Zhu J, Wang X, et al. A survey on wireless security: technical challenges, recent advances, and future trends[J]. Proceedings of the IEEE, 2016, 104(9): 1727-1765.

[77] Ahmad I, Kumar T, Liyanage M, et al. Overview of 5G security challenges and solutions[J]. IEEE Communications Standards Magazine, 2018, 2(1): 36-43.

[78] 冯登国, 徐静, 兰晓. 5G 移动通信网络安全研究[J]. 软件学报, 2018, 29(6): 1813-1825.

[79] Wang H, Zheng T, Yuan J, et al. Physical layer security in heterogeneous cellular networks[J]. IEEE Transactions on Communications, 2016, 64(3): 1204-1219.

[80] Duan X, Wang X. Fast authentication in 5G HetNet through SDN enabled weighted secure-context-information transfer[C]. 2016 IEEE International Conference on Communications (ICC), 2016: 1-6.

[81] Xu T, Gao D, Dong P, et al. Defending against new-flow attack in sdn-based internet of things[J]. IEEE Access, 2017, 5: 3431-3443.

[82] Lorenzo F M, Ángel L P G, Felix J, Garcia C, et al. A self-adaptive deep learning-based system for anomaly detection in 5G networks[J]. IEEE Access, 2018(6): 7700-7712.

[83] Li J Q, Zhao Z F, Li R P. Machine learning-based IDS for software defined 5G network[J]. IET Networks, 2018, 7(2): 53-60.

[84] Jiang C X, Zhang H J, et al. Machine learning paradigms for next-generation wireless networks[J]. IEEE Wireless Communications, 2017(4): 98-105.

[85] Li R P, Zhao Z, Zhou X, et al. Intelligent 5G: when cellular networks meet artificial intelligence[J]. IEEE Wireless Communications, 2017, 24(5): 175-183.

[86] Wang T Q, Wen C W, Wang H, et al. Deep learning for wireless physical layer: opportunities and challenges [J]. China Communications, 2017, 14(11): 92-111.

[87] Maimó L F, Gómez A L P, Clemente F J G, et al. A self-adaptive deep learning-based system for anomaly detection in 5G networks[J]. IEEE Access, 2018(6): 7700-7712.

[88] Yuan Y, Zhu L. Application scenarios and enabling technologies of 5G[J]. China Communications, 2015, 11(11): 69-79.

[89] 李宗璋, 石志同, 王玉玲, 等. 高铁 4G 专网优化策略及方案[J]. 电信科学, 2016, 32(7): 179-187.

[90] 陈山枝, 胡金玲, 时岩, 等. LTE-V2X 车联网技术、标准与应用[J]. 电信科学, 2018(4): 1-11.

[91] Sun Y, Song H, Jara A J, et al. Internet of things and big data analytics for smart and connected communities[J]. IEEE Access, 2017, 4: 766-773.

[92] Bockelmann C, Pratas N K, Wunder G, et al. Towards massive connectivity support for scalable mMTC communications in 5G networks[J]. IEEE Access, 2018, 6: 28969-28992.

[93] Lin I C, Han S F, Xu Z K, et al. 5G: rethink mobile communications for 2020+[J]. Phil. Trans. R. Soc. A, 2016, 374(2062): 1-13.

[94] 中国联通. 中国联通 5G 网络演进白皮书[Z]. 2016.

[95] 杨旭, 肖子玉, 邵永平, 等. 5G 网络部署模式选择及演进策略[J]. 电信科学, 2018, 40(6): 138-146.

[96] Mezzavilla M, Zhang M, Polese M, et al. End-to-end simulation of 5G mmWave networks[J]. IEEE Communications Surveys & Tutorials, 2018, 20(3): 2237-2263.

缩 略 词

3GPP	3rd Generation Partnership Project	第三代合作伙伴计划
4G	4th Generation mobile communication	第四代移动通信
5G	5th Generation mobile communication	第五代移动通信
AAU	Active Antenna processing Unit	有源天线处理单元
ADC	Analogue-to-Digital Conversion	模/数转换
AF	Amplify-and-Forward	放大转发
AFC	Automatic Frequency Control	自动频率控制
AI	Artificial Intelligence	人工智能
AMPS	Advanced Mobile Phone System	高级移动电话系统
AP	Access Point	接入点
API	Application Programming Interface	应用程序接口
AR	Augmented Reality	增强现实
BBU	Base Band Unit	基带单元
BER	Bit Error Rate	误码率
BF	Beam Forming	波束赋形
BH	Back Haul	回程
BS	Base Station	基站
BSC	Base Station Controller	基站控制器
BTS	Base Transceiver Station	基站收发台
BW	Band Width	宽带
C/I	Carrier to Interference	载干比
CA	Carrier Aggregation	载波聚合
CAC	Call Access Control	呼叫接入控制
CAPEX	Capital Expenditure	资本性支出
CCE	Control Channel Element	控制信道单元
CCFD	Co-frequency Co-time Full Duplex	同频同时全双工
CDMA	Code Division Multiple Access	码分多址接入
CDN	Content Delivery Network	内容分发网络
CFO	Carrier Frequency Offset	载波频率偏移
CN	Core Network	核心网
CNN	Convolutional Neural Network	卷积神经网络
CoMP	Coordinated Multi-point Processing	多点协作处理
CP	Cyclic Prefix	循环前缀

CPE	Customer Premise Equipment	客户端设备
CP-OFDM	OFDM with Cyclic Prefix	带前缀循环的 OFDM
C-RAN	Centralized Radio Access Network	集中无线接入网
CSI	Channel State Information	信道状态信息
DSP	Digital Signal Processing	数字信号处理
D2D	Device-to-Device communication	终端到终端通信
DCI	Downlink Control Information	下行控制信息
DDOS	Distributed Denial Of Service	分布式拒绝服务
DF	Decode-and-Forward	译码转发
DFT	Discrete Fourier Transform	离散傅里叶变换
DL	Downlink	下行链路
DLB	Dynamic Load Balancing	动态负载均衡
DNN	Deep Neural Network	深度神经网络
DoS	Denial of Service	拒绝服务攻击
DR	D2D Receiver	D2D 接收机
DT	D2D Transmitter	D2D 发射机
eMBB	Enhance Mobile Broadband	增强移动宽带
EDGE	Enhanced Data Rate for GSM Evolution	数据增强型 GSM 演进技术
EE	Energy Efficiency	能量效率
EMS	Element Management System	网元管理系统
EPC	Evolved Packet Core	演进的分组核心
EPS	Evolved Packet System	演进的分组系统
ETSI	European Telecommunications Standards Institute	欧洲电信标准化协会
FBMC	Filter Bank MultiCarrier	滤波器组多载波
FCC	Federal Communications Commission	联邦通信委员会
FD	Full Duplex	全双工
FDD	Frequency Division Duplexing	频分双工
FDM	Frequency Division Multiplex	频分复用
FDMA	Frequency Division Multiple Access	频分多址
FEC	Forward Error Correction	前向纠错
FFT	Fast Fourier Transform	快速傅里叶变换
F-OFDM	Filtered-Orthogonal Frequency Division Multiplexing	基于滤波的正交频分复用
FPGA	Field-Programmable Gate Array	现场可编程门阵列
FP7	Seventh Framework Program	第七框架计划
GD	Gradient Descent	梯度下降
GE	Giga-bit Ethernet	吉比特以太网
GFDM	Generalized Frequency Division Multiplexing	广义频分复用
GP	Guard Period	保护周期

GPRS	General Packet Radio Service	通用分组无线业务
GPS	Global Positioning System	全球定位系统
GSM	Global System of Mobile communication	全球移动通信系统
GSM-R	Global System for Mobile communications-Railway	铁路移动通信系统
HAL	Hardware Abstract Layer	硬件抽象层
HARQ	Hybrid Automatic Repeat request	混合自动重传请求
HD	Half Duplex	半双工
HDP	Handoff Dropping Probability	切换呼叫丢弃概率
HetNet	Heterogeneous Network	异构网络
HSPA	High Speed Packet Access	高速分组接入
HSS	Home Subscriber Server	归属地用户服务器
IaaS	Infrastructure as a Service	基础设施服务
IAB	Integrated Access and Backhaul	综合接入回传
ICI	Inter Carrier Interference	载波间串扰
ICT	Information and Communication Technology	信息和通信技术
IDFT	Inverse Discrete Fourier Transform	离散傅里叶逆变换
ICIC	Inter-Cell Interference Coordination	小区间干扰协调
ICN	Information Core Network	信息中心网络
IEEE	Institute of Electrical and Electronics Engineers	电气电子工程师协会
IETF	Internet Engineering Task Force	互联网工程任务组
IFFT	Inverse Fast Fourier Transform	快速傅里叶逆变换
IMS	IP Multimedia Subsystem	IP 多媒体子系统
IID	Independently and Identically Distributed	独立同分布
IMT	International Mobile Telecommunications	国际移动通信
IoT	Internet of Things	物联网
IP	Internet Protocol	互联网协议
IRTF	Internet Research Task Force	互联网研究工作组
ISI	Inter-Symbol Interference	码间串扰
ISM	Industrial Scientific and Medical	工业、科学、医疗
ITU	International Telecommunication Union	国际电信联盟
ITU-R	ITU-Radiocommunication Sector	国际电信联盟无线电通信组
ITU-T	ITU Telecommunication Standardization Sector	国际电信联盟电信标准分局
KPI	Key Performance Indicators	关键性能指标
KVM	Kernel-based Virtual Machine	基于内核的虚拟化
LAN	Local Area Network	局域网
LDPC	Low Density Parity Check	低密度奇偶检验
LLR	Log Likelihood Rate	对数似然比
LOS	Line of Sight	视距链路

LTE	Long Term Evolution	长期演进
M2M	Machine-to-Machine/Man	机器对机器/人
MAC	Multiple Access Control layer	多路访问控制层
MAP	Maximum A Posteriori	最大后验概率
MCM	Multi-Carrier Modulation	多载波调制
MDP	Markov Decision Process	马尔可夫决策过程
MEC	Mobile Edge Computing	移动边缘计算
METIS	Mobile and Wireless Communications Enablers for Twenty-twenty（2020）Information Society	构建 2020 年信息社会的无线通信关键技术
MGCP	Media Gateway Control Protocol	媒体网关控制协议
MiFi	Mobile WiFi	移动热点
MIMO	Multiple-Input-Multiple-Output	多输入多输出
ML	Maximum Likelihood	最大似然法
MLB	Mobility Load Balance	移动负载均衡
MLD	Maximum Likelihood Decoding	最大似然译码
MME	Mobility Management Entity	移动管理实体
MMSE	Minimum Mean Square Error	最小均方差
mMTC	massive Machine Type Communications	海量机器类通信
MSC	Mobile Switching Center	移动交换中心
MUD	Multi-User Detection	多用户检测
MUSA	Multi-User Shared Access	多用户共享接入
NB-IoT	Narrow Band Internet of Things	窄带物联网
NFV	Network Function Virtualization	网络功能虚拟化
NFVI	Network Function Virtualization Infrastructure	网络功能虚拟化基础设施
NFVO	NFV Orchestrator	NFV 编排器
NLOS	Non Line of Sight	非视距
NMT	Nordic Mobile Telephony	北欧移动电话
NN	Neural Networks	神经网络
NOMA	Non-Orthogonal Multiple Access	非正交多址接入
NOS	Network Operating System	网络操作系统
NR	New Radio	新型空中无线接口
NRL	Neighbor Relation List	邻区关系列表
NS	Network Slice	网络切片
NTT	Nippon Telegraph & Telephone	日本电报电话公司
NSA	Non Stand Alone	非独立组网
OAM	Operation Administration and Maintenance	运营管理和维护
OFDM	Orthogonal Frequency Division Multiplexing	正交频分复用
OFDMA	Orthogonal Frequency Division Multiple Access	正交频分多址接入

ONF	Open Networking Foundation	开放网络基金会
OOB	Out of Band	带外数据
OPEX	Operational Expenditures	运营支出
OPNFV	Open Platform for NFV	NFV 开放平台
OQAM	Orthogonally Multiplexed QAM System	正交复用 QAM 系统
OTN	Optical Transport Network	光传输网络
OTT	Over The Top	直接向用户提供服务
P2P	Peer-to-Peer	端到端对等
PAPR	Peak to Average Power Radio	峰值平均功率比
PBCH	Physical Broadcast Channel	物理广播信道
PCB	Printed Circuit Board	印制电路板
PCI	Physical Cell ID	物理小区标识
PDCCH	Physical Downlink Control Channel	物理下行控制信道
PDMA	Pattern Division Multiple Access	图分多址接入
PDN	Packet Data Network	分组数据网络
PDU	Packet Data Unit	分组数据单元
PHY	Physical Layer	物理层
PLMN	Public Land Mobile Network	公共陆地移动网络
PON	Passive Optical Network	无源光纤网络
PPN	Polyphase Network	多相网络
PRACH	Physical Random Access Channel	物理随机接入信道
PSD	Power Spectral Density	功率谱密度
PTN	Packet Transport Network	分组传送网
PUCCH	Physical Uplink Control Channel	物理上行控制信道
PUSCH	Physical Uplink Shared Channel	物理上行共享信道
QAM	Quadrature Amplitude Modulation	正交幅度调制
QoE	Quality of Experience	体验质量
QoS	Quality of Service	服务质量
QPSK	Quadrature Phase Shift Keying	正交相移键控
RAN	Radio Access Network	无线接入网
RAT	Radio Access Technology	无线接入技术
RACH	Random Access Channel	随机接入信道
RB	Resource Block	资源块
RNC	Radio Network Controller	无线网络控制器
RNN	Recurrent Neural Network	循环神经网络
RRC	Radio Resource Control	无线资源控制
RRH	Remote Radio Head	射频拉远头
RRM	Radio Resource Management	无线资源管理

RRU	Radio Remote Unit	远端无线射频单元
RTP	Real-time Transport Protocol	实时传输协议
RTT	Round Trip Time	回程时间
SA	Stand Alone	独立组网
SAE	System Architecture Evolution	系统架构演进
SCMA	Sparse Code Multiple Access	稀疏编码多址接入
SDN	Software Defined Network	软件定义网络
SE	Spectral Efficiency	频谱效率
SFBC	Space Frequency Block Code	空频分组编码
SIB	System Information Block	系统信息块
SIC	Successive Interference Cancellation	串行干扰消除
SINR	Signal to Interference Noise Ratio	信干噪比
SIMO	Single Input Multiple Output	单输入多输出
SIP	Session Initiation Protocol	会话初始协议
SIR	Signal to Interference Ratio	信号干扰比
SNR	Signal to Noise Ratio	信噪比
SON	Self-Organized Network	自组织网络
TCH	Traffic Channel	业务信道
TDD	Time Division Duplexing	时分双工
TDM	Time Division Multiplex	时分复用
TDMA	Time Division Multiple Access	时分多址
TD-SCDMA	Time Division-Synchronized Code Division Multiple Access	时分同步码分多址接入
TFL	Time Frequency Localization	时频局部化
TLS	Transport Layer Security	安全传输层协议
TM	Transmission Mode	传输模式
TPC	Transmission Power Control	传输功率控制
UDN	Ultra-Dense Network	密集组网
UFMC	Universal Filter Multi-Carrier	通用滤波多载波
UL	Uplink	上行链路
UMTS	Universal Mobile Telecommunications System	通用移动通信系统
URLLC	Ultra-Reliable and Low Latency Communications	高可靠低时延通信
U-SIM	Universal Subscriber Identity Module	通用用户识别卡
V2V	Vehicle to Vehicle	车辆到车辆
V2X	Vehicle to X	车对外界
VM	Virtual Machine	虚拟机
VNF	Virtual Network Function	虚拟网络功能
VoIP	Voice over Internet Protocol	网络电话
VPN	Virtual Private Network	虚拟专用网络

VR	Virtual Reality	虚拟现实
WCDMA	Wideband Code Division Multiple Access	宽带码分多址
WiFi	Wireless Fidelity	无线保真
WiGig	Wireless Gigabit	无线千兆比特
WiMax	Worldwide Interoperability for Microwave Access	全球微波互联接入
WLAN	Wireless Local Area Network	无线局域网
WRC	World Radiocommunications Conference	世界无线电通信大会
XOR	Exclusive OR	异或
ZF	Zero Forcing	迫零